Menschlichkeit rechnet sich

Stephan Brockhoff und *Klaus Panreck* sind Steuerberater, Coaches und leidenschaftliche Redner auf Kongressen und Veranstaltungen. Sie begleiten Unternehmen bei der Umsetzung eines menschlichen Führungsstils. Besuchen Sie sie auf www.menschlichkeit-rechnet-sich.de.

Stephan Brockhoff, Klaus Panreck

Menschlichkeit rechnet sich

Warum Wertschätzung über den Erfolg
von Unternehmen entscheidet

Campus Verlag
Frankfurt/New York

Aus Gründen der besseren Lesbarkeit wird auf die gleichzeitige Verwendung weiblicher und männlicher Sprachformen verzichtet. Sämtliche Personenbezeichnungen gelten selbstverständlich für beiderlei Geschlecht.

FSC www.fsc.org
MIX
Papier aus verantwortungsvollen Quellen
FSC® C089473

ISBN 978-3-593-50594-7 Print
ISBN 978-3-593-43439-1 E-Book (PDF)
ISBN 978-3-593-43459-9 E-Book (EPUB)

Umschlaggestaltung: total italic, Thierry Wijnberg, Amsterdam/Berlin
Umschlagmotiv: © Shutterstock
Satz: Campus Verlag GmbH, Frankfurt am Main
Druck und Bindung: Beltz Bad Langensalza GmbH
Gedruckt auf Papier aus zertifizierten Rohstoffen (FSC/PEFC).
Printed in Germany

www.campus.de

Inhalt

Teil 2: So rechnet sich Menschlichkeit

Teil 3: Die Umsetzung

Was fehlt der Wirtschaft?

Geleitwort von Hermann Scherer

Wir leben in einer Zeit, in der die Bedeutung von Spitzenleistungen immer weiter zunimmt. Immer mehr müssen wir dafür Sorge tragen, dass wir außergewöhnlicher, besser, stärker werden, als wir es vorher schon waren, dass wir Marktführerschaft und Exzellenz erreichen.

Gleichzeitig stellt sich die Frage, wie sich das eigentlich schaffen lässt. Sind die Mittel, die wir gestern eingesetzt haben, heute noch die richtigen?

In Zeiten, in denen wir uns vom Taylorismus längst verabschiedet haben, in denen wir nicht mehr von Industriezeitaltern, sondern eher von Bewusstseinszeitaltern sprechen und große, umfassende Umbrüche wahrnehmen, müssen wir in jeder Hinsicht berücksichtigen: Die Welt hat sich verändert – und mit ihr natürlich auch die Wirtschaft und vor allem deren Akteure, letztlich wir.

Viele neue Herausforderungen kommen auf uns zu und gleichzeitig erleben wir angesichts vieler Krisen und vieler außergewöhnlicher Ereignisse eine geradezu überwältigende Hilflosigkeit auf allen Ebenen. Bis hinein in die Führungs- und Vorstandsetagen stellt sich die Frage: Wie sollen wir das alles schaffen? Und mit welchen Werkzeugen?

Erfolg braucht heute wesentlich mehr, als man in der klassischen Betriebswirtschaftslehre lernt. Doch die Frage ist: Was fehlt?

Es scheinen nicht die herkömmlichen Motivationsstrategien und Tschakka-Gesänge zu sein, die Unternehmen nachhaltig an die Spitze bringen.

Nein, es darf ein bisschen mehr sein.

Ein bisschen mehr von dem, von dem wir alle schon vermuten, dass es uns in unseren Unternehmen fehlt: Menschlichkeit. Sinn. Werte.

Wie sagte der Managementtheoretiker Walter Böckmann in Anlehnung an Viktor E. Frankl schon so treffend: »Wer Leistung fordert, muss Sinn bieten.« Doch wie soll das gehen?

Als Lippenbekenntnis findet man die Betonung von Werten schon allenthalben in der Wirtschaftswelt, die Frage nach dem Wie ist jedoch weiter offen: Wie lässt sich Menschlichkeit in Unternehmen gestalten und operativ umsetzen?

Und bevor es an die Umsetzung geht, drängt sich eine weitere Frage auf: Rechnet sich das überhaupt? Rentiert sich Menschlichkeit? Lässt sich das betriebswirtschaftlich überhaupt darstellen?

In den Ecken von Esoterik und Spiritualität erhält man schnell ein »Ja« als Antwort – aber keinerlei Begründung dafür, nur eine gefühlte Zustimmung. Aber reicht das?

Deshalb braucht es Menschen, die einerseits einen klaren, nüchternen und betriebswirtschaftlich geprägten Verstand haben, Menschen, die mit Zahlen, Daten und Fakten umgehen können – und gleichzeitig das absolute Gegenstück: jemanden, der mit Menschlichkeit genau das erreichen möchte, was Zahlen nicht erreichen können. Wenn man so will: eine Eier legende Wollmilchsau, Yin und Yang in einer Person – kurz: Eigenschaften und Fähigkeiten, die in einem Menschen nicht vereinbar scheinen.

Aber es gibt sie, zwei Menschen, in ihrer Art einmalig in Deutschland: Stephan Brockhoff und Klaus Panreck. Zwei Pioniere der Menschlichkeit, die sich schlichtweg gefragt haben: »Rechnet sich Menschlichkeit?« Und die die Antwort kennen, sogar aus vielschichtiger Perspektive.

Einerseits können die beiden zeigen, dass Menschlichkeit betriebswirtschaftlich berechenbar ist und dass es profitabel ist, sie im Unternehmen wirklich einzusetzen – und andererseits behalten sie stets im Blick, dass dies nicht aus manipulativer Absicht geschehen sollte, sondern aus wirklichen Sinngründen. Denn Menschlichkeit als Manipulation ist keine Menschlichkeit mehr.

Was für Qualifikationen bringen die beiden Pioniere mit? Sie sind wohl schon allein deswegen die außergewöhnlichsten Vorreiter der Menschlichkeit, weil sie Dinge in sich vereinen, die es sonst in der heutigen Business- und Speaker-Landschaft nur vereinzelt gibt. So sind sie als Steuerberater hoch zahlen-, daten-, faktenorientiert und können nach mittlerweile mehr als 17.000 gelesenen Bilanzen heute Dinge aus Kennzahlen herauslesen, die den meisten Steuerberatern verborgen bleiben. Denn sie erkennen auch die Zahlen hinter den Zahlen sowie zwischen den Kommastellen und können sie richtig interpretieren.

Aber außerdem haben sie längst bemerkt, dass hinter guten Daten, Zahlen und Fakten weit mehr steckt und dass nachhaltiger Erfolg von weit mehr abhängt als von Kennzahlen.

Sie gehören zu den Mitbegründern des Netzwerks »Ganzheitliche Steuerberatung Deutschland«, haben schon früh dank Coaching-Ausbildung hinter das Zahlenwerk ihrer Mandanten geschaut und damit eine Benchmark in der deutschen Steuerberaterlandschaft gesetzt. Sie führen zwei der fortschrittlichsten und innovativsten Steuerkanzleien Deutschlands.

Für ihr Buch *Menschlichkeit rechnet sich* haben sie sich gefragt: Was überzeugt Unternehmen, Manager und Menschen wirklich davon, dass Menschlichkeit nachhaltigen, sinnhaften Erfolg garantiert?

Dank ihrer großen Erfahrung sowie sorgfältiger, umfassender Recherchen konnten sie herausarbeiten, wie sich der Return on Investment von Menschlichkeit errechnen lässt und welche einfachen, aber wirksamen Tools es gibt, um Menschlichkeit im Unternehmen zu realisieren – für jeden nachvollziehbar, erlebbar und umsetzbar.

Im Jahr 2017 wird es den ersten deutschen Kongress zum Thema »Menschlichkeit im Unternehmen« geben, organisiert von Stephan Brockhoff und Klaus Panreck, die damit einmal mehr ihre außergewöhnliche Pionierleistung zeigen.

Vereinfacht könnte man sagen: Die beiden wollen schlichtweg die Welt verbessern – und so wie es aussieht, gelingt ihnen das auch.

Hermann Scherer,
im Oktober 2016

Einleitung: Müssen wir uns zwischen Menschlichkeit und Rendite entscheiden?

Im März 2016 veröffentlichte das Gallup Institut seinen *Engagement Index Deutschland 2015*. Die Umfragen des Forschungs- und Beratungsinstituts zeigen, dass 16 Prozent aller Arbeitnehmerinnen und Arbeitnehmer eine hohe emotionale Bindung zu ihrem Unternehmen haben. 68 Prozent fühlen sich nur gering emotional gebunden, 16 Prozent sogar gar nicht, sie haben innerlich bereits gekündigt.

Ob sich die Mitarbeiter dem Unternehmen tief verbunden fühlen oder nicht, ist laut Gallup für den Arbeitgeber existenziell. Das Institut konnte beweisen, dass eine Steigerung der emotionalen Verbundenheit die Produktivität erheblich und nachweisbar verbessert. Die mangelnde emotionale Bindung hingegen kostet die deutsche Wirtschaft jährlich zwischen 76 und 99 Milliarden Euro. Das ist ein gutes Argument, sich darum zu kümmern, dass Motivation und Engagement wachsen.

Gallup erhebt den *Engagement Index Deutschland* seit 2001. In dieser Zeit haben sich die Zahlen von Jahr zu Jahr nur geringfügig verändert. Sie schwanken stets um ein paar Prozentpunkte, doch große Sprünge sind nicht zu verzeichnen. Zum Vergleich: Im Jahr 2001 hatten 16 Prozent eine hohe emotionale Bindung an ihr Unternehmen, 69 fühlen sich gefühlsmäßig nur gering gebunden und 15 Prozent gar nicht. Das entspricht fast dem Stand von heute.

All die Personalentwicklungsmaßnahmen, die in den letzten 15 Jahren angestoßen wurden, das Coaching, die Führungsseminare und Managementtrainings, all die Tools und Konzepte, die entwickelt wurden – all dies hat offenbar wenig Wirkung auf die gefühlsmäßige Verbundenheit der Belegschaft. Das mag daran liegen, dass die meisten Personalentwicklungsmaßnahmen im Bereich der Techniken angesiedelt sind und selten die innere Haltung einbeziehen.

Deshalb ist es an der Zeit, neue Wege einzuschlagen!

Auf die Wirtschaft kommen immer größere Herausforderungen zu: Durch den demografischen Wandel werden die Fachkräfte knapper, der weltweite Wettbewerb wird immer schärfer, harte Preiskämpfe drücken die Margen. Es ist an der Zeit, aus dem selbstzerstörerischen »immer schneller, immer billiger« auf Kosten der Lebensqualität auszusteigen. Dies schädigt nur Menschen, Gesellschaften und die Umwelt weltweit.

Uns geht es deshalb in diesem Buch um einen veränderten Umgang miteinander: um eine wertschätzende, respektvolle Kommunikation, um gegenseitige Anerkennung, um Offenheit und Ehrlichkeit – kurz: um Menschlichkeit im Unternehmen.

Dahinter verbirgt sich kein neues Tool, kein Versuch, die Mitarbeiterinnen und Mitarbeiter freundlich zu tätscheln, damit sie besser funktionieren und mehr produzieren, keine Manipulation mit lächelndem Antlitz. Nein: Menschlichkeit ist eine Haltung. Sie kommt von innen. Sie meint wirkliches und authentisches Agieren auf Augenhöhe. Ein Handeln und Denken, das auf humanitären Werten basiert.

Wenn wir bei Vorträgen und Konferenzen davon erzählen, wenn wir schildern, wie das Miteinander menschlicher werden kann, dann nicken viele Unternehmer mit mittleren und kleinen Firmen und sagen: »Ja, klingt toll! Menschlich miteinander umgehen, das ist bestimmt eine super Idee. Aber ich mit meiner kleinen Firma kann mir das nicht leisten.« Viele Unternehmerinnen und Unternehmer denken, Menschlichkeit ist nur etwas für große, multinationale Konzerne, die finanziell gut aufgestellt sind.

Aber stimmt das wirklich? Muss ein menschliches Unternehmen mit finanziellen Einbußen rechnen? Müssen wir uns entscheiden zwischen Menschlichkeit und Rendite? Schließen diese beiden Dinge einander aus?

Nein!

Unsere Erfahrung zeigt: Menschlichkeit rechnet sich!

Fühlen sich Mitarbeiterinnen und Mitarbeiter ernst genommen und wertgeschätzt, anerkannt und respektiert, dann engagieren sie sich gern für ihr Unternehmen. Immer mehr Menschen suchen nach Sinn in ihrem Beruf, in ihrer Tätigkeit. Ein menschliches Unternehmen, das sich an humanitären Werten orientiert, bietet dies.

In diesem Buch möchten wir Ihnen zeigen, wie Sie Ihr Unternehmen menschlicher machen können. Wir möchten Ihnen zeigen, dass Menschlichkeit kein Luxus, sondern eine Notwendigkeit ist. Menschlichkeit garantiert langfristigen und nachhaltigen Erfolg. Deshalb schildern wir Ihnen im ersten Teil, was wir unter Menschlichkeit verstehen, demonstrieren im zweiten Teil, dass sich Menschlichkeit sehr wohl rechnet, und geben Ihnen im dritten Teil einen Leitfaden an die Hand, wie Sie Menschlichkeit in Ihrem Unternehmen umsetzen können.

Wir führen beide selbst eigene Unternehmen: Wir sind Steuerberater mit eigenen Kanzleien und haben Hunderte von Unternehmen in unserer Zeit begleitet. Im Laufe der Jahre haben wir immer wieder festgestellt, dass die Zahlen allein für sich genommen noch nichts darüber aussagen, wie ein Unternehmen tatsächlich aufgestellt ist. Ein Jahresabschluss mag höchst erfreulich aussehen mit tiefschwarzen Zahlen – und doch kann das Unternehmen im nächsten Jahr in Schieflage geraten, wenn interne Konflikte alles blockieren, wenn die Belegschaft innerlich gekündigt hat, wenn inkompetente Führungskräfte den Elan ihrer Mitarbeiter ausbremsen.

Wir haben deshalb begonnen, unsere Mandanten zu beraten und gemeinsam mit ihnen das Potenzial ihrer Unternehmen zu entdecken. Dabei wurde immer deutlicher: Nachhaltiger Erfolg basiert nicht allein auf Zahlen, er benötigt einen menschlichen Umgang miteinander. Als uns dies immer klarer wurde, haben wir begonnen, uns über Jahre in den entsprechenden Bereichen sowie in der Persönlichkeitsentwicklung fortzubilden. Heute sind wir immer noch Steuerberater mit eigenen Kanzleien – zusätzlich aber sind wir als Coaches und Unternehmensberater tätig, um Unternehmen zu helfen, menschlicher zu werden. Und wir möchten, dass Sie von unseren Erfahrungen profitieren.

Dieses Buch richtet sich in erster Linie an Unternehmerinnen und Unternehmer sowie die Geschäftsführung von mittleren und kleineren Unternehmen, aber auch Führungskräfte und Mitarbeiter aller Ebenen sind herzlich willkommen: alle Menschen, die etwas in ihrem Unternehmen ändern wollen, weil ihnen etwas an diesem Unternehmen liegt.

Ihnen allen möchten wir zeigen: Menschlichkeit ist umsetzbar. Sie ist kein Luxus, sondern die Voraussetzung für nachhaltigen Erfolg. Und sie rechnet sich für Ihr Unternehmen: auf materieller ebenso wie auf immaterieller Ebene.

Teil 1: Menschlichkeit im Unternehmen – was bedeutet das?

Kapitel 1: Menschlichkeit – was wir darunter verstehen

Im Alltag benutzen wir den Begriff Menschlichkeit, ohne viel darüber nachzudenken. »Das ist doch menschlich«, sagen wir, wenn uns jemand von einer Schwäche erzählt. Auch unsere eigenen kleinen Fehltritte bezeichnen wir gern als menschlich: »Menschlich, allzu Menschliches« – darunter fallen kleine, verständliche Sünden, wenn wir unsere Diät unterbrechen oder uns mit einer Notlüge aus einer verzwickten Lage mogeln.

Sprechen wir davon, menschlich mit anderen umzugehen, ändert sich das Gewicht etwas. Dann verstehen wir darunter ein moralisch gutes Verhalten, eine Handlung, die anderen Menschen nützt, ihnen hilft und sie unterstützt. Moralisch gut handeln wir, wenn wir uns an den Werten orientieren, die unsere jeweilige Kultur als erstrebenswert definiert. In unserer westlichen Welt zählen dazu zum Beispiel Mitgefühl, Verständnis, Toleranz, Warmherzigkeit, Achtsamkeit, Respekt.

Bei unseren Coachings, aber auch als Arbeitgeber und Privatpersonen haben wir uns immer wieder gefragt: Welche Werte sind uns so wichtig, dass wir unser Handeln an ihnen ausrichten wollen? Was verstehen wir unter Menschlichkeit? Nicht nur bei besonderen Gelegenheiten und an Feiertagen, sondern im Alltag, im Umgang mit uns, mit unseren Familien, mit unseren Mitarbeitern, mit unseren Kunden. Welches soll unsere Leitlinie sein, wenn wir unter Druck geraten oder uns in einem Konflikt wiederfinden?

Was uns Menschen von Tieren unterscheidet und uns im weitesten Sinne menschlich macht, ist die Fähigkeit, unser Verhalten über weite Strecken bewusst zu steuern. Wir sind Instinkten und Reflexen nicht hilflos ausgeliefert, sondern können uns entscheiden, wie wir uns gegenüber anderen und uns selbst verhalten.

Der österreichische Neurologe und Psychiater Viktor E. Frankl (wir kommen später noch auf ihn zu sprechen) beschreibt dies so: »Zwischen

Reiz und Reaktion liegt ein Raum. In diesem Raum liegt unsere Macht zur Wahl unserer Reaktion. In unserer Reaktion liegen unsere Entwicklung und unsere Freiheit.« Diesen Raum und diese Freiheit können wir nutzen, um nach selbst gewählten Werten und Prinzipien zu handeln. Je weniger Muster und Routinen unser Verhalten bestimmen, je bewusster wir diesen Raum zwischen Reiz und Reaktion wahrnehmen, umso größer werden unsere Handlungsspielräume.

Im Laufe der Jahre haben wir verschiedene Werte und Verhaltensweisen ausgemacht, die für uns die wesentlichen Bestandteile von Menschlichkeit sind. Es handelt sich dabei um: Vertrauen, Selbstvertrauen, Offenheit in der Kommunikation, Authentizität, Handeln zum Wohle aller, Respekt, (Selbst-)Verantwortung, Anerkennung, Tun (Handlungsorientierung), Lernen und Wachsen, Ehrlichkeit und als Basis all dessen der wertschätzende Umgang mit anderen und mit sich selbst.

Im Folgenden werden wir diese Begriffe kurz umreißen und sie mit Leben füllen, um dann in den nächsten Kapiteln genauer darauf einzugehen, wie diese Aspekte von Menschlichkeit im beruflichen Alltag zum Tragen kommen und welche Konsequenzen sich daraus ergeben.

Wichtig ist uns vor allem, dass Menschlichkeit mit all ihren Facetten kein »auswendig gelerntes« Verhalten ist, sondern eine innere Haltung, die die Einstellung und den Umgang mit anderen prägt. Würde es uns nur um ein aufgepfropftes Verhalten gehen, bliebe alle Menschlichkeit äußerlich: Dann wäre dieser »menschliche« Umgang lediglich der Versuch, andere zu manipulieren, damit sie besser in unserem Sinne funktionieren. Das aber würde unserem Bekenntnis zur Ehrlichkeit widersprechen. Jegliche Manipulation lehnen wir strikt ab.

Menschlichkeit ist für uns von Wertschätzung und Respekt geprägt. Mit dieser inneren Haltung treten wir anderen gegenüber. Wir unterscheiden dabei drei Ebenen: Menschlichkeit im Umgang mit uns selbst (Selbstbild und Rollenverständnis), im Umgang mit anderen – im Rahmen dieses Buches in erster Linie Mitarbeiter (Personalführung) –, und auf der Ebene des unternehmerischen Handelns (Unternehmensführung). Alle drei Ebenen werden in diesem Buch beleuchtet.

Die Elemente von Menschlichkeit

Die zwölf Bestandteile von Menschlichkeit, die wir oben genannt haben, hängen für uns eng zusammen: Sie bedingen einander, sie überschneiden sich und sie definieren einander. Wie bei einem Puzzle ergeben erst alle Bestandteile gemeinsam das Gesamtbild »Menschlichkeit«.

Alle Bausteine sind gleich wichtig. Sie im Alltag umzusetzen, an ihnen zu wachsen und sich weiterzuentwickeln – das wäre das Optimum. Ein Ziel, das wir vielleicht nie erreichen werden, denn auch Fehler und Schwächen sind menschlich. Aber auch sie gehören dazu: Strebten wir nach Perfektion, wagten wir vielleicht nie den ersten Schritt. Deshalb ist es uns wichtig, Fehler zuzulassen – und aus ihnen zu lernen. Wir alle sind mal barsch, ungerecht, eigensinnig – auch das ist menschlich. Es kommt darauf an, dass wir daran wachsen.

Unsere zwölf Aspekte von Menschlichkeit haben wir in fünf Themenbereiche gebündelt: »Menschlichkeit anderen gegenüber« umfasst Wertschätzung, Anerkennung und Respekt; unter »Menschlichkeit und Kommunikation« fallen die Stichworte einfach und ehrlich, Authentizität sowie offene Kommunikation; der dritte Bereich »Innere Stärke« bezieht sich auf (Selbst-)Verantwortung, Vertrauen, Selbstvertrauen; »Entwicklung« umfasst: Lernen und Wachsen sowie Tun im Sinne einer Handlungsorientierung; und die Grundlage all dessen bildet der letzte Punkt: »Der nachhaltige Rahmen: Handeln zum Wohle aller«.

Menschlichkeit anderen gegenüber

Jeder Mensch ist einzigartig und hat seine ganz besonderen Fähigkeiten und Eigenschaften. Indem wir ihm mit Wertschätzung und Respekt gegenübertreten, ihm Anerkennung zollen und ihn wahrnehmen, begegnen wir ihm auf Augenhöhe – und somit begegnen wir ihm tatsächlich. Wir heben uns nicht höher, wir unterwerfen uns nicht, sondern behandeln ihn oder sie wie unseresgleichen. Wir vergleichen uns auch nicht mit unserem Gegenüber, sondern lassen es, wie es ist. Vergleiche stellen oft eine Hierarchie her: Indem wir sagen, (m)ein Verhalten, (m)ein Handeln ist richtiger als ein anderes, verurteilen wir andere und erhöhen uns selbst.

Wertschätzung, Respekt und Anerkennung beschreiben in diesem Sinne eine innere Haltung und etwas Aktives: Es bedeutet, dass wir unserem

Gegenüber positiv und unvoreingenommen entgegengehen und für richtig und gut ansehen, wie sie oder er ist. Ganz schlicht gesagt: Wir gehen davon aus, dass unser Gegenüber ein guter Mensch ist. Vielleicht gibt es Eigenheiten oder Eigenschaften an ihm, mit denen wir nicht so gut zurechtkommen, aber das mindert nicht den Wert des Menschen an sich.

Wertschätzung umschließt einen respektvollen Umgang mit diesem Menschen: Nämlich ihn so zu nehmen, wie er ist, ohne ihn manipulieren zu wollen. Wir bringen ihm Achtung entgegen und lassen ihm den Raum, den er benötigt. Wir erkennen ihn dadurch auch an: Wir spiegeln unserem Gegenüber, dass wir seine Person begrüßen, auch wenn sie andere Werte leiten als uns. Anerkennung zeigt sich zum Beispiel darin, dass wir jemandem aktiv zuhören, ihn bestätigen, ihn bestärken. Auch Lob drückt natürlich unsere Anerkennung aus.

Viele Führungskräfte loben ungern. Einige handeln gar nach dem Grundsatz: »Nicht geschimpft ist Lob genug.« Manche haben Angst, es wird ihnen als Schwäche ausgelegt und würde eine Minderung ihrer Autorität bedeuten. Andere fürchten, dass Mitarbeiter durch Lob übermütig und überheblich werden, weniger sorgfältig arbeiten und sofort eine Lohnerhöhung fordern. Doch das sind übertriebene Ängste. Mitarbeiter, die gelobt werden, fühlen sich und ihre Leistungen wahrgenommen und anerkannt. Sie sehen sich bestätigt und bestärkt. Das gibt Auftrieb, motiviert und steigert die Verbundenheit zum Unternehmen. Außerdem bringen sie dem Lobenden mehr Respekt entgegen, da sie seine innere Stärke bemerken: Wer andere lobt, ist in sich gefestigt.

Unser Gegenüber wertzuschätzen, ihm mit Respekt zu begegnen und es anzuerkennen, das fließt alles zusammen darin, unser Gegenüber wahrzunehmen, und zwar als Person und nicht als Arbeitsressource. Es gibt Geschichten von Chefs, die einer Mitarbeiterin zufällig auf dem Flur begegnen und ganz jovial fragen, ob sie sich schon eingearbeitet hat – obwohl sie schon seit mehreren Jahren in dieser Firma angestellt ist. Wer so mit seinen Mitarbeitern umgeht, sie nicht sieht, nicht wahrnimmt, darf sich nicht wundern, wenn diese innerlich kündigen. Sicherlich ist Aufmerksamkeit zunächst eine Investition – doch ohne Investition kein Ertrag.

Jeder Mensch möchte wahrgenommen werden, das gehört zu den ganz wesentlichen Wünschen eines jeden Individuums. Wer sich nicht gesehen fühlt, zieht sich zurück – das ist für keine Seite angenehm. In einem unserer Coachings sprach ein Manager über Probleme im Team. Um den Hintergründen auf die Spur zu kommen, baten wir ihn, willkürlich gewählte

Gegenstände so zu anzuordnen, dass sie die Teamsituation widerspiegelten, eine Aufstellung also. Zögerlich begann der Manager, nicht davon überzeugt, dass dies irgendetwas bringen würde – und am Ende stand ein Gegenstand etwas abseits von allen anderen. Auf die Nachfrage, wer das sei, antwortete der Mann: »Das ist eine Mitarbeiterin, die sich nicht richtig einbringt in das Team.« Und ganz unerwartet fiel ihm auf: »Oh, wir haben sie zu unserer letzten Teamveranstaltung überhaupt nicht eingeladen!« Diese Mitarbeiterin wurde nicht wahrgenommen, sondern regelrecht vergessen – daraufhin zog sie sich zurück.

Mitunter kann es auch ganz einfach sein. Bei einer Firma, die wir berieten, wirkte eine Mitarbeiterin eine Weile lang gedrückt, als würde sie etwas innerlich beschäftigen und ausbremsen. Auf die Frage ihrer Vorgesetzten, wie es ihr gehe und ob sie ein Problem hätte, antwortete sie, nein, nein, alles okay. Und damit trat tatsächlich eine Änderung ein: In der Folgezeit wirkte sie wieder gelassener und gelöster. Manchmal reicht die einfache Frage: »Wie geht es dir?«

Jemanden wertzuschätzen und respektvoll zu behandeln, an dem man alles positiv findet, ist recht einfach. Schwieriger wird es, wenn unser Gegenüber Verhaltensweisen oder Eigenschaften besitzt, mit denen wir nicht so gut zurechtkommen. Hier erst zeigt sich, ob wir andere tatsächlich als vollwertig und ebenbürtig anerkennen und auf Augenhöhe mit ihnen kommunizieren.

Uns gelingt das auch nicht immer. Es gibt Menschen, die etwas in uns reizen. Das lässt sich nicht leugnen, es ist zunächst einmal so. Hilfreich ist für uns, uns immer wieder klarzumachen, dass jeder Mensch sein eigenes Potenzial in sich trägt – und dieses Potenzial ist es, was wir anerkennen können. Wir versuchen, diese Fähigkeiten nicht zu verändern oder zu beschneiden, sondern sagen uns: Mein Gegenüber ist genau so, wie es ist – und das ist gut so.

Außerdem gibt es in unseren Kanzleien klare Regeln für den Umgang miteinander. Dies gilt zuallererst für uns als Chefs, denn schließlich kommt uns eine Vorbildfunktion zu. Deshalb reden wir zum Beispiel vor anderen über Abwesende ausschließlich so, wie wir auch in ihrer Anwesenheit über sie sprechen würden. Wir fallen niemandem in den Rücken. Dies zeigt den Mitarbeitern, dass sie uns vertrauen können, dass wir ehrlich sind und sie nicht hintergehen, verurteilen oder manipulieren. Wertschätzung, Respekt, Anerkennung und das Wahrnehmen anderer sind für uns keine leeren Worte, sondern sie bestimmen unsere Haltung anderen gegenüber.

Ein respektvoller, wertschätzender Umgang ermöglicht eine Atmosphäre des Vertrauens. Dazu gehört, dass wir versuchen, unser Gegenüber wirklich zu verstehen: Wir bringen ihm Interesse entgegen und hören zu. Die Auszubildende eines unserer Coachees hatte zum Beispiel ganz unerwartet Probleme in der Berufsschule. Die Noten sackten in den Keller, die Motivation ließ nach, sie wirkte abwesend und unkonzentriert. Wir schlugen unserem Coachee deshalb vor, sich einen halben Tag Zeit für sie zu nehmen: In einem Gespräch, das in keiner Weise vorwurfsvoll geführt wurde, versuchte der Coachee gemeinsam mit ihr, ihre Probleme zu erkennen und Lösungen zu finden. Sie spürte dabei, dass ihr Chef sie und ihre Schwierigkeiten ernst nahm und sie nicht mit ihnen allein ließ. Das Ergebnis war, dass sie sich wieder fing: Die Noten wurden besser, ihr Engagement wuchs. Nach einer Weile meinte sie zu ihrem Chef: »Jetzt macht die Arbeit wieder Spaß!«

Die Voraussetzung, andere wahrzunehmen, ihnen mit Respekt, Wertschätzung und Anerkennung zu begegnen, ist, dass man sich selbst akzeptiert und dass man würdigt, wer man ist und was man erreicht hat. Sich nicht ständig kritisiert und die Schwächen vor Augen hält, sondern die eigenen Grenzen erkennt und annimmt. Aus einem Adler wird nun einmal kein Krokodil – und dies aus gutem Grund! Fehlt die eigene Akzeptanz, können wir unsere Fähigkeiten und Erfolge nicht wahrnehmen und deshalb auch nicht angemessen würdigen; empfinden wir unsere Person nicht als positiv, dann fehlt uns die innere Freiheit und Stärke, anderen so zu begegnen.

Dies fällt uns oft bei Coachings auf. Viele Führungsprobleme gehen auf einen geringen Selbstwert und eine fehlende Wertschätzung der eigenen Person zurück. Wir gehen deshalb in Kapitel 8 noch genauer darauf ein.

Sind wir uns unserer Selbst und unseres Wertes jedoch sicher, dann spiegelt sich dies in unserem Auftreten und im Umgang mit anderen wider. Dies ruft wiederum ein Echo in anderen hervor: Fühlen sich unsere Mitarbeiter angenommen und akzeptiert, werden sie uns ebenso mit Wertschätzung begegnen. Und nicht nur uns: Ein wertschätzender, respektvoller Umgang miteinander wird das ganze Unternehmen prägen, sich auf alle Ebenen übertragen, sodass dies auch für Kunden spürbar wird. Gehen Mitarbeiter mit diesen ebenso wertschätzend um, wie sie es im Unternehmen erfahren, führt dies zu einer größeren Kundenzufriedenheit und einer besseren Kundenbindung.

Das mag sich nun so anhören, als würde in unseren Kanzleien alles perfekt laufen – doch wie wir eingangs schon gesagt haben: Perfektion ist nicht erreichbar. Auch wir sind mal ungerecht, gereizt, ungeduldig. Aber wir bemühen uns, uns weiterzuentwickeln. Das geht mal besser und auch mal weniger gut. Aber inzwischen sind wir auf einem guten Weg.

Menschlichkeit und Kommunikation

Für uns bedeutet Menschlichkeit ebenfalls, ehrlich miteinander umzugehen: keine Spielchen zu treiben, keine großen Schnörkel zu machen, sondern einfach, ehrlich und echt auf unser Gegenüber zuzugehen. Das können Mitarbeiter wie Kunden sein. Wir machen keine großen Umwege, sondern kommen direkt zum Punkt. Das kann dann durchaus mal flapsig sein, so wie »der Schnabel gewachsen ist« – Hauptsache: klar, nachvollziehbar, authentisch. Wir lehnen jegliche Ränkespiele und Täuschungsmanöver ab.

In vielen Unternehmen sind diese jedoch an der Tagesordnung: Führungskräfte loben Mitarbeiter strategisch (und nicht, weil sie es so empfinden), um ein bestimmtes Verhalten zu fördern; Kollegen stechen einander durch geschicktes Taktieren und gezielte Informationsverzerrung aus, weil sie einander als Konkurrenten sehen. Solche Intrigen vergiften die Arbeitsatmosphäre. Es erwachsen Misstrauen und Vorsicht daraus. Ständiges Taktieren und Rollenspiel machen einen kooperativen Umgang miteinander unmöglich.

So etwas schadet einem Unternehmen auch finanziell, denn Unehrlichkeit wirkt sich bis nach außen aus. Kunden nehmen wahr – und Sie werden erstaunt sein, wenn Sie einmal nachhaken, wie viel die Kunden mitbekommen –, dass Informationen manipuliert werden, dass Ehrlichkeit kein großer Wert für ein Unternehmen ist. Auf lange Sicht werden sie von diesem Unternehmen Abstand nehmen.

Für uns sind Ehrlichkeit, Offenheit und Authentizität etwas ganz Grundlegendes. Das gilt nicht für den Umgang miteinander, sondern auch für unsere Dienstleistungen. Sie kennen doch sicherlich diese unglaublich komplizierten Verträge in der Mobilfunkbranche. Manche Anbieter haben für jede Lebenssituation ein spezielles Angebot und einen eigenen Preis: Ob man eher tagsüber oder abends beziehungsweise nachts telefoniert, wochentags oder am Wochenende, dienstags oder donnerstags, mehr SMS oder MMS verschickt, mobiles Internet nutzt oder, oder, oder. Am Ende schaut niemand mehr wirklich durch. Und die Telefonrechnung wird jedes Mal wieder zu einer Überraschung.

Als Steuerberater könnte man es ähnlich machen: Durch die vielen Bestimmungen, Einschränkungen, Erleichterungen schauen nur noch Fachleute durch. Welche Konsequenzen sich daraus für die Bilanz ihres Unternehmens ergeben, ist für unsere Mandanten nicht erkennbar. Wenn wir unsere Mandanten dazu noch mit den hochkomplexen Fachtexten konfrontieren, sind sie oftmals überfordert. Sie verstehen nicht alles und fühlen sich wie erschlagen von der Information. In dieser Situation können sie keine Entscheidung treffen, da sie die Folgen nicht absehen können.

Gewiefte Steuerberater können diese Abhängigkeit des Mandanten, der ja gar nicht alles hinterfragen kann (denn sonst wäre er selbst Experte und bräuchte keinen Steuerberater), zu ihrem Vorteil nutzen. Wir lehnen das jedoch kategorisch ab. Uns liegt viel daran, offen und ehrlich zu argumentieren. Deshalb erläutern wir unseren Mandaten in möglichst verständlichen und einfachen Worten, worum es geht und welche Entscheidungen welche Konsequenzen nach sich ziehen würden. So können sie selbst bestimmen, was das Beste für sie wäre.

Unsere Offenheit schafft eine Atmosphäre des gegenseitigen Vertrauens – für uns ein äußerst wichtiges Element von Menschlichkeit. Vertrauen ist möglich, wenn wir uns authentisch verhalten, also zeigen, was wir tatsächlich empfinden. Es bedeutet, sich selbst gegenüber treu zu sein, zur eigenen Meinung und zu den eigenen Gefühlen zu stehen. Authentizität erfordert Ehrlichkeit – sich selbst wie anderen gegenüber.

Dafür benötigt man eine Menge Mut, denn wer authentisch ist, legt Persönliches offen, zeigt seine Empfindungen und Einstellungen ungeschminkt. Viele Menschen haben Angst, sich dadurch verletzlich und angreifbar zu machen.

Gerade in Unternehmen halten viele mit ihrer Meinung hinter dem Berg, weil sie nicht anecken und womöglich ihre Karriere gefährden wollen. Sie passen sich in das ein, was ihre Vorgesetzte oder Vorgesetzter von ihnen erwartet, weichen Konflikte mit Kollegen aus und tragen Entscheidungen mit, die sie eigentlich nicht gutheißen. Sie tragen Masken. Kommen viele zusammen, die das ebenfalls tun, haben wir ein Theaterstück – und gerade die Wirtschaft gleicht einem Theaterstück mit schlechten Schauspielern. So entsteht kein vertrauensvolles Miteinander, keine Arbeitsatmosphäre, die Motivation und Engagement, Kreativität und Innovationen fördert –

für Unternehmen eine katastrophale Entwicklung, denn diese Merkmale werden in den kommenden Jahren immer wichtiger und auch marktentscheidend sein. Doch dazu später mehr.

Nicht nur für das Unternehmen, auch für die Individuen birgt dieses Rollenspiel Gefahren. Wer sich gezwungen sieht, eine Maske zu tragen und seine tatsächlichen Einstellungen zu verbergen, steht unter wachsendem psychischen Druck, denn stets droht im Hintergrund die Gefahr, »entlarvt« zu werden, die Fassade nicht mehr aufrechterhalten zu können. Dies beeinträchtigt nicht nur die Konzentration, die Motivation und somit die Arbeitsfähigkeit, sondern führt auch zu psychischen Problemen. Der Griff zu Alkohol oder Tabletten ist dann oft nicht mehr weit.

Verstehen Sie uns nicht falsch: Uns geht es an dieser Stelle nicht um die Rollen, die wir in den verschiedenen Funktionen unseres Lebens einnehmen. Natürlich treten wir als Elternteil anders auf als als Arbeitnehmer, natürlich sprechen wir mit Freunden anders als mit Kollegen. Das ist richtig und gut so. Uns geht es um die Schauspielerei, zu denen sich viele Menschen an ihrem Arbeitsplatz gezwungen sehen.

Wir gestalten unser Leben nach bestimmten Werten und Grundsätzen. Ist Ehrlichkeit ein wichtiges Prinzip für uns, dann geben wir dies an unsere Kinder weiter und bauen unsere Freundschaften darauf auf. Müssen wir diesen Wert im Berufsleben aber verneinen und gegen ihn handeln, dann bleibt dies nicht ohne emotionale und psychische Nachwirkungen.

Zu sich selbst und seiner Meinungen zu stehen erfordert Mut. Das fängt schon im Kleinen an. Stellen Sie sich vor, Sie besuchen Ihre Schwiegereltern. Diese zeigen Ihnen ganz stolz ihre neueste Errungenschaft: eine eigentümlich gestaltete Blumenvase. Ihnen gefällt die Vase überhaupt nicht, doch weil Sie die Freude Ihrer Schwiegereltern spüren und die gute Stimmung nicht trüben wollen, sagen Sie: »Was für eine schöne Vase!« Eine alltägliche Situation, die jeder von uns in dieser oder anderer Weise schon erlebt hat.

Die Konsequenz Ihrer kleinen Notlüge: Zu Ihrem nächsten Geburtstag erhalten Sie eine identische Blumenvase. Nun müssen Sie Ihre Rolle weiterspielen: Sie bedanken sich aufgesetzt herzlich und zeigen eine falsche Begeisterung, und bei jedem Besuch Ihrer Schwiegereltern platzieren Sie das hässliche Stück gut sichtbar, auch wenn es sonst in der dunklen Abstellkammer verstaubt.

Eine kleine Unwahrheit, die Kreise zieht und das Verhältnis zu anderen belasten kann. Was wäre eine authentische Reaktion gewesen? Vielleicht hätten Sie ganz spontan gesagt: »Uh, wie hässlich!« Das aber hätte Ihre Schwiegereltern verletzt. Authentisch zu sein heißt nicht zwangsläufig, unhöflich oder gar verletzend zu agieren. Sie hätten zum Beispiel auch sagen können: »Nicht mein Geschmack, aber zu euch passt sie sehr gut.«

Gehen wir wertschätzend mit Menschen um, dann können wir authentisch und ehrlich sein, ohne Grenzen und Emotionen zu verletzen. Es gibt keine zwei gleichen Menschen auf der Welt, immer werden wir auf Differenzen stoßen – und so soll es auch sein. Jeder hat das Recht auf eine eigene Meinung, einen eigenen Standpunkt. Das gilt für uns selbst genauso wie für Schwiegereltern, Kollegen oder Mitarbeiter.

Es gibt Situationen, da sind wir jedoch mit einem souveränen Umgang mit anderen überfordert – sei es, dass wir selbst gereizt und müde sind, sei es, dass unser Gegenüber unsensibel oder verletzend handelt. In solchem Momenten ist es wichtig, Grenzen zu setzen und zu zeigen: Stopp, so geht es nicht. Natürlich wäre es gut, wir könnten dies ruhig und gelassen tun – doch manchmal reicht die Kraft dafür nicht. Und dann explodieren wir.

Erinnern Sie sich noch an das ZDF-Interview mit Per Mertesacker nach dem Achtelfinalsieg der deutschen Mannschaft gegen Algerien während der Fußballweltmeisterschaft 2014? Der Reporter Boris Büchler fragte den Fußballer, warum das Spiel der Bundeself so zäh und anfällig gewesen sei. Woraufhin Mertesacker empört reagierte: »Was wollen Sie jetzt von mir?« Die Mannschaft hatte den Einzug in die nächste Runde geschafft, er selbst war erschöpft – in dieser Situation wollte der Spieler nicht über Probleme reden, das machte er sehr deutlich.

Die Empörung und Wut – das war eine authentische Reaktion, eine ganz klare Grenzziehung. Natürlich wäre es souveräner gewesen, Mertesacker hätte an dieser Stelle gesagt: »Wissen Sie was: Ich bin jetzt müde, ich bin froh, dass wir gewonnen haben – über die Schwächen des Spiels spreche ich, wenn ich mich wieder erholt habe.« Aber es gibt Momente, da fehlt uns diese Kraft und Gelassenheit, da bricht sich das Gefühl einfach Bahn und man wird laut.

Auch das ist menschlich und es ist okay. Jeder hat seine blinden Flecken und wunden Stellen, auf deren Berührung er empfindlich reagiert. Das ist menschlich im besten Sinne und nichts, wofür wir uns schämen müssten. Niemand ist ein Übermensch, der sich ununterbrochen im Griff hat. Eine derart ausgeprägte Selbstkontrolle, die spontane Gefühle unterdrückt, wäre auch kaum erstrebenswert. Letztlich ist eine polternde Reaktion, wie sie Mertesacker vor laufender Kamera gezeigt hat, auch sympathischer als eine einstudierte Performance. Das gibt es ja auch sehr oft: dass Menschen im Interview vollkommen glatte und nichtssagende Floskeln von sich geben. Da merkt man sofort, dass dies in einer Rhetorikschulung gelernt wurde. An so einer Reaktion ist nichts echt und authentisch. Dann doch lieber ein ehrlicher Wutausbruch.

Uns ist das auch schon oft passiert. Da kommen tausend Dinge zusammen – und plötzlich platzt einem der Kragen. Das ist okay, solange man sich hinterher bei seinem Gegenüber für eventuelle Verletzungen entschuldigt und erklärt, was einen so bewegt hat und welche Grenze überschritten wurde. Geschieht dies allerdings häufiger, verliert man vor Wut öfter die Beherrschung, dann ist dies ein Thema, mit dem man sich intensiver auseinandersetzen sollte. Mal ein Ausbruch – das kann jeder verstehen. Häuft sich dies, kann die ungebremste Reaktion das Arbeitsklima unnötig belasten. Wir kommen an anderer Stelle darauf zurück.

Bleiben wir zunächst bei Ehrlichkeit, Offenheit und Authentizität. In manchen Unternehmen gelten Menschen, die offen ihre Meinung sagen, als unbequem und lästig. Denn wer sich nicht kritiklos unterordnet, kratzt am Selbstwertgefühl der Führungsetage. Wer hinterfragt, stört die Harmonie. Doch um was für eine Harmonie handelt es sich, die durch offene Meinungsäußerung bedroht wird? Wie ist es um das Selbstwertgefühl bestellt, das durch eine abweichende Position ins Wanken gebracht wird? Es kann nur eine sehr instabile Scheinharmonie sein und ein sehr fragiles Selbstwertgefühl.

Wir heißen in unseren Kanzleien Menschen, die zu sich und ihrer Meinung stehen, herzlich willkommen. Authentizität, Ehrlichkeit und Offenheit in der Kommunikation sind für uns wichtige Werte, die wir auch bei unseren Mitarbeitern begrüßen. Wir haben oft erlebt, dass Menschen, die offen und ehrlich handeln, auch den Mut und die Kraft haben, andere in ihrer Andersartigkeit zu akzeptieren. Sie verhalten sich anderen gegenüber respektvoller, als es Menschen tun, die sich unkritisch anpassen. Dies ist für Unternehmen von unschätzbarem Wert, denn es fördert ein vertrauensvolles Miteinander.

Die Basis dessen ist Kommunikation: Ohne sie geht gar nichts, sie ist der Schlüssel zur Umsetzung von Menschlichkeit im Unternehmen. Es gibt keinen Weg daran vorbei. Man kann nicht nicht kommunizieren, wie der Kommunikationswissenschaftler Paul Watzlawik es ausgedrückt hat.

Selbst in Momenten, in denen wir uns bewusst aus einem Miteinander herausziehen, anderen den Rücken zukehren, schweigen, senden wir besonders deutlich die Botschaft: »Lass mich in Ruhe!« Denn Kommunikation bezieht nicht nur das gesprochene Wort, sondern auch die nonverbale Ebene mit ein: Gesten, Gesichtsausdrücke, Körperhaltung. Auch darüber vermitteln wir Aussagen. Wer die Augen verdreht, zeigt seine Missachtung, wer die Mundwinkel herunterzieht, seine Missbilligung – kleine mimische Zeichen, die genauso verletzend sein können wie Worte.

Wir legen als Coaches und Unternehmensleiter besonders Wert auf eine offene Kommunikation. Das bedeutet, dass wir mit »offenem Visier« agieren: Wir zeigen unsere Gefühle, sagen klar und deutlich, was wir meinen und worum es uns geht. Wir sind authentisch und ehrlich. Unser Umgang mit anderen ist dabei von Wertschätzung und Respekt geprägt, auch und gerade, wenn es um Konflikte geht. Kritik wie auch Ärger kann man transportieren, ohne das Gegenüber zu verletzten. Das fängt bereits damit an, dass wir nicht sagen: »Immer machst du alles falsch« oder »Was du sagst, ist falsch«, sondern in Ich-Botschaften reagieren: »Mich irritiert, was du da tust« oder »Ich verstehe deinen Standpunkt nicht«. Probieren Sie einmal aus, wie sich eine angespannte Situation verändert, wenn Sie nicht vorwurfsvoll aufbrausen, sondern sich in Ich-Botschaften erklären.

Unter offener Kommunikation verstehen wir ebenso, dass wir ehrlich sagen, wie es um uns oder das Unternehmen steht. Mithilfe von strategisch dosierter und aufbereiteter Information kann man Menschen sehr leicht manipulieren. Das lehnen wir kategorisch ab. Es ist uns wichtig, dass unsere Mitarbeiter wie unsere Kunden uns vertrauen – und das ist nur möglich, wenn wir offen und ehrlich sind.

Wir sind nicht nur davon überzeugt, wir haben es auch mehrfach erfahren, dass durch eine offene Kommunikation Konflikte nicht nur schneller aufgelöst, sondern von vornherein vermieden werden können. Das bedeutete nicht, dass Probleme verniedlicht oder verneint werden. Ganz im Gegenteil: Sie werden frühzeitig angesprochen. Und sie werden unmissverständlich angesprochen, damit alle Beteiligten wissen, worum es geht.

Gefährlich für alle Beziehungen – im Privaten wie im Geschäftlichen, im Umgang mit Kunden wie mit Mitarbeitern – sind unterschwellig köchelnde Konflikte: Probleme, Vermutungen, Befürchtungen, Unterstellungen, die nie offen ausgesprochen werden, aber stets in Unterton und Hinterkopf mitschwingen. Daraus können massive Vertrauensprobleme erwachsen – die sich deutlich in der Bilanz niederschlagen, und zwar in Euro.

Da wir an dieser Stelle zunächst nur einen Überblick über die Bausteine und Facetten von Menschlichkeit geben, sei hier nur kurz erwähnt, dass für uns besonders in Konfliktsituationen die gewaltfreie Kommunikation nach Marshall B. Rosenberg an Bedeutung gewonnen hat. Wir gehen an späterer Stelle genauer darauf ein (Kapitel 2).

Innere Stärke

Ganz zentrale Elemente von Menschlichkeit sind Selbstverantwortung, Vertrauen und Selbstvertrauen. Selbstverantwortung meint natürlich, die Verantwortung für das eigene Handeln und die eigenen Entscheidungen zu übernehmen – im Positiven wie im Negativen. Wer selbstverantwortlich handelt, kann stolz seine Erfolge verbuchen – gibt aber auch zu, wenn er Fehler begangen oder eine falsche Entscheidung getroffen hat, und trägt dann die Konsequenzen.

Oft aber versuchen wir, uns aus der Verantwortung zu stehlen. Läuft etwas schief, dann ist das Wetter, die Chefin, der Kollege, die Bahn schuld. Wir möchten nur ungern für das einstehen, was nicht funktioniert. Wie häufig werden Haftpflichtversicherungen hintergangen, weil man in einem Schadensfall mit dem Nachbarn einen Deal aushandelt, der dann den Schaden über seine Versicherung laufen lässt.

Wir glauben, einen Vorteil davon zu haben, wenn wir uns vor Kosten und Verantwortung drücken. Doch das ist meist zu kurz gedacht. Denn über kurz oder lang schränken wir uns in unserem Handeln ein. Sind immer die anderen schuld, bleibt uns nur die Opferrolle – und in dieser ohnmächtigen Position haben wir keine Handlungsoptionen. Wir können nicht ändernd eingreifen, wenn wir uns als Opfer verstehen, sondern sind der Situation ausgeliefert. Auf Dauer zerrt dieses Denken an Selbstbewusstsein und Motivation. Außerdem bringen wir uns um einen Erfahrungszuwachs: Stehen wir zu den gemachten Fehlern und tragen die Konsequenzen, lernen wir hinzu – wir erweitern unseren Erfahrungsschatz und unseren Handlungsspielraum. Nicht nur auf der Handlungsebene in dem Sinne, dass wir das nächste Mal wissen, wie wir diesen Fehler vermeiden, sondern auch auf der emotionalen Ebene: Wir lernen, mit Enttäuschungen und Frustrationen umzugehen. Das stärkt innerlich und wir entwickeln uns weiter.

Als Arbeitgeber und als Coaches legen wir sehr viel Wert auf Selbstverantwortung. Gibt es eine Panne, unterläuft einem Mitarbeiter ein Fehler, beschwert sich eine Mandantin, dann gehen wir damit lösungsorientiert um. Das bedeutet, wir schauen, wie das Problem ganz konkret behoben werden kann. Die zentrale Frage lautet: Was können wir tun, um die Kuh vom Eis zu bekommen? Schuldzuweisungen vermeiden wir, denn damit kommt niemand weiter.

Um eine Wiederholung desselben Fehlers zu vermeiden, beginnen wir ganz konsequent bei uns selbst und fragen uns: Wo liegt unser beziehungsweise mein Anteil? Natürlich wäre es bequem, zu sagen: »Die Mandantin ist sowieso schwierig, die beschwert sich ständig!« oder »Das hat mein Mitarbeiter verbockt, der ist daran schuld!«. Doch so einfach ist es nur selten.

Wir haben als Firmeninhaber, aber auch als Coaches eine ganz klare Einstellung: Wenn etwas in einem Unternehmen nicht rund läuft, liegt es in letzter Konsequenz beim Chef. Sie kennen sicherlich den Spruch: »Der Fisch stinkt vom Kopf her.« Das trifft auch auf Wirtschaftsunternehmen zu. Kommt es zu Problemen, sollte sich eine Firmenleiterin, ein Firmenleiter deshalb fragen: »Haben meine Mitarbeiter alle Informationen und alle Tools, um die anstehenden Aufgaben zu erledigen? Habe ich alles bereitgestellt, was notwendig ist? Verfügen meine Mitarbeiter über die entsprechenden Fertigkeiten und Fähigkeiten? Können sie diese notfalls in Schulungen dazulernen? Falls nicht: Sitzen meine Mitarbeiter jeweils am richtigen Platz? Haben sie einen ausreichenden Entscheidungsspielraum, um ihre Aufgaben erledigen zu können?«

Die Aufgabe der Firmenleitung ist, den Rahmen zu schaffen, innerhalb dessen die Mitarbeiter optimal agieren können. Ihr obliegt die Unternehmensführung – nicht die Personalkontrolle. Das ist die Verantwortung, welche die Firmenleitung trägt. Deshalb sollte sie für einen angemessenen Entscheidungsraum der Mitarbeiter sorgen: Ohne Selbstverantwortung sind nur die wenigsten Aufgaben adäquat zu bewältigen.

Viele Arbeitgeber, aber auch zahlreiche Arbeitnehmer schrecken vor dieser Idee zurück. Angestellte wollen lieber nicht die Verantwortung für Ergebnisse übernehmen, sondern verstecken sich hinter ihren Vorgesetzten: Schließlich haben diese Projekt, Aufgabe und Vorgehen angeordnet, sollen sie doch die Konsequenzen tragen, wenn es ein Misserfolg ist. Vorgesetzte wiederum fürchten, das Ergebnis sei ausschließlich Chaos, wenn man Mitarbeitern freie Hand lässt.

Das ist ein in sich geschlossener Kreis: Wenn Führungskräfte keinen Handlungs- und Entscheidungsspielraum lassen, können Mitarbeiter keine Verantwortung übernehmen. Doch wer immer nur fremde Vorgaben ausführt, verliert auf Dauer die Freude an der Arbeit. Und wer andererseits unverrückbare Vorstellungen davon hat, wie ein Aufgabe zu erledigen ist, wird auf längere Sicht von der Kontrolle überfordert sein.

Es gibt auch Führungskräfte, die ganz unvermutet ihren Mitarbeitern Verantwortung übertragen, ohne diese vorzubereiten und mit dem Notwendigen auszustatten. Das Ergebnis kann in solchen Fällen nur unbefriedigend sein. Diese schlechte Erfahrung wird dann gern als Bestätigung gesehen: »Wenn ich nicht alles kontrolliere, geht alles den Bach runter.« Eine sich selbst erfüllende Prophezeiung.

Selbstverantwortlichem Handeln innerhalb von Unternehmen Raum zu geben ist ein Prozess, den beide Seiten wollen und vorantreiben müssen, damit es funktioniert. Der erste Schritt obliegt der Führungskraft, denn sie ist es, die den Rahmen einrichtet. Sie ist der Impulsgeber. Über schrittweises Delegieren lernen Vorgesetzte, Verantwortung abzugeben – und Mitarbeiter, schrittweise Selbstverantwortung zu übernehmen. Es ist ein gemeinsamer Prozess.

Dieses Vorgehen verlangt Vertrauen: Führungskräfte müssen darauf vertrauen, dass ihre Mitarbeitern diese Aufgaben erledigen können – und Mitarbeiter benötigen Selbstvertrauen: Nur wenn sie sich die Bewältigung der Aufgabe zutrauen, werden sie sie motiviert übernehmen.

Wir wären schlechte Coaches, wenn wir nicht selbst so handeln würden: In unseren Steuerkanzleien gibt es zum Beispiel keine Zeiterfassung. Wann jemand kommt oder geht, wird nicht kontrolliert. Lediglich über längere Abwesenheiten (außerhalb des Urlaubs) wollen wir als Chefs informiert werden. Dies erfordert Vertrauen in die Zuverlässigkeit der Mitarbeiter, was mit Engagement und Motivation belohnt wird. Nun denken Sie vielleicht: Ja, Steuerkanzleien, die sind ja nicht so groß, da geht das. Aber auch ein Weltkonzern wie VW verzichtet auf Zeiterfassung. Dieses Modell scheint also für Unternehmen mit 10 bis 600.000 Mitarbeitern zu funktionieren.

Eine vertrauensvolle Arbeitsatmosphäre entlastet die Führungsebene, denn wer sich selbst führt, muss nicht geführt werden. Der Firmenleitung bleibt Zeit genug für ihre eigentlichen Aufgabe: das Unternehmen in die Zukunft führen. Zudem gewinnt man Mitarbeiter, die sich mit dem Unternehmen identifizieren. Denn werden Mitarbeiter nicht gegängelt und als schlichte Erfüllungsgehilfen behandelt, sondern mit Selbstverantwortung ausgestattet, beginnen sie, unternehmerisch zu denken. Das können Sie beobachten, wenn Mitarbeiter mit einem eigenen Projekt, zum Beispiel einer selbst erarbeiteten Problemlösung, betraut werden: Ohne jedes Zögern werden nun Ressourcen freigesetzt, um zu beweisen, dass die eigene Idee tragfähig ist – und das mit Freude und Energie, oft weit über die eigentliche Arbeitszeit hinaus.

Der Knackpunkt ist das Vertrauen – und eng damit verbunden: das Selbstvertrauen. Um ein vertrauensvolles Verhältnis zu schaffen, muss zunächst Vertrauen gegeben werden. Jemandem Vertrauen entgegenzubringen ist etwas Aktives, es bedeutet, ehrlich und offen zu sein – und sich darauf zu verlassen, dass der andere dies auch ist, dass er so ist, wie er sich gibt. Es bedeutet weiterhin, den anderen so zu akzeptieren und zu respektieren, wie er ist. Vertrauen wir jemandem, dann vermitteln wir ihm: Du bist gut so, wie du bist, ich verlasse mich auf dein Wort und werde dich nicht kontrollieren. In einer Firma muss der erste Schritt in diese Richtung von der Führungsetage unternommen werden, denn sie bestimmt den Rahmen und definiert den Umgang miteinander.

Vertrauen hat in unserer Gesellschaft inzwischen einen schweren Stand. Wer ehrlich ist und sich auf die Ehrlichkeit anderer verlässt, gilt heute als naiv. Haben Sie schon einmal an der Kasse im Supermarkt zu viel Wechselgeld zurückerhalten – 20 statt 10 Euro zum Beispiel? Wie haben Sie reagiert? Geschwiegen? Oder haben Sie es zurückgegeben?

Bewundert wird heutzutage derjenige, der durch geschicktes Lavieren die meisten Vorteile für sich herausschlägt. Der gilt als Fuchs. Doch dieses Verhalten bedeutet, andere zu manipulieren und ihre Schwachstellen auszunutzen, um sie zu hintergehen. Wie der Einkäufer einer Firma, der sich einen Flüchtigkeitsfehler eines kleinen Handwerkers zunutze macht: Der Anbieter hatte in der Zusammenfassung seiner Kostenaufstellung das Komma falsch gesetzt. Statt der errechneten 10.000 Euro stand dort am Ende 1.000 Euro. Was der Einkäufer erfreut und achselzuckend hinnahm – schließlich hatte der Anbieter selbst schuld, nicht wahr? Dass dadurch ein kleines Unternehmen in den Ruin getrieben wurde, war dem Konzernangestellten egal, er kassierte obendrein ein dickes Lob von seinem Vorgesetzten. Ist diese Übervorteilung nicht traurig und unmenschlich?

Aber dies ist nur ein Symptom. Denn in zahlreichen Unternehmen herrscht eine Atmosphäre des Misstrauens. Der Chef zweifelt an der Zuverlässigkeit seiner Mitarbeiter und kontrolliert jeden einzelnen Arbeitsschritt; die Mitarbeiter trauen dem Chef nicht, weil sie nicht glauben – und es auch nicht erlebt haben –, dass er sich für sie einsetzt und ihr Engagement für die Firma angemessen entlohnt wird (auch über das Gehalt hinaus). Kollegen sehen sich als Konkurrenten und halten wichtige Informationen zurück oder schaden sich offen gegenseitig. Dieses gegenseitige Misstrauen lähmt Kreativität und Innovation – heute unentbehrlich für Unternehmen, wie wir noch zeigen werden – und untergräbt die Motivation.

Ein Unternehmen, das von Misstrauen geprägt ist, kann nur verlieren, denn Misstrauen macht langsam: Kontrolle kostet Zeit und Geld, für zukunftsweisende Tätigkeiten bleiben in der Chefetage keine Ressourcen; Mitarbeiter fühlen sich gegängelt und kündigen innerlich. In manchen Unternehmen ufert das Controlling aus: Jede Handlung wird erfasst, jede Minute muss belegt werden – und die Mitarbeiter finden doch immer wieder Wege, dies zu unterlaufen. Hier wird jegliche Energie von absurden Prozessen absorbiert, Kreativität fließt sowohl im Controlling als auch bei den Mitarbeitern in die falschen Kanäle. Das bedeutet unschätzbare Verluste für das Unternehmen.

Vertraut eine Chefin hingegen ihren Arbeitnehmern, dann stellen sich eine Menge positiver Effekte ein. Wir haben sie bereits oben genannt: Mitarbeiter beginnen, sich mit dem Unternehmen zu identifizieren, sie steigern ihr Engagement und denken unternehmerisch. Die Arbeitsabläufe werden effizienter, die Arbeit effektiver – weil niemand mehr seine Fantasie in Guerillastrategien stecken muss.

Der erste Schritt zu mehr Vertrauen kann – wie bei der Selbstverantwortung – nur von der Führungsetage ausgehen. Auch in diesem Fall sind Sie als Geschäftsleitung Impulsgeber: Sie müssen einen Vertrauensvorschuss geben und – vor allem anderen – das Vertrauen selbst leben.

Doch Vertrauen kann nur geben, wer sich selbst vertraut und sich selbst etwas zutraut. Jeder von uns hat bestimmt schon einmal gesagt: »Das traue ich mir nicht zu« – und diese Doppeldeutigkeit gespürt, denn zwei Sachen schwingen dabei mit: »Ich traue mich nicht« und »Ich traue mir nicht«. Die Angst vor etwas (»Ich traue mich nicht«) kann überwunden werden, indem man sich die notwendigen Fähigkeiten aneignet, um ein Aufgabe zu bewältigen. Schwieriger ist es, wenn man sich selbst mit Misstrauen begegnet (»Ich traue mir nicht«).

Wer sich selbst vertraut, kennt sich gut, der weiß, was er leisten kann, und hat die inneren Ressourcen, um mit Niederlagen umzugehen. Selbstvertrauen bedeutet ebenso, dass man ohne Scheu ehrlich und authentisch agieren kann: Wer sich selbst vertraut, steht zu seinen Gefühlen und Überzeugungen. Eine solche Haltung vereinfacht die Kommunikation mit anderen, denn das Gegenüber muss nicht umständlich nachfragen oder gar interpretieren, was denn nun gemeint ist, sondern kann das Gesagte als wahr und geltend annehmen.

Wer sich selbst vertraut, kann leichter akzeptieren, dass andere Menschen anders sind: Individualität und Eigenheiten werden nicht als Infragestellung der eigenen Person verstanden und somit problemloser hingenommen. Eine Vorgesetzte mit gesundem Selbstvertrauen wird ihren Mitarbeitern bereitwilliger ein eigenes Herangehen an Aufgaben und Projekte zubilligen und dies auch wertschätzen.

Diese Wertschätzung spüren die Mitarbeiter und geben sie gern zurück. Zugleich wächst ihr eigenes Selbstvertrauen: Sie fühlen sich bestätigt und angenommen, sehen, dass ihnen zugetraut wird, ihre Aufgabe selbstbestimmt zu lösen, und messen sich diesen Wert schließlich auch selbst bei: Sie trauen sich, neue Projekte selbstverantwortlich anzugehen. Auf diese Weise wächst ihre Selbstverpflichtung gegenüber ihrem Arbeitgeber ebenso wie Motivation und Engagement.

Entwicklung

Jeder macht Fehler, jeder übersieht mal etwas, versteht etwas falsch. Jeder von uns hat seine wunden Punkte und blinden Flecke. Das macht uns menschlich und individuell. Für uns sind Fehler der beste Ausgangspunkt, um zu lernen, zu wachsen, uns weiterzuentwickeln. Das gilt für Betriebsabläufe ebenso wie für persönliche Fertigkeiten und Verhaltensweisen. Als Unternehmensleiter haben wir seit unseren Anfängen eine unüberschaubare Menge dazugelernt. Es ist ja oft so: Man macht sich als Fachkraft – sei es als Malermeister, Webdesignerin, als Steuerberater – selbstständig und denkt: Kein Problem, ich weiß ja, worum es geht, und ich bin gut in meinem Job. Was man jedoch übersieht: Sobald die Selbstständigkeit sich etabliert und Mitarbeiter hinzukommen, ändert sich die eigene Rolle. Die fachlichen Tätigkeiten muss man als Unternehmensleitung nun delegieren, die wesentlichen Aufgaben sind von jetzt an Unternehmens- und Personalführung – etwas ganz anderes als das Fachliche. Das haben die wenigsten Fachkräfte gelernt. Uns ist das nicht anders ergangen: Wir haben viele Fehler gemacht, uns verrannt, uns geirrt – und immer wieder dazugelernt.

Inzwischen sind wir auf einem guten Weg, auch wenn das Lernen vermutlich nie ein Ende findet. Das ist ja auch gut so: Es ist ein Prozess, der auf veränderte global- wie lokalwirtschaftliche Bedingungen reagiert, eine persönliche Weiterentwicklung einschließt und in die Zukunft führt.

Was für uns als Unternehmensleiter gilt, gilt ebenso für unsere Unternehmen. Wir haben eine offene Fehlerkultur. Obwohl unsere Mitarbeiter ihre Aufgaben mit hoher Qualität erfüllen, obwohl wir eine sorgfältige Qualitätssicherung haben, läuft immer mal wieder etwas schief. Oder uns fällt auf, dass wir manche Schritte verändern und erleichtern können. Daraus lernen wir und entwickeln uns weiter.

Kennen Sie die Geschichte des IBM-Mitarbeiters, der ein Projekt in der Höhe von 600.000 US-Dollar in den Sand setzte? (Es kursieren Gerüchte, dass es eine Million war – doch seriöse Quellen bleiben bei dem geringeren Betrag.) Als der Mitarbeiter zu Tom Watson, dem CEO von IBM, ins Büro beordert worden war, fragte er ganz zerknirscht, ob er nun entlassen werde. Doch Watson antwortete: »Entlassen? Kommt gar nicht in Frage! Ich habe gerade 600.000 US-Dollar in Ihre Weiterbildung investiert!«

Eine Haltung, die wir begrüßen und teilen. Wichtig ist uns bei unseren Mitarbeitern nicht Perfektionismus, sondern die Bereitschaft, die Verantwortung für Fehler zu übernehmen und aus ihnen zu lernen, sich anhand der neuen Erfahrungen weiterzuentwickeln. Jeder hat bei diesen Dingen sein eigenes Tempo, was wir gern berücksichtigen. Für uns ist es selbstverständlich, dass wir unsere Mitarbeiter in diesem Prozess unterstützen: mit Respekt und einer wertschätzenden Haltung.

Wiederholt sich derselbe Fehler jedoch wieder und wieder, ist kein Lerneffekt oder keine Bereitschaft zur Veränderung zu erkennen, setzen wir Grenzen. Zunächst versuchen wir, gemeinsam mit dem Mitarbeiter zu klären, ob er vielleicht am falschen Platz sitzt – und wenn sich trotz verschiedener Lösungsansätze keine Änderung zeigt, geht es um die Frage, ob der Mitarbeiter in der richtigen Firma ist. Auch darüber wird offen gesprochen.

Ein menschlicher, wertschätzender Umgang miteinander bedeutet nicht »Friede, Freude, Eierkuchen« um jeden Preis. Konflikte und Probleme werden nicht unter den Teppich gekehrt um der Harmonie willen. Ganz im Gegenteil: Harmonie ist nur stabil und belastbar, wenn sie wirklich echt ist – und das heißt: wenn Konflikte offen benannt und geklärt werden. Uns ist es wichtig, klare Grenzen zu setzen, offen und klar auszusprechen, was ist, und Konsequenzen zu ziehen. Nur so lassen sich Lösungen finden, von denen alle profitieren.

Aber jede Bereitschaft zur Weiterentwicklung, jede Erklärung, aus Fehlern lernen zu wollen, nützt nichts, wenn man nicht handelt. Kennen Sie das? Fünf Spatzen sitzen auf einer Hochspannungsleitung. Einer beschließt wegzufliegen – wie viele sind noch da? Fünf, denn der eine hat ja nur den Beschluss gefasst.

Ohne Handlungsorientierung, ohne ins Tun zu kommen, nützen die besten Absichten und schönsten Pläne nichts. Einer unserer Mandanten möchte seit Jahren seine Betriebsabläufe optimieren. Dafür will er zunächst alle Einzelschritte in einer Datei festhalten, doch er kann sich nicht entscheiden, ob dies am besten in Excel oder als Flussdiagramm geschehen sollte, schließlich soll alles so perfekt wie möglich dokumentiert werden – und gerade wegen dieses Perfektionismus und des entsprechenden Aufwands stockt das Projekt.

So wie unserem Mandanten geht es vielen Unternehmen: Es gibt große Pläne, tolle Projekte, super Ideen, die aber alle auf einem großen Stapel unter tausend anderen Dingen vor sich hin dösen. Würden all diese Ideen umgesetzt werden, könnte es der Wirtschaft deutlich besser gehen – wie unserem Mandanten, dessen Firma sehr viel effektiver wirtschaften könnte, würde er nur die Betriebsabläufe optimieren. Wie so oft im Leben: Es hapert an der Umsetzung. Dies ist kein Einzelfall. Obwohl in Deutschland weltweit die meisten Patente angemeldet werden, hapert es mit der Innovationskraft, wie die französische Business School Insead in ihrem Global Innovation Index feststellt: Dort landete Deutschland im Jahr 2011 auf Platz 21 (von 125). Platz 1 nahm die Schweiz ein, wie Michael Brächer auf *wiwo.de* berichtete.

Jeder von uns kennt das im Kleinen: An Silvester fasst man viele Vorsätze – und dabei bleibt es dann meist. Nimmt jemand seine Pläne nicht innerhalb von 30 Tagen in Angriff, dann sinkt die Wahrscheinlichkeit, dass er überhaupt etwas tut, so heißt es.

Für Individuen wie für Unternehmen gilt dasselbe: Oftmals reicht schon der erste Schritt. Hauptsache, man löst sich aus seiner Starre. Viele wollen gleich alles perfekt machen und kommen deshalb selten über den Planungszustand hinaus. Doch wer Perfektionismus anstrebt, bremst sich selbst aus, zu zahlreich sind die Stolperfallen, zu groß ist das Risiko, dass die Realität vom Ideal abweichen könnte.

Für uns hängt die Handlungsorientierung deshalb eng mit dem Gedanken des Lernens und Wachsens zusammen: Wir machen uns auf den Weg und lernen aus unseren Fehlern. Auf diese Weise entwickeln wir uns weiter. Die ersten Schritte können ungelenk sein, vielleicht sogar in die falsche Richtung gehen – dies alles lässt sich jedoch wieder korrigieren.

Hat man erst einmal angefangen, entwickelt sich eine eigene Dynamik: Dinge kommen voran, Ergebnisse nehmen Gestalt an und werden zu Ausgangspunkten neuer Erfahrungen. Probleme, die zunächst unüberwindlich schienen, werden plötzlich handhabbar, weil sich durch eine Weiterentwicklung ein neuer Lösungsansatz ergeben hat. Manche Schwierigkeiten schwinden gar ganz, weil sie sich als übertrieben herausstellen.

Wie Sie mit Ihrem ganzen Unternehmen ins Tun kommen und den ersten Schritt machen, wie Sie die Richtung einschlagen, die Sie wirklich beibehalten wollen, das ist das Thema im dritten Teil dieses Buches.

Der nachhaltige Rahmen: Handeln zum Wohle aller

Den Rahmen eines menschlichen Umgangs miteinander bildet – nicht nur in Unternehmen – das Handeln zum Wohle aller. Was das bedeutet, scheint auf den ersten Blick ganz klar und einsichtig: Wir handeln so, dass niemand geschädigt wird, sondern alle davon profitieren. Im Prinzip steckt darin der kategorische Imperativ, den Immanuel Kant formuliert hat: »Handle nur nach derjenigen Maxime, durch die du zugleich wollen kannst, dass sie ein allgemeines Gesetz werde.« Etwas einfacher gesagt: Richte dein Handeln am Wohle aller aus – oder kurz und knapp: »Was du nicht willst, das man dir tu, das füg auch keinem andern zu.«

Chefs erwarten von ihren Mitarbeitern ganz selbstverständlich, dass sie das Wohl der gesamten Firma im Blick behalten: indem sie das Unternehmen nicht schädigen, Kollegen wie Kunden zuvorkommend behandeln, die Produkte beziehungsweise Dienstleistungen mit Sorgfalt erbringen. Dass der Grundsatz »zum Wohle aller« vor allem und zu allererst von der Führungsetage umgesetzt werden muss, übersehen jedoch viele. Dabei sollten sich gerade Führungskräfte vor Augen halten: Alles, was sie tun, hat Auswirkungen auf das Wohl aller anderen – und dazu gehören die Mitarbeiter ebenso wie die Lieferanten, die Kunden ebenso wie mögliche Kreditgeber. Zum Wohle des ganzen Unternehmens zu handeln bedeutet nicht allein, auf der betriebswirtschaftlichen Seite einen ausreichenden Gewinn zu erzielen. Zum Wohle aller zu handeln greift tiefer.

Es bedeutet, dass nicht nur für eine Seite das Optimum herausgeholt wird, sondern dass alle profitieren. Im Hinblick auf die Mitarbeiter bedeutet dies, dass die Unternehmensleitung darauf achten muss, dass die Angestellten sich wohlfühlen und ihre Arbeit gern machen. Dies schließt neben Entscheidungsspielräumen, Selbstverantwortung und Wertschätzung auch ein angemessenes Gehalt ein. Denn dies ist der materielle Ausdruck von Wertschätzung und Anerkennung. Es gibt Unternehmen, die bei Neueinstellungen das Gehalt drücken oder bei Gehaltsverhandlungen die Mitarbeiter über den Tisch ziehen. Natürlich sieht es in der Bilanz erst einmal gut aus, wenn die Personalkosten gesenkt werden, schließlich sind sie meist der größte Posten – doch der Preis, den diese Unternehmen dafür zahlen, ist sehr hoch. Denn Mitarbeiter, die sich nicht ausreichend geschätzt fühlen – wir haben es bereits erwähnt –, werden sich nicht hundertprozentig für das Unternehmen einsetzen. Sie sagen sich: Wenn ich keinen angemessenen Gegenwert erhalte, reduziere ich meine Arbeitskraft. Eine logische Folge, die für beide Seiten nur Nachteile bereithält.

Das Gleiche spiegelt sich im Umgang mit Lieferanten und Subunternehmern: Drückt ein Unternehmen die Preise oder beutet Zulieferer auf andere Weise aus, wird über kurz oder lang die Qualität der gelieferten Ware oder Dienstleistungen darunter leiden. Dies kann sich kein Unternehmen wünschen, denn schließlich wird diese mindere Qualität im Endeffekt an die Kunden weitergereicht, die sich als Konsequenz vom Unternehmen abwenden werden.

Das Wohl der Kunden sollte ein Unternehmer jedoch besonders hoch bewerten, denn sie sind es, die das Überleben des Unternehmens sichern. Nachlassende Qualität, unengagierte Mitarbeiter, Produkte, die an den Bedürfnissen der Kunden vorbeigehen: Das arbeitet ausschließlich der Konkurrenz zu.

Das Wohl aller im Blick zu behalten und entsprechend zu handeln ist eine der großen Herausforderungen, die viele Unternehmen viel zu oft zugunsten des kurzfristigen betriebswirtschaftlichen Ergebnisses vernachlässigen. Ein Fehler, der sich unnachgiebig rächen wird, denn viele denken nur vom 1. Januar bis zum 31. Dezember: Auf diese Weise kann eine Firma in der Tat ein gutes Ergebnis erzielen – aber nur kurzfristig. Auf die lange Sicht wird es sich ruinieren.

Kapitel 2: Menschlichkeit im Umgang mit anderen

Sie kennen doch bestimmt auch diese Sprüche, die einem montagmorgens aus dem Radio entgegenschallen: »Nur noch fünf Tage, dann ist wieder Wochenende!« Oder auch mittwochs: »Endlich, die Hälfte ist geschafft, bald geht das Leben wieder los!« Oder Menschen, die sagen: »Nur am Wochenende leb ich auf – in der Woche sehe ich zu, wie ich die Tage überstehe.«

Ist das nicht ein furchtbarer Gedanke? Der größte Teil der Zeit verschwendet mit etwas, das quält? Kann das ein erstrebenswertes Leben sein, wenn man das Gefühl hat, nur in der Freizeit wirklich aufatmen zu können und den Rest der Woche »abzutauchen«? Ist das nicht ein bedrückendes Bild? Uns bleibt dabei regelrecht die Luft weg!

Wir alle verbringen den größten Teil unserer wachen Zeit an unserem Arbeitsplatz. Wenn wir uns dort nicht wohlfühlen und uns Tag für Tag nur gequält hinschleppen, dann stimmt doch etwas nicht. Wäre es nicht viel besser, wir würden uns auch in der Firma, im Büro – oder wo auch immer wir arbeiten –, zufrieden und am richtigen Ort fühlen?

Dies ist eines der Ziele, die wir als Arbeitgeber verfolgen. Deshalb schaffen wir innerhalb unserer Kanzleien Bedingungen, unter denen unsere Mitarbeiter gern arbeiten. Wir sorgen für eine menschliche Arbeitsatmosphäre – das kommt allen zugute und uns macht es Spaß.

Dies bedeutet, dass wir unsere Angestellten nicht als Rädchen im Getriebe oder als Erfüllungsgehilfen unserer Arbeitsaufträge sehen, sondern als vollständige Menschen, die nicht aufhören zu existieren, wenn sie das Büro verlassen. Wir nehmen unsere Mitarbeiter als wertvolle und wertschätzende Persönlichkeiten wahr. Und das heißt, dass wir nicht nur auf die Abarbeitung von Aufträgen pochen, sondern unsere Mitarbeiter auch unterstützen, wenn zum Beispiel private Probleme die Arbeits- und Konzentrationsfähigkeit überschatten. Steht jemand unter hohem Druck, weil kranke Angehörige gepflegt werden müssen oder weil persönliche Probleme akut belastend sind, lassen sich individuelle Lösungen finden wie beispielsweise eine flexible Einteilung der Arbeitszeit, größere Auszeiten und/oder die vorübergehende Entlastung von bestimmten Aufgaben, ein Mitarbeiterdarlehen oder Ähnliches. Eine Lösung richtet sich da ganz nach dem Ausmaß und der Art der Probleme.

Ein wertschätzender Umgang kann aber auch heißen, dass Mitarbeiter zum Geburtstag einen Blumenstrauß erhalten oder einen Willkommensgruß, wenn sie aus dem Urlaub zurückkehren. Oder nehmen Sie sich am Morgen einfach ein paar Minuten Zeit und begrüßen Sie Ihre Mitarbeiter. Bedanken Sie sich für gut erledigte Projekte und sagen Sie Ihren Mitarbeitern, dass Sie froh sind, dass sie für Sie arbeiten.

Toolbox: Freundliche Gesten, die Ihre Wertschätzung ausdrücken

- ein Blumenstrauß oder ein kleines Geschenk zum Geburtstag, zur Hochzeit (Silberhochzeit etc.), zur Geburt eines Kindes und Ähnliches
- ein Geschenk zum Betriebsjubiläum
- eine freundliche Begrüßung am Morgen
- ein ehrlich gemeintes Lob
- ein paar Worte des Dankes für eine gut erledigte Aufgabe
- eine freundliche und ehrlich gemeinte Frage nach dem Befinden
- eine Willkommenskarte bei Rückkehr aus dem Urlaub
- Vergünstigungen für die Mitarbeiter bei Kunden, Partnern oder Lieferanten des Unternehmens, beispielsweise in Form von Rabatten, Gutscheinen und Ähnlichem

Dies sind einfache und freundliche Gesten, die ziemlich unproblematisch umzusetzen sind. Dies sind auch die Gesten, die vielen Unternehmern einfallen, wenn es um Menschlichkeit im Unternehmen geht. Sie sind ein Anfang – doch Menschlichkeit im Unternehmen und ein menschlicher Umgang miteinander schließt noch weit mehr ein.

Stärken stärken

Ein wertschätzender Umgang miteinander schafft eine angenehme Arbeitsatmosphäre, aber dies allein reicht nicht, um Menschen zu motivieren. Denn: Motivation kann man nicht erzwingen oder herbeimanipulieren. Motivation entsteht im Menschen selbst. Was Arbeitgeber aber tun können, ist, die Rahmenbedingungen für ihre Mitarbeiter so ändern, dass diese motiviert an ihre Aufgaben herangehen.

Dazu gehört zum Beispiel, dass Menschen in ihren Eigenheiten respektiert werden. Jeder Mensch verfügt über ein individuelles Potenzial. Wird dies eingeschränkt, beschnitten oder in eine bestimmte Form gepresst, geht damit selten Zufriedenheit und Begeisterung einher. Für den betrieblichen Alltag bedeutet dies: Wenn Mitarbeiter auf Positionen gesetzt oder mit Aufgaben betraut werden, die nicht ihren Fähigkeiten und Stärken entsprechen, werden sie keine Leidenschaft für ihren Job entwickeln. Leider ist dies jedoch Usus in vielen Firmen: Mitarbeiter werden dazu angehalten, ihre Schwächen auszubessern, damit sie besser zu ihrem Aufgabenprofil passen. Dies führt nicht nur oftmals zu Frustrationen bei den Mitarbeitern, sondern auch zu einem unbefriedigendem Ergebnis: Wer an seinen Schwächen arbeitet, erreicht niemals Exzellenz, sondern maximal Mittelmaß. Und Mittelmaß kann nicht das Ziel sein.

Sehr viel sinnvoller ist es darum, das Aufgabenprofil an den Mitarbeiter anzupassen. Werden die Stärken gestärkt, erlaubt das den Mitarbeitern, ihr Potenzial zu entfalten. Marcus Buckingham und Donald Clifton vom renommierten Gallup Institut machen in ihrem Buch *Entdecken Sie Ihre Stärken jetzt!* deutlich, dass der größte Spielraum für das Wachstum eines jeden Menschen in seinen größten Stärken liegt. Sie fordern Führungskräfte dazu auf, Mitarbeiter in ihren Stärken zu schulen und Wege zu finden, diese Stärken auszubauen.

Dies schafft die Voraussetzung, um mit Begeisterung und Leidenschaft die beruflichen Aufgaben anzugehen. Mitarbeiter fühlen sich am genau richtigen Platz und sind sich sicher, jeden Tag das zu tun, was sie am besten können. Arbeit wird nicht mehr als Mühsal oder Pflicht empfunden, sondern als angenehme Herausforderung, als etwas Spannendes. Die ideale Voraussetzung für den berühmten Flow, den Zustand, in dem wir ganz in unserer Tätigkeit aufgehen: Wenn wir nicht mehr spüren, wie die Zeit vergeht, sondern konzentriert und selbstvergessen unser Projekt voranbringen. Sie kennen das sicherlich aus Ihrer Freizeit, wenn Sie Sport treiben oder mit Ihren Kindern spielen oder überhaupt Dinge tun, die Sie lieben. Im Beruf erfahren wir dies oft, wenn wir an einem selbst gewählten Projekt arbeiten, das uns am Herzen liegt.

Der Psychologe Mihály Csíkszentmihályi, der als Schöpfer der Flow-Theorie gilt, hebt hervor, dass wir in den Zustand des Flow kommen, wenn wir spielerisch an unsere Tätigkeit herangehen: Wenn wir uns ihr ohne Druck und ohne Angst vor Versagen widmen können. Wenn wir weder über- noch unterfordert sind, sich Anforderungen und Fähigkeiten also die Waage halten. Dann sind wir intrinsisch motiviert – und nicht nur für ein paar Stunden oder Tage, sondern dauerhaft. Ein Arbeitgeber kann sich kaum mehr wünschen.

Die Stärken von Mitarbeitern zu stärken bedeutet, ihnen die Möglichkeit zu geben, ihre Erfahrungen und Fähigkeiten, ihre Ideen und Talente einzubringen. Warum beziehen Sie bei neuen Projekten oder beim Aufbau neuer Geschäftsbereiche nicht unterschiedliche Mitarbeiter mit ein, statt dies abgeschottet im Elfenbeinturm der Führungsetage auszuklamüsern? Dies kann im Großen wie im Kleinen überraschend effektiv sein. Vor vielen Jahren, als es noch Computerdisketten gab, suchten wir für die Kanzlei Brockhoff ein System, wie wir die jeweils aktuellste Version einer Datei speichern und auch wiederfinden konnten. Wir begannen mit Bezeichnungen wie »Update1«, »Update2«, »Update3«, dann kamen Buchstabenkombinationen hinzu – und weil Dateinamen mehrfach vergeben wurden oder niemand mehr wusste, wie die aktuellste Version lautete, wurden bald Listen eingeführt, in denen die Diskettenbezeichnungen täglich notiert wurden. Doch alles nutzte nichts: Der Diskettenberg wuchs zu einem undurchdringlichen Gebirge, dessen System niemand mehr durchschaute. Die Lösungsfindung wurde schließlich an eine Auszubildende delegiert: Sie sollte mal recherchieren, welche Möglichkeiten es gab und was für uns praktikabel wäre.

Die Auszubildende hörte sich das an, überlegte kurz und fragte dann: »Warum nehmt ihr nicht das aktuelle Datum als Versionsbezeichnung? Dann wisst ihr immer, von wann die Datei ist.« Pragmatisch und effizient, einfach und auf den Punkt. Was uns wochenlang Kopfzerbrechen bereitet hatte, weil wir viel zu kompliziert gedacht hatten, löste die Auszubildende in wenigen Sekunden.

Auch bei größeren Projekten greifen wir auf die Erfahrungen unserer Mitarbeiter zurück. In einer unserer Steuerkanzleien sollte zum Beispiel die betriebswirtschaftliche Beratung ausgebaut werden. Zu mehreren saßen wir zusammen und überlegten uns Konzepte und Möglichkeiten. Als wir zum Punkt »Fördermaßnahmen« kamen, sagte eine Dame, die zu dieser Zeit aushilfsweise bei uns arbeitete, mehr so am Rande, dass sie bei ihrer vorherigen Anstellung bei einer Bank Workshops zum Thema Fördergelder gehalten hätte. Außerdem hätte sie die Vorstände über Förderangebote informiert. Wir waren sprachlos vor Begeisterung! Natürlich war uns bewusst gewesen, dass die Dame bei einer Bank gearbeitet hatte, aber dass sie über ein derartiges Wissen verfügte, hatte niemand gewusst – es hatte auch niemand danach gefragt. Dank der offenen Teamarbeit entdeckten wir mitten unter uns eine Expertin! Ihre Mitarbeit wurde so wertvoll, dass ihre Arbeitszeit und ihr Arbeitsbereich erweitert wurden.

Unternehmen, welche die Erfahrungen ihrer Mitarbeiter einbinden und ihre Ideen aufgreifen, profitieren davon in mehrfacher Hinsicht: Sie bestärken und wertschätzen ihre Mitarbeiter auf diese Weise nachhaltig. Wie Lob wirkt die Umsetzung von Mitarbeiterideen bestärkend. Mitarbeiter fühlen sich wahrgenommen und bestätigt. Sie gehen mit mehr Begeisterung an ihre Arbeit, weil sie nicht einfach Dienst nach Vorschrift machen sollen, sondern selbst kreativ an Lösungsfindung und Projektgestaltung teilnehmen können. Die Mitarbeiter identifizieren sich dabei deutlich stärker mit dem Unternehmen, denn sie erfahren »Sinn« in ihrem Tun (zum Thema Sinn an anderer Stelle mehr), denn ihre Berufstätigkeit ist nicht mehr abgespalten von ihrer Persönlichkeit und ihrem Leben.

Aber nicht nur die emotionale Verbundenheit zum Unternehmen wird stärker (übrigens eins der besten Mittel gegen die innere Kündigung), auch das Unternehmen wird in sich größer: Es gewinnt einen Pool an Ideen und Erfahrungen hinzu, die nicht mehr umständlich im Außen gesucht und teuer eingekauft werden müssen. Auf diese Weise können Unternehmen schneller und flexibler auf die Herausforderungen reagieren, die jetzt und zukünftig akut werden.

Eine gute Gelegenheit, sich mit dem Potenzial der Mitarbeiter zu beschäftigen, sind Mitarbeitergespräche. In vielen Firmen sind diese zu reinen Pflichtübungen geworden, in denen es entweder darum geht, Fortbildungen zur Schwächenbekämpfung zu diskutieren oder zusätzliche Boni zu verhandeln. Stünde aber die Frage im Raum: »Über welches Potenzial verfügen Sie? Und was können wir tun, damit Sie es in dieser Firma entfalten können?«, würden die Gespräche in ganz andere Bahnen gelenkt.

Eine Frage, die ganz neue Räume öffnen würde wäre auch zum Beispiel: »Was würde Ihnen bei Ihrer Arbeit Spaß bringen?« Vielen Unternehmern ist die Verbindung von Spaß und Arbeit suspekt – schließlich sind ihre Angestellten nicht zum Vergnügen im Büro oder in der Herstellung. Aber warum eigentlich nicht? Wie Csíkszentmihályi schon sagt: Das spielerische Herangehen an die Aufgaben erst schafft intrinsische Motivation.

Wir sind sowieso der Meinung, dass Spaß im Job nicht zu kurz kommen sollte. Schließlich sind wir alle keine Arbeitsmaschinen. Deshalb feiern wir Erfolge und unternehmen als Belegschaft Dinge gemeinsam – sei es, dass wir gemeinsam klettern gehen, Theaterworkshops besuchen oder gemeinsam Weihnachtskekse backen. Auch dies ist eine Form der Anerkennung – und es sorgt dafür, dass wir uns gegenseitig nicht als Funktionsträger wahrnehmen, sondern als vollständige Menschen. Damit wir miteinander nicht nur als Belegschaft umgehen, sondern als Team.

Toolbox: Handreichungen für Mitarbeitergespräche

- Nehmen Sie sich eine klar abgegrenzte Zeit für Ihren Mitarbeiter – nicht nur ein paar Minuten zwischendurch, nicht ausufernd viel, aber so viel, dass alle Punkte in Ruhe angesprochen werden können.
- Stellen Sie sicher, dass Sie während dieser Zeit wirklich ungestört sind. Schalten Sie Ihr Telefon und vor allem auch das Handy aus! Es spricht nicht für eine wertschätzende Haltung, wenn Sie zwischendrin telefonieren!
- Beginnen Sie mit einem positiven Feedback, dies sorgt für eine angenehme und offene Stimmung.
- Machen Sie aus dem Mitarbeitergespräch ein tatsächliches Gespräch: Erkundigen Sie sich, ob Ihr Mitarbeiter an seinem Platz zufrieden ist, ob Ihre Mitarbeiterin das Gefühl hat, täglich das zu tun, was sie am besten kann.
- Loten Sie gemeinsam mit Ihrem Mitarbeiter aus, welches Potenzial in ihm steckt und wie es gefördert werden kann.
- Überlegen Sie gemeinsam: Welche Fortbildungen wären förderlich? Welche Weiterbildungen hilfreich?
- Welche Konfliktpunkte sehen Sie als Führungskraft? Gibt es Grenzen, an denen Ihr Mitarbeiter scheitert? Entspricht sein Verhalten wirklich dem Wohle aller? Wo gibt es Verbesserungspotenzial?
- Fragen Sie auch, was Sie als Führungskraft tun können, damit Ihr Mitarbeiter mit Ihnen zufrieden ist.

Richtig gute Teamarbeit

Der Buchautor Volker Kitz behauptet, Teamarbeit mache faul und unglücklich. Allerdings räumt er ein, dass gerade bei schwierigen Aufgaben Teamarbeit die beste Lösung bringt. Liegt die Ineffektivität mancher Teams vielleicht daran, dass sie zu wenige Herausforderungen haben? Und dass sie in Unternehmen arbeiten, die nicht nach menschlichen Prinzipien ausgerichtet sind?

Wir haben vollkommen andere Erfahrungen mit Teamarbeit gemacht – nämlich dann, wenn Teams mit Entscheidungsvollmachten und Verantwortung ausgestattet sind. Dann ändert sich der Charakter von Teamarbeit.

Das ist vor allem eine Frage des Vertrauens: Die Führungskraft muss sich sicher sein: Das Team wird die übertragenen Aufgaben schon erfolgreich erledigen. Vorgegeben wird nur das Ergebnis, den Weg dorthin erarbeitet sich das Team selbst. Die Führungskraft bringt lediglich ihr Know-how ein und moderiert gegebenenfalls. Dass dies nicht von heute auf morgen möglich ist – weder das Vertrauen in die Mitarbeiter noch das Selbstvertrauen der Mitarbeiter, den Aufgaben gewachsen zu sein –, hatten wir im ersten Kapitel bereits angesprochen. Es handelt sich um einen Prozess. Lädt die Unternehmensleitung ohne Vorwarnung einem Team einen komplexen Aufgabenbereich auf, geht dies unweigerlich schief. Doch jedes Projekt lässt sich in Einzelschritte und/oder Einzelbereiche aufteilen, die nach und nach mit immer größerem Entscheidungsspielraum delegiert werden.

Bei diesem Vorgehen passiert etwas mit den Mitarbeitern. Behandelt ein Unternehmer seine Angestellten wie unbedarfte Erfüllungsgehilfen, denen genau vorgeschrieben werden muss, was sie in welcher Form zu tun haben, verlieren diese im Laufe der Zeit an Selbstvertrauen und Selbstbewusstsein – es fehlt an Herausforderungen.

Aber warum sollten sie auch Verantwortung für etwas übernehmen, das die Führungsetage diktiert? Wenn die vorgeschriebene Arbeitsweise nicht zu dem Ergebnis führt, das der Chef sich wünscht: sein Problem. Die Folge ist, dass Mitarbeiter Dienst nach Vorschrift machen – das ist schließlich das, was von ihnen erwartet wird.

Sie verlieren sozusagen ihren Biss, sie werden im übertragenen Sinne zu »zahnlosen Tigern«. Eine Geschichte mag das verdeutlichen: Ein kleiner Junge ist ganz fasziniert von Tigern. Im Fernsehen verfolgt er jede Dokumentation, die er zum Thema findet. Als dann endlich ein Zoobesuch ansteht, ist er ganz aufgeregt: Endlich wird er richtige Tiger sehen, live, in Farbe, direkt vor sich. Als er dann jedoch vor dem Raubtiergehege steht, ist er zutiefst enttäuscht. »Das sind gar keine Tiger!«, ruft er frustriert aus. »Aber doch, natürlich!«, antwortet der Vater. Der Junge beharrt auf seiner Meinung – denn was er sieht, ist Folgendes: Die Tiger dösen im Schatten vor sich hin, neben ihnen liegen Fleischstücke, welche die Wärter für sie vorbereitet und bereitgelegt haben. Diese Tiere jagen nicht, ja, sie haben keinerlei Jagdinstinkt mehr, jede Wildheit ist verloren – weil sie nicht mehr notwendig ist. Sie sind faul und desinteressiert geworden.

Ähnlich verhält es sich auch mit Menschen: Haben sie keinen Handlungsspielraum, tragen sie keine Verantwortung und müssen keine Entscheidungen fällen, verlieren sie ihren Biss und ihr Interesse an der Arbeit. Die Bindung zum Unternehmen lässt nach, die innere Kündigung ist nur noch der letzte Schritt. Bei einer Mitarbeiterbefragung, die wir in einem Handelsunternehmen vornahmen, äußerte sich einer unserer Gesprächspartner sehr negativ über das Unternehmen. Als wir den Angestellten fragten, warum er nicht kündigt, wenn er doch so unzufrieden ist, entgegnete er: »Ich möchte miterleben, wie dieses Schiff untergeht.« Welche eine erschreckende Einstellung! Und welch Armutszeugnis für das Unternehmen! Hier werden fähige Mitarbeiter regelrecht in den Hass getrieben.

Die wenigsten Mitarbeiter monieren von sich aus fehlende Verantwortung und fordern mehr Handlungsspielraum. Warum auch? Dieses Leben mag langweilig sein, aber es ist sicher und bequem. Sie sind gefeit vor Enttäuschungen und Risiken – die mit Selbstverantwortung einhergehen. Wie die Tiger im Zoo müssen sie sich um nichts kümmern.

Sie richten sich in ihrer Komfortzone ein. Kuschlig und warm. Das mag auf den ersten Blick ganz lauschig sein – auf Dauer schadet es aber erheblich: sowohl dem Mitarbeiter als auch dem Unternehmen. Denn wer geborgen in seiner Komfortzone ausharrt, beschränkt sich selbst. Herausforderungen und neue Erfahrungen fehlen – und mit ihnen schwindet die Selbstgewissheit, auch schwierige Aufgaben bewältigen zu können. An die Stelle von Neugier und Selbstbewusstsein tritt Angst: Angst vor Unbekanntem, Angst vor Verantwortung. Der Selbstwert schrumpft, der Bewegungsradius wird immer kleiner, die Angst vor dem Außen immer größer.

Deshalb ist es wichtig, dass Führungskräfte Verantwortung in durchdachten Portionen abgeben und ihre Mitarbeiter aus der Komfortzone herausholen. Wie alle Prozesse dauert dies seine Zeit – aber sowohl Unternehmen als auch Mitarbeiter werden dafür reichlich entlohnt.

Hilfreich ist hierbei eine offene und positive Fehlerkultur. Laut einer Studie der Unternehmensberatung Rochus Mummert hat jeder zweite Beschäftigte in Deutschland Angst, etwas falsch zu machen. Wer Fehler macht, gilt als nachlässig, gar als schlampig – und gerade in wirtschaftlich schwierigen Zeiten möchten Angestellte es vermeiden, negativ aufzufallen und so womöglich den Arbeitsplatz zu riskieren. Deshalb werden Fehler oft verschwiegen. Oder die Mitarbeiter machen Dienst nach Vorschrift und nach den Vorgaben ihrer Führungskräfte, um keine Verantwortung für Misserfolge übernehmen zu müssen. Dabei sind Fehler und der Austausch darüber wichtig: Denn nur indem über Fehler gesprochen wird, können Schwächen in Betriebsabläufen festgestellt und behoben werden. Und nur über Fehler entwickeln wir uns und unser Unternehmen weiter: »Fehler vermeidet man, indem man Erfahrung sammelt. Erfahrung sammelt man, indem man Fehler macht«, wie der Psychologe und Unternehmensberater Laurence J. Peter es beschreibt.

Exkurs: Fehlerfreundlichkeit statt Fehlertoleranz

Statt Fehler schlicht hinzunehmen, plädiert der Autor Jürgen Schaefer in seinem Buch *Lob des Fehlers* für Fehlerfreundlichkeit. Fehler sollten begrüßt werden, weil sie uns aufzeigen, dass wir in einer Sackgasse stecken, und uns einen neuen Weg weisen.

Meist ist es ja nicht nur ein einzelner Fehler, der zu Misserfolgen führt, sondern eine ganze Fehlerkette. Je früher diese durchbrochen werden kann, umso einfacher und effektiver kann das Steuer herumgerissen werden.

In vielen Unternehmen vertuschen die Mitarbeiter aus Angst vor Konsequenzen, dass etwas schief gegangen ist – was aber bedeutet, dass Informationen unterschlagen werden. Niemand kann etwas aus diesem Fehler lernen, deshalb kann er sich jederzeit wiederholen. Andere verharren aus Angst vor dem Scheitern im Status quo. Dies kann ganze Unternehmen durchdringen. Doch, wie Jürgen Schaefer feststellt: »Ein solches Unternehmen macht nichts falsch, aber auch nichts richtig.«

Die Managementprofessorin Amy Edmondson von der Harvard University fordert darum, die Mitarbeiter zu ermuntern, Fehler aufzuzeigen: »Gehen Sie auf den Überbringer von schlechten Nachrichten zu! Lassen Sie ihn leben! Gratulieren Sie ihm zu seinem Mut!«

Um Erfahrungen machen zu können, brauchen Mitarbeiter Entscheidungsbefugnisse im Rahmen ihrer Aufgaben. Denn die Mitarbeiter sind es, die direkt mit den Kunden kommunizieren. Sie sind es, die ihre Wünsche und Beschwerden erfahren. Unternehmen, die ihren Mitarbeitern hier freie Hand lassen, können sehr viel schneller auf Kundenbelange reagieren als solche, in denen diese erst an die Führungsetage weitergegeben, dort entschieden und dann wieder zurückkommuniziert werden – wobei erfahrungsgemäß einiges verloren geht, sodass der Kunde am Ende meist nicht das erhält, worum es ihm eigentlich gegangen ist.

Es wird immer Entscheidungen geben, die allein die Führungsetage zu fällen hat, es geht erst einmal nicht darum, ein Unternehmen basisdemokratisch zu führen. Doch wer seine Mitarbeiter nicht als funktionale Rädchen, sondern als kompetente Arbeitnehmer behandelt, als Menschen mit Erfahrung und Sachverstand, erweist ihnen Respekt und erhält im Gegenzug Wertschätzung und Loyalität. Unternehmensführer sollten deshalb darüber nachdenken, ob auch größere Entscheidungen, zum Beispiel solche, welche die Ausrichtung des Unternehmens betreffen, nicht allein von der Führungsetage, sondern unter Beteiligung der Belegschaft getroffen werden. Ein Unternehmen ist immer nur so gut wie die Mitarbeiter, die hinter ihm stehen. Schlägt eine Firma eine Richtung ein, die seine Angestellten nicht mittragen, wird der Misserfolg nicht lange auf sich warten lassen.

Werden Mitarbeiter an Entscheidungen beteiligt – im Großen wie im Kleinen –, setzt die gegenteilige Bewegung zum Rückzug in die Komfortzone ein: Das Selbstvertrauen und der Selbstwert wachsen, die Freude an der Arbeit kehrt zurück, die Übernahme von (Selbst-)Verantwortung wird begrüßt. Die Mitarbeiter beginnen, sich mit dem Unternehmen zu identifizieren – und dies stößt eine weitere Entwicklung an: Die Belegschaft beginnt, unternehmerisch zu denken, und das ist etwas, das sich jedes Unternehmen nur wünschen kann. Die Mitarbeiter beziehen bei ihren Überlegungen und Handlungen das Wohl des Unternehmens mit ein. Risiken werden erkannt und umgangen, Marktlücken und Kundenwünsche entdeckt. Das Unternehmen wird offener für Marktentwicklungen und kann schneller auf sie reagieren, gleichzeitig wird der Krankenstand geringer und die Arbeitsleistung steigt allein aus der Hingabe für die Aufgaben.

Wir erfahren dies immer wieder, wenn Teams gut aufeinander eingespielt sind und ihre Projekte mit Leidenschaft und Begeisterung angehen. Die Teammitglieder ziehen sich gegenseitig mit, sie erkennen die Leistung der anderen an und kritisieren einander auf respektvolle und konstruktive Weise. Geht etwas schief, wird nicht mit dem Finger auf Schuldige gewiesen, sondern gemeinsam eine Lösung gesucht.

Gute Teams sind von gegenseitiger Wertschätzung und Ehrlichkeit geprägt. Gegenseitiger Respekt ist die Grundlage des Miteinanders. Keiner versucht, den anderen zu manipulieren oder zu »erziehen«: Jeder darf bleiben, wie er ist, denn die anderen vertrauen darauf, dass er seine Aufgaben verantwortungsbewusst erledigen wird.

Mitarbeiter, die unternehmerisch denken, müssen nicht lange aufgefordert werden, etwas für die Kundenbindung zu tun, denn das liegt ihnen von sich aus am Herzen. So kann es geschehen, dass sich eine Mitarbeiterin noch kurz vor Feierabend hinsetzt und eine E-Mail an einen der wichtigsten Kunden der Firma schreibt. Eigentlich soll es nur eine kurze Bestätigung sein, dass eine E-Mail eingegangen ist. Doch statt eine trockenen Standard-Mail zu verfassen, bedankt sich die Mitarbeiterin mit freundlichen und verbindlichen Worten für das Interesse an der Firma – und das auf so charmante Weise, dass sie nicht nur eine überschwängliche Dankes-Mail zurückerhält, sondern der Kunde sich auch begeistert an die Geschäftsführung wendet und die Mitarbeiterin in den höchsten Tönen lobt.

So etwas funktioniert nicht auf Befehl. Freundlichkeit und Verbindlichkeit erwachsen aus Überzeugung. Nur dann hat der Kunde das Gefühl, dass er in der Firma wirklich willkommen ist und ernst genommen wird.

Sie kennen es doch sicher, wie es ist, bei einer Hotline anzurufen. Alle Call-Center-Agenten sind darauf geeicht, zu sagen: »Guten Tag, Firma Soundso, mein Name ist Soundso – was kann ich für Sie tun?« Sie hören es der Stimme an, ob Ihr Gesprächspartner tatsächlich daran interessiert ist, etwas für Sie zu tun! Wie oft ist es nur eine einstudierte Floskel ohne Überzeugungskraft.

Ist der Umgang in einem Unternehmen von Menschlichkeit geprägt, erhalten Teams Entscheidungsbefugnisse und Verantwortung, dann ändert sich die Aufgabe von Führung – und in letzter Konsequenz ändern sich die

Strukturen innerhalb der Firma (doch dazu an anderer Stelle mehr). Selbstbestimmte Teams lösen ihre Probleme allein oder im Austausch mit anderen Teams oder Abteilungen. Führungskräfte stehen dann eher beratend und moderierend zur Seite. Ihre Funktion ist nicht mehr, den Weg zu weisen, sondern andere auf ihrem eigenen Weg zu unterstützen, sie zu ermächtigen, ihre Aufgaben zu erfüllen. Das ist etwas vollkommen anderes.

Es erfordert Vertrauen in die Fähigkeiten der Mitarbeiter – und vor allem die Fähigkeit, sich selbst zurückzunehmen. Die wichtigsten Eigenschaften von Führungskräften werden somit ein gefestigter Selbstwert und Souveränität. Denn nur wer in sich ruht, kann akzeptieren, dass andere Menschen andere Werte und andere Wege zum Ziel haben. Letztendlich geht es nur darum, dieses Ziel zu erreichen – und jeder Mitarbeiter, jedes Team wählt seinen eigenen Weg dorthin.

Die wichtigste Aufgabe von Führung wird sein, zu erkennen, wer wie viel Unterstützung in welcher Weise benötigt. Die Frage der richtigen Dosierung wird entscheidend, denn es ist gar nicht so einfach, jemanden einzuschätzen. Manche Mitarbeiter sind von sich aus sehr selbstständig, andere brauchen mehr Handreichungen. Das richtige Maß zu erkennen ist in Zukunft vielleicht die größte Herausforderung für Führungskräfte.

Transparenz statt Flurfunk

Werden Mitarbeiter in Entscheidungen miteinbezogen, benötigen sie vor allem eines: ausreichend Informationen. Deshalb ist Transparenz eines der wesentlichen Merkmale menschlich geführter Unternehmen. Das betrifft auch Unternehmenszahlen. Viele Firmenleiter tun sich in dieser Hinsicht schwer. Sie möchten nicht, dass nach außen dringt, wie das Unternehmen tatsächlich dasteht.

Dass man sich von der Konkurrenz nur ungern in die Karten schauen lässt, ist durchaus verständlich – aber müssen deshalb auch die eigenen Angestellten im Unklaren gelassen werden? Anders gefragt: Welchen Vorteil bringt es, wenn die Mitarbeiter nicht darüber informiert sind, dass das Unternehmen gut aufgestellt ist – oder: dass die Zeiten schwerer werden?

Wie sollen Mitarbeiter für bessere Umsätze sorgen, wenn sie überhaupt nicht wissen, wie es um das Unternehmen bestellt ist? Und gerade wenn die Gewinne schrumpfen, ist es doch wichtig, dass die Mitarbeiter über die Lage informiert sind – denn dann können sie an ihrem Platz anfangen, ihr Möglichstes zu tun, damit die Zahlen wieder schwärzer werden: sei es, dass sie im Vertrieb engagierter auf die Kunden zugehen, sei es, dass sie marktnahe, innovative Produkte erdenken. Dies geschieht übrigens nur, wenn Mitarbeiter sich als Teil des Unternehmens fühlen und unternehmerisch denken – wenn sie also selbstverantwortlich arbeiten können und Entscheidungsspielraum haben. Wenn Sie Ihren Mitarbeitern schlechte Zahlen mitteilen müssen, dann denken Sie daran, ihnen die Angst zu nehmen: Wer fürchten muss, den Arbeitsplatz zu verlieren, ist nicht kreativ und engagiert. Deshalb sollten Sie Ihren Mitarbeitern versichern, dass ihre Stellen unangetastet bleiben

Aber auch wenn ein Unternehmen satte Gewinne macht, sollten die Mitarbeiter davon erfahren. Schließlich ist es auch ihr Verdienst. Und zu sehen, dass die eigene Arbeit erfolgreich und gewinnbringend ist, motiviert dazu, so weiterzumachen.

Manche Unternehmer fürchten, dass ihre Angestellten dann sagen: »Von diesem Kuchen möchten wir auch etwas abhaben! Eine Gehaltserhöhung bitte!« Darauf lässt sich unterschiedlich reagieren. Zum einen: Warum sollte es keine Gewinnbeteiligung für Mitarbeiter geben, wenn ein Jahr wirklich gut gelaufen ist? Zum anderen: Sollen Gewinne reinvestiert werden oder für die Konsolidierung des Unternehmens verwendet werden, wird dies jeder Mitarbeiter verstehen, wenn es entsprechend offen kommuniziert wird. Schließlich ist es im Sinne der Belegschaft, dass das Unternehmen auf stabilen Beinen steht.

Wir sind der Überzeugung, dass Unternehmensdaten so offen wie möglich gehandhabt werden sollten. Nur so werden den Mitarbeitern die Entscheidungen und Pläne der Geschäftsleitung verständlich – und dies schafft Vertrauen in die Unternehmensleitung. In unseren Steuerkanzleien halten wir es genauso: Die monatlichen betriebswirtschaftlichen Eckdaten werden offengelegt. So können die Mitarbeiterinnen und Mitarbeiter erkennen, ob die gesteckten Renditeziele erreicht wurden. Außerdem sind diese Ergebnisse die Grundlage für die Berechnung der Erfolgsbeteiligung unserer Angestellten.

Natürlich müssen wir darauf vertrauen können, dass die Zahlen nicht im nächsten Supermarkt am Schwarzen Brett landen. Wie immer, wenn es um Vertrauen geht, heißt es auch hier: Es ist ein Prozess. Im Laufe der Jahre ist das gegenseitige Vertrauen so gewachsen, dass wir diese Zahlen bedenkenlos kommunizieren, weil wir wissen, dass unsere Mitarbeiter verantwortungsbewusst damit umgehen. Für unsere Angestellten bedeutet dieses Vorgehen auch Sicherheit: Sie wissen, wie die Kanzleien dastehen und worauf sie sich einrichten können oder müssen – und auch, was sie tun können, um gegebenenfalls die Situation zu verbessern.

Sicherlich gibt es Branchen, in denen es aus Wettbewerbsgründen schwieriger ist, bestimmte Dinge offenzulegen – doch auch hier lässt sich überlegen, was unbedenklich intern kommuniziert werden kann, um Sicherheit und Vertrauen zu ermöglichen.

Ein strittiges Thema ist immer wieder der Umgang mit Gehältern. In vielen Firmen ist es den Mitarbeitern untersagt, über ihr Gehalt zu sprechen. Aber warum? Wozu dient das? Die Geheimhaltung führt zu Misstrauen und Konkurrenz untereinander, eine offene und vertrauensvolle Zusammenarbeit ist unter diesen Bedingungen kaum möglich. Dies ist ein Nährboden für Gerüchte. In einer Firma, die wir berieten, hatte eine Mitarbeiterin vor ihren Kollegen erklärt, sie sei zufrieden mit ihrem Gehalt. Hinter ihrem Rücken begann nun bald das Getuschel: Verdiente sie womöglich mehr? Hatte sie einen besseren Draht zur Geschäftsleitung? Lief da am Ende was zwischen denen? Geheimnisse sind ein Einfallstor für Intrigen und Verleumdungen, die das Arbeitsklima vergiften und Kooperation untergraben. Das kann sich nur negativ für das Unternehmen auswirken.

Was spricht dagegen, auch offenzulegen, wie viel die Chefin, der Chef und die ganze Führungsetage verdienen? Liegen die Gehälter in unangemessener Höhe, wäre dies ein guter Moment, um darüber nachzudenken, warum die eine so viel und der andere so wenig erhält, und ob dies tatsächlich so sein muss.

Tipp

Wenn Sie fürchten, Ihre Mitarbeiter würden die Gehälter der Chefetage für unangemessen hoch halten, dann fragen Sie Ihre Mitarbeiter einfach: Wie viel sollte die Firmenleitung erhalten? Wie steht es um Risikozuschläge? Wie hoch sollte der Stundensatz sein – und wie viele Stunden arbeitet die Chefin oder der Chef?
Sie werden sehen: Die meisten Mitarbeiter werden ein höheres Einkommen ihrer Chefs akzeptieren.

Nach unseren Erfahrungen ist es sinnvoll, die Mitarbeiter so früh wie möglich über Neuerungen und Veränderungen (nicht nur der Zahlen) in Kenntnis zu setzen. Auch wenn die Führungsschicht denkt, es sei noch zu früh: Nein, ist es nicht. Warum nicht Überlegungen und Pläne als das darstellen, was sie sind: als Überlegungen und Pläne, als Suche nach Wegen in eine bessere Zukunft?

Geschieht dies nicht, tritt etwas ein, das für jedes Unternehmen nur Nachteile bringt: Denn dann machen Gerüchte die Runde. Via Flurfunk werden Vermutungen als Tatsachen verbreitet und Ängste geschürt. »Hast du schon gehört? Die oberste Etage will was ändern.« »Weil der Ausschuss so hoch ist? Was wollen die denn machen? Die Gehälter kürzen?« »Die engagieren bestimmt wieder irgendwelche Berater, die jede Menge Geld kassieren – und wir müssen es dann ausbaden.« »Ja, am Ende werden wir entlassen, weil die Berater so teuer waren.«

Kommt Ihnen das bekannt vor?

Jede Nicht- und jede Halbinformation bietet unendlich großen Raum für Spekulationen und Interpretationen. Und Sie können sicher sein, dass der genutzt wird. Das schafft Unsicherheit und Unruhe, manchmal Wut, auf jeden Fall Ängste – und das wiederum demotiviert: Warum sollte sich die Belegschaft noch für ein Unternehmen engagieren, dessen Zukunft ungewiss ist, das ihr keine Perspektive bieten kann?

Je weniger Spekulationen möglich sind, je besser die Mitarbeiter informiert sind, umso geringer ist der Interpretationsspielraum. Dann bestimmen Fakten die Diskussion, nicht Ängste.

Tipp

Dies gilt übrigens auch im Kleinen: Je klarer die Aussagen einer Führungskraft, umso besser wissen die Mitarbeiter, was von ihnen erwartet wird. Das spart im Alltag viel Zeit.

Auf welchem Weg die Information zu der Belegschaft gelangt, ist zweitrangig, Hauptsache, sie fließt. Für manche Unternehmen ist ein Intranet die beste Lösung, um aktuelle Pläne und Maßnahmen zu kommunizieren, für andere bietet sich eher eine Pinnwand an, bei wieder anderen ist es am sinnvollsten, wenn die Abteilungs- oder Filialleiterinnen ihre Mitarbeiter auf den neuesten Stand bringen.

Einer unserer Coaching-Mandanten entschied sich für ein Schwarzes Brett, das an prominenter Stelle installiert wurde, um über die neuesten Entwicklungen zu informieren. Das sah er sich eine Weile an, dann wandte er sich an uns: »Ich habe 100 Euro in diese Pinnwand investiert – aber was ist mein Gewinn? Was kommt dafür zurück?« Wir erwiderten: »Haben Sie gesehen, wie viele Mitarbeiter gekommen sind, um die Anschläge zu lesen? Um zu erfahren, was in ihrem Unternehmen vor sich geht?«

Was dort vor sich ging und geht, ist unbezahlbar: Die Mitarbeiter fühlen sich nicht mehr außen vor gelassen, sondern als Teil des Unternehmens. Sie wollen erfahren, was in ihrem Haus geschieht. Sie empfinden sich nicht als kleine Rädchen, sondern als Teilnehmer, als Mitmacher.

In einer anderen Firma haben wir erlebt, wie Gerüchte über mögliche Firmenaufkäufe die Belegschaft beunruhigten und die tägliche Arbeit beinah lahmlegten. Erst als eine Führungskraft begann, den Mitarbeitern zu erläutern, was tatsächlich geplant war, als sie Zahlen und Fakten nannte, kehrte wieder Ruhe ein – die veränderte Stimmung war beinah mit den Händen greifbar. Erst danach war eine Diskussion mit den Mitarbeiterinnen über die bevorstehenden Entwicklungen möglich – zuvor hatten Angst und Unsicherheit jede rationale Auseinandersetzung behindert.

Eine dritte Firma, die wir berieten, entschied sich für informelle Wege. Dort suchte eine der Managerinnen das direkte Gespräch mit den Mitarbeitern: In den Raucherecken, in der Teeküche, in der Kantine berichtete sie von offenen Plänen und anstehenden Entscheidungen. Über den Flurfunk fanden diese Informationen ihren Weg in alle Abteilungen und wurden positiver aufgenommen als offizielle Verlautbarungen. Richtig genutzt können informelle Kommunikationswege Gerüchten und Ängsten entgegenwirken.

Informationen zurückzuhalten ist immer auch ein Machtspiel. Wer mehr weiß als andere, kann diese in seinem Sinne manipulieren: Er kann sie auflaufen lassen oder zu fremdbestimmten Handlungen drängen. Das ist unvereinbar mit einem menschlichen Umgang miteinander. Machtspiele gehen immer auf Kosten von Vertrauen und Motivation. Mitarbeiter werden sich nur für ihre Firma engagieren und unternehmerisch denken, wenn sie wissen, dass sie respektvoll und ehrlich behandelt werden.

Deshalb stellt Transparenz einen hohen Wert dar. Sie ist ein Prüfstein für die Glaubwürdigkeit eines Unternehmens. Die Herstellung von Transparenz ist nicht von heute auf morgen möglich, in manchen Branchen ist sie schwieriger als in anderen zu etablieren. Nichtsdestotrotz sollte dies aber das Ziel sein: die völlige Transparenz, um ein vertrauensvolles Miteinander zu ermöglichen.

Konflikte und ihre Lösungen

Transparenz ist keine Einbahnstraße – sie bedeutet, dass Führungsetage und Belegschaft einander mit offenem Visier begegnen. Das ist recht einfach, solange Eintracht und Einverständnis herrschen. Problematischer wird es bei Konflikten. Und wo Menschen zusammenkommen, da treffen unterschiedliche Meinungen, Ansichten, Werte und Arbeitsweisen aufeinander. Jede Menge Konfliktstoff!

Gerade in solchen Momenten zeigt sich, ob Menschlichkeit in einem Unternehmen tatsächlich gelebt wird. Ein respektvoller und wertschätzender Umgang miteinander bedeutet, die Meinungen und Arbeitsweisen, Stärken und Eigenheiten zu akzeptieren, auch wenn sie einem gegen den Strich gehen. Das heißt nun nicht, dass Unbehagen und Missstimmungen klaglos hinuntergeschluckt werden, dass man sich zähneknirschend fügt, nur um des lieben Friedens willen.

Ein menschlicher Umgang miteinander bedeutet für uns, dass Konflikte und Probleme, unvereinbare Meinungen, Werte und Arbeitsweisen offen angesprochen werden. Es kommt dabei natürlich darauf an, wie dies geschieht. Wir bevorzugen einen offenen, ehrlichen und respektvollen Ton – doch haben Konflikte ja oft etwas mit Verletzungen und mangelnder Wertschätzung zu tun. Eine schwierige Situation.

Dass jemand mal explodiert, dass jemand wütend wird, weil er an einer wunden Stelle erwischt wurde – das kann geschehen. Wir haben es im ersten Kapitel unter dem Stichwort »Authentizität« angesprochen. Solange es die Ausnahme bleibt, entschuldigt man sich und erklärt, warum man so reagiert hat. Danach kann die Situation bereinigt werden.

Geht der Konflikt tiefer, kommen solche Ausraster häufiger vor, gilt es, genauer nachzusehen, was geschieht – und warum. Je nach Art des Konflikts ist eines unterschiedliches Vorgehen notwendig.

Was in Firmen relativ oft geschieht, ist, dass jemandem ein Fehler unterläuft. Das Erste, was wir in unseren Kanzleien dann tun, ist, Sache und Person zu trennen. Das, was schiefgelaufen ist, steht im Mittelpunkt, nicht der Mensch, dem der Fehler passiert ist. Schuldzuweisungen nützen in einer solchen Situation überhaupt nichts, ganz im Gegenteil: Sie verletzten, vergiften die Atmosphäre und können Beziehungen zerstören. Zudem führt es zu keiner Lösung, mit dem Finger auf jemanden zu zeigen. Wir bevorzugen einen lösungsorientierten Ansatz.

Gemeinsam mit dem Mitarbeiter suchen wir nach Wegen, den Schaden zu begrenzen. Um weitere Fehler dieser Art zu vermeiden, gehen wir dem Geschehen sodann auf den Grund. Das kann Zeit kosten, lohnt sich aber, da Wiederholungen desselben Fehlers vorgebeugt wird.

Eine der wichtigsten Fragen richten wir an uns selbst: Wie sieht unser Anteil an diesem Fehler aus? Habe ich dem Mitarbeiter alle Informationen, alle Tools zugänglich gemacht, die er braucht? Braucht er vielleicht eine Schulung? In diesem Fall ist die Lösung einfach.

Ist er vielleicht überlastet? Ist das eine Frage des Augenblicks – aufgrund saisonaler Mehrbelastung oder vielleicht drängender persönlicher Probleme? Lässt sich für einen bestimmten Zeitraum das eine oder andere an Kollegen delegieren oder an Dienstleister auslagern? Oder ist die Arbeitsbelastung grundsätzlich zu hoch? Dann sollte strukturell etwas geändert werden.

Natürlich steht auch die Frage im Raum, ob der Mitarbeiter überhaupt am richtigen Platz ist. Entsprechen seine Fähigkeiten den Anforderungen? Wäre er woanders besser aufgehoben? Es braucht unterschiedliche Menschen auf unterschiedlichen Positionen. Nicht jeder ist für den Vertrieb geeignet, nicht jeder findet in einem Verwaltungsjob sein Glück.

All dies kann im Gespräch eruiert werden. So lassen sich gemeinsam Lösungswege finden. Das ist weitaus effektiver, als abzumahnen, wie es viele Unternehmen bevorzugen. Doch wem die Alleinschuld zugewiesen wird, ohne dass er die Möglichkeit hat, seine Position darzulegen, wird eher mit Trotz, Verweigerung und innerer Kündigung reagieren (»Die sollen mich mal kennenlernen! Ich mach hier nur noch Dienst nach Vorschrift!«) als jemand, dessen Sicht der Dinge wahrgenommen und berücksichtigt wurde.

Liegt der Fehler beim Mitarbeiter selbst, hat er ihn aus Mutwillen oder Schlampigkeit verursacht, zieht das Konsequenzen nach sich. Ein menschlicher Umgang miteinander heißt nicht, dass zu jeder Zeit ein harmonischer Kuschelkurs gefahren wird. Auch in diesem Punkt ist uns Offenheit und Ehrlichkeit wichtig: Die Grenzen sind klar definiert – und ebenso die Konsequenzen, die eine Übertretung nach sich zieht. (Mehr dazu finden Sie in Kapitel 4.)

Tipp

Liegt der Fehler bei einem Mitarbeiter, hat sich für uns folgendes Vorgehen bewährt:

1. Fortbildung: Sind fehlende Hard Skills der Knackpunkt, lassen sie sich am besten durch einen Wissenszuwachs ausgleichen.
2. Coaching: Geht es mehr um Soft Skills wie kommunikative Kompetenz, ist ein Coaching eine gute Lösung, um Mitarbeitern eine Weiterentwicklung zu ermöglichen.
3. Trennung: Ändern weder Fortbildung noch Coaching die grundlegende Situation, treten die gleichen Konflikte weiterhin auf, ist die Trennung als letzte Konsequenz oft für Mitarbeiter und Unternehmen die beste Lösung.

Konflikte zwischen Angestellten oder innerhalb von Teams beziehungsweise Abteilungen sind oftmals komplexer. Solche Probleme kosten Unternehmen viel Geld, denn sie beeinträchtigen die Zusammenarbeit und damit letztlich die Qualität von Produkten beziehungsweise Dienstleistungen. Je länger solche Konflikte schwelen, umso teurer wird es – und umso schwieriger lässt sich eine Lösung finden. Deshalb ist es so wichtig, einen offenen Umgang miteinander zu fördern.

Schaffen es die Beteiligten nicht, den Konflikt allein zu lösen, ist es Aufgabe der Führungskraft, sich der Sache anzunehmen. Mit Sprüchen wie »Nun vertragt euch mal« ist es dabei natürlich nicht getan. Es geht schließlich darum, den Konflikt zu lösen, nicht ihn zu verdecken. Dazu bedarf es neuer Ansätze und Wege, denn wie Albert Einstein schon sagte: »Probleme kann man niemals mit derselben Denkweise lösen, durch die sie entstanden sind.«

Konfliktgespräche laufen meist nach dem immer gleichen Muster ab: Eine Seite erläutert ihren Standpunkt und versucht, die Anwesenden von ihrer Meinung zu überzeugen. Dann folgt die andere Seite, die genau dasselbe tut, womöglich gibt es gar noch eine dritte, die ebenso agiert.

Keiner hört dem anderen richtig zu, sondern versucht, noch während die anderen reden, Gegenargumente zu finden und die eigene Sichtweise möglichst effektiv aufzubereiten. Jeder bleibt bei sich, niemand hört dem anderen wirklich zu. So werden Standpunkte zementiert, aber nicht hinterfragt. Es handelt sich nicht um eine wirkliche Diskussion, sondern um die Postulierung von Meinungen. Das bringt selten eine Lösung, da keine Seite gewillt ist, auf die andere zuzugehen.

Eine erste Entspannung der Situation kann dadurch erreicht werden, dass die Beteiligten am Konflikt aufgefordert werden, zu beschreiben, was sie an ihrem Gegenüber, ihrem »Meinungsgegner« besonders schätzen. Das hilft, aus dem Gefängnis der gegenseitigen Schuldzuweisungen auszubrechen, und öffnet die Situation aus einem Gegeneinander zu einem Miteinander.

Um nicht immer um die gleichen Argumente zu kreisen, ist es notwendig, sich aus bisherigen Denk- und Diskussionsweisen zu lösen. Besonders geeignet ist in Konfliktsituationen das einfühlende Zuhören, das Bestsellerautor Stephen Covey in seinem Buch *Die 7 Wege zur Effektivität* als fünften Weg beschreibt: »Erst verstehen, dann verstanden werden«. Wechseln die Beteiligten die Perspektive und versuchen auf diese Weise, jeweils die Motivation und den Blickwinkel ihres Gegenübers zu begreifen, können sich schon erste Aha-Erlebnisse einstellen. Auf einmal ergeben Positionen einen Sinn, die zuvor unverständlich waren. Selbstverständliches verliert seine vermeintliche Allgemeingültigkeit, es entpuppt sich als subjektiv und veränderbar. Oft lassen sich so schon erste Lösungsansätze finden. Ein Perspektivwechsel kann moderiert mit allen Beteiligten oder auch im Rahmen eines Beratungsgesprächs in Form eines Rollenspiels vorgenommen werden.

Toolbox: Erst verstehen, dann verstanden werden

Um erst zu verstehen, bevor man verstanden wird, hat sich folgende Gesprächsführung bewährt: Zunächst erhält der eine Gesprächspartner die Gelegenheit, seinen Standpunkt zu erklären. Sein Gegenüber unterbricht ihn nicht, sondern hört aufmerksam zu. Am Ende der Ausführungen fasst der Zuhörende in eigenen Worten zusammen, was der Redner gesagt hat. Einer Wertung des Gesagten enthält er sich. Hat er Sachverhalte oder Standpunkte noch nicht ganz verstanden, kann er nachfragen. Trifft er in seiner Zusammenfassung noch nicht den Kern des Gesagten, wird ihm

sein Gesprächspartner noch einmal genauer erklären, was er denn eigentlich meint. Danach fasst der Zuhörer wieder den Standpunkt seines Gegenübers zusammen. Dies geschieht so lange, bis der erste Sprecher sich vom Zuhörer vollständig verstanden fühlt.
Danach wechseln die Rollen. Nun legt der bisherige Zuhörer seine Sichtweise dar – und der erste Redner hört zu und fasst zusammen, bis er im Detail die Position seines Gegenübers versteht.
Verstehen bedeutet in diesem Zusammenhang keinesfalls zustimmen. Die andere Sichtweise wird aber als ebenbürtig anerkannt, nicht als etwas Bedrohliches oder als Widerpart, sondern schlicht als etwas anderes.
Bei schwierigen Themen ist es sinnvoll, wenn eine Führungskraft moderiert, um beiden Beteiligten ausreichende Gesprächszeit und genügend Raum zum Verstehen zu verschaffen.
Sollte es den Gesprächspartnern schwerfallen, den jeweils anderen aussprechen zu lassen, ist der sogenannte »Talkingstick« eine gute Lösung. Schon die Indianer haben ihn genutzt: Nur wer den Talkingstick in der Hand hält, hat das Wort.
Für Konfliktgespräch in Unternehmen benötigen Sie keinen speziell angefertigten Kultgegenstand – auf die Schnelle reicht irgendein Gegenstand. Auf längere Sicht kann es hilfreich sein, wenn stets der gleiche Gegenstand verwendet wird: So er erhält Signalwirkung und eine gewisse Autorität.
Am Ende müssen die Gesprächspartner nicht die Position des jeweils anderen übernehmen – es kann immer noch sein, dass sie ihre Sichtweise überzeugender finden. Aber sie haben ihr Gegenüber verstanden. Das ist der erste und der wichtigste Schritt, um zu einer Lösung zu kommen, mit der beide Seiten zufrieden sind.

Manchmal reicht diese Art des Austauschs schon: Beide Seiten begreifen, worum es dem anderen geht, und finden gemeinsam einen Weg aus dem Konflikt. Mitunter ist es langwieriger. Kompromisse sind in solchen Fällen selten eine gute Lösung – aber das wissen Sie bestimmt: Kompromisse stellen meist ungeliebte Mittelwege dar, mit denen keine Seite glücklich ist.

Weitaus besser ist es, wenn sich alle Beteiligten mit der Lösung identifizieren können. Dann ergibt sich eine Win-win-Situation, von der alle profitieren: Die Lösung ist für beide Seiten befriedigend und erstrebenswert. Bestsellerautor Stephen Covey erklärt: »Bei einer Gewinn/Gewinn-

Lösung fühlen sich alle Parteien mit der Entscheidung wohl und sind innerlich dem vereinbarten Vorgehen verpflichtet.«

Dazu empfiehlt es sich, einen dritten Weg zu suchen, der allen Beteiligten gerecht wird. Stephen Covey spricht in diesem Zusammenhang von einer »dritten Alternative«: Nicht der Weg der einen Seite oder der der anderen wird eingeschlagen, sondern ein *besserer*.

Exkurs: Die dritte Alternative

Zumeist gehen wir davon aus, dass es lediglich zwei Ansichten beziehungsweise Positionen gibt, die beide auch richtig sein können. Wollen wir innerhalb dieses Denkmodells zu einer Einigung gelangen, muss eine der Parteien unterliegen, die andere gewinnt. Oder es wird ein Kompromiss geschlossen, bei dem beide nachgeben, aber niemand richtig glücklich ist. Stephen Covey tritt darum für einen dritten Weg ein: Beide Seiten stellen die eigene Sicht der Dinge in den Hintergrund, um gemeinsam einen neuen Weg zu finden.

Dafür definieren beide zunächst, was für sie wesentlich ist beziehungsweise, was für sie unbedingt erforderlich ist, damit sie mit einer Lösung einverstanden sind. Danach werden innerhalb eines gesetzten Zeitrahmens spielerisch und ohne Bewertung möglichst viele Ideen gesammelt, Lösungen skizziert, Modelle entworfen. Die dritte Alternative ist gefunden, wenn alle Beteiligten begeistert sind.

Mithilfe der dritten Alternative wird nicht der kleinste gemeinsame Nenner gesucht, sondern es entsteht durch Synergie etwas Neues, von dem alle überzeugt und angetan sind.

Ideal wäre natürlich, wenn Konfliktpotenziale und Reibungspunkte beim Entstehen benannt würden. So können sie nicht schwelen und Schaden anrichten. Doch dazu bedarf es einer Atmosphäre der Offenheit, in der jeder angstfrei seine (unguten) Gefühle und Zweifel benennen kann, ohne Sanktionen befürchten zu müssen. Auch dies ist, wie so vieles, ein Prozess, für den Führungskräfte den Entwicklungsrahmen aufspannen können – und den sie auch anstoßen können, indem sie selbst offen zeigen, was sie fühlen (»Das verletzt mich jetzt«, »Das sehe ich anders«), ohne andere dominieren zu wollen. Besonders hilfreich hat sich für uns die gewaltfreie Kommunikation von Marshall B. Rosenberg erwiesen.

Exkurs: Gewaltfreie Kommunikation nach Marshall B. Rosenberg

Diese Form der Kommunikation wird auch oft einfühlsame Kommunikation genannt. Ihr Ziel ist letztlich, das Gegenüber und sich selbst besser zu verstehen und menschlich zu bleiben, auch unter hohem Druck. Statt automatisch und gewohnheitsgemäß zu antworten, hilft diese Kommunikationsform, bewusst anders zu reagieren. Da sie uns darin unterstützt, sorgfältig beobachten und genau benennen zu können, welche Verhaltensweisen und Umstände uns stören und was wir uns stattdessen wünschen, ist sie besonders gut in Konfliktsituationen geeignet. Auf diese Weise werden Widerstand, Abwehr und aggressive Reaktionen auf ein Minimum reduziert.
Die gewaltfreie Kommunikation beruht auf vier Komponenten: beobachten, fühlen, Bedürfnisse benennen, bitten.

1. **Beobachten:** Stört ein Verhalten oder eine bestimmte Situation, wird es ohne Bewertung oder Verurteilung mitgeteilt. Das geschieht, indem man einfach beschreibt, worum es geht. So steht die Situation oder das Verhalten im Mittelpunkt und der Angesprochene fühlt sich nicht angegriffen. Also nicht: »Sie liefern immer zu spät!« Sondern: »Bei den letzten drei Projekten haben Sie die Deadline überschritten.«
2. **Fühlen:** Im zweiten Schritt geht es darum, mitzuteilen, wie wir uns fühlen, wenn das entsprechende Verhalten oder die Situation auftritt. Also nicht: »Das geht so nicht!« Sondern: »Ich ärgere mich, wenn Sie die Deadline überschreiten.« Wenn wir unsere Gefühle klar und deutlich beschreiben können, treten wir leichter miteinander in Kontakt. Dies ist in Konfliktsituationen hilfreich, da der andere erkennt, welche Auswirkungen sein Handeln hat.
3. **Bedürfnisse benennen:** In diesem Schritt werden die Bedürfnisse hinter den Gefühlen benannt. Denn was andere sagen oder tun, ist nie der Grund für unsere Gefühle, sondern lediglich der Auslöser. Also nicht: »Sie müssen sich an Absprachen halten!« Sondern: »Ich möchte dem Kunden gegenüber Wort halten, damit er weiß, dass wir rechtzeitig liefern und er sich auf uns verlassen kann. Ich möchte diesen Kunden nicht enttäuschen.« Oder: »Durch Ihre späte Abgabe geraten die nachgelagerten Abteilungen in Zeitdruck. Ich möchte, dass dieser Auftrag sorgfältig ausgeführt wird, dass alle Abteilungen ausreichend

Zeit haben, so gut wie möglich zu arbeiten. Die Qualität der Ware soll nicht durch Zeitdruck und Flüchtigkeitsfehler leiden.«

4. **Bitten:** Im letzten Schritt wird benannt, was wir uns vom anderen wünschen. Dies sollte klar und deutlich formuliert sein, nicht vage, abstrakt oder zweideutig; es sollte positiv ausdrückt sein: das, was wir uns wünschen – und nicht das, was wir uns nicht wünschen. Auf diese Weise formulieren Sie Ihre Bitte so, dass der andere sich weder bestraft noch beschuldigt fühlt. Dadurch muss er nicht aufbegehren. Also nicht: »Ich will, dass dies nie wieder geschieht.« Sondern: »Bitte geben Sie Ihren Anteil zum vereinbarten Termin ab.«

Ziel der gewaltfreien Kommunikation ist nicht, andere zu manipulieren oder sie zu verändern, damit wir unsere eigenen Absichten durchsetzen können. Ganz im Gegenteil: Es geht darum, Beziehungen aufzubauen, die auf Offenheit und Empathie basieren.

Diese Form der Offenheit bedeutet in der Konsequenz natürlich auch, dass Führungskräfte von Kritik nicht ausgenommen sind. Das ist in vielen Unternehmen geradezu undenkbar: Dass Mitarbeiter ihre Vorgesetzten offen kritisieren oder ihnen vor anderen widersprechen, ist ein absolutes Tabu. Dabei ist kritisches Feedback gerade für Führungskräfte unentbehrlich: Auch sie müssen erkennen, was sie falsch machen und an welchen Stellen sie sich weiterentwickeln können. Niemand ist vollkommen, jeder hat blinde Flecken, die ihm nur durch andere bewusst gemacht werden können – auf konstruktive, wertschätzende Weise.

Von selbstkritischen Führungskräften profitiert das ganze Unternehmen, denn schließlich tragen sie Verantwortung, die über ihre eigene Person hinausgeht. Sie kennen doch sicherlich auch den Spruch: »Mitarbeiter kommen wegen des Unternehmens und gehen wegen des Chefs.« Dabei ist es gerade heute wichtig, gute Mitarbeiter zu halten (Stichwort demografischer Wandel und Fachkräftemangel – wir kommen in Kapitel 4 ausführlicher darauf zu sprechen). Dies ist unter anderem durch selbstkritische Führungskräfte möglich.

Hans Schlipat, Personalberater und Partner der Unternehmensberatung Rochus Mummert, fordert Führungskräfte auf, eigene Fehler von sich aus anzusprechen. Dies ebnet den Weg zu einer offenen und konstruktiven Konfliktkultur. Eine Studie der Unternehmensberatung kommt zu dem

Schluss: »Die Vorbildfunktion der obersten Führungsebene ist essentiell, um einen kulturellen Wandel in einem Unternehmen zu bewirken.« Gerade ertragsstarke Unternehmen seien dadurch gekennzeichnet, dass Konflikte nicht tabuisiert werden.

Die Schaffung einer angstfreien, offenen Atmosphäre mag ein langwieriger und nicht ganz einfacher Prozess sein, aber er lohnt sich für alle Beteiligten, weil Konflikte von vornherein vermieden werden können. Dies spart Zeit, Energie und jede Menge Geld.

Tipp

Übrigens schadet es auch nicht, wenn Mitarbeiter ihre Führungskräfte mal loben. Viele Managerinnen und Manager beschweren sich, dass sie von ihren Mitarbeitern zu selten Anerkennung erhalten. Auch dies funktioniert also in beiden Richtungen, denn jeder Mensch, egal welche Position er einnimmt, freut sich über Wertschätzung und Lob.

Best Practice: orderbase consulting GmbH, Münster

Die Firma orderbase consulting entwickelt und liefert ERP (Enterprise-Resource-Planning)- Systeme und Dienstleistungen, die Unternehmen bei der Auftragsabwicklung, Produktionsplanung und Servicesteuerung unterstützen. Hauptzielgruppe sind kleine und mittlere Unternehmen, denen orderbase zudem bei der Konzeption, Anpassung und Inbetriebnahme hilft sowie im Umgang mit den Systemen schult. Im Frühjahr 2015 gehörte die IT-Firma zu den Siegern des Wettbewerbs »Deutschlands beste Arbeitgeber« in der Größenklasse 50 bis 100 Mitarbeiter. Im Münsterland belegte sie in dieser Kategorie sogar den ersten Platz und konnte sich somit steigern, denn im Jahr 2013 erreichte orderbase in der gleichen Kategorie den zweiten Platz.

Das Unternehmen wurde im Jahr 1999 von Afra und Robert Holtstiege gegründet und ist seitdem stetig gewachsen, inzwischen arbeiten hier rund 50 Menschen. Und stetig werden es auch mehr – das ist keine Selbstverständlichkeit in der IT-Branche, deren Mittelständlern es besonders schwerfällt, qualifizierte Kräfte zu finden und langfristig zu binden. orderbase ist dies gelungen durch eine menschliche und konsequente Mitarbeiterführung.

Im Leitbild, das auf der Homepage des Unternehmens veröffentlicht ist, heißt es: »Unser Handeln und jede neue Orientierung basiert auf der Grundlage unserer immer geltenden Werte. Mit Vertrauen, Respekt und offener Freundlichkeit gehen wir miteinander um. Wir lieben die Aufrichtigkeit und gehen mit Vertrauensvorschuss und dem Glauben an das Gute auf Menschen und Situationen zu.«

Vertrauen wird bei orderbase sehr groß geschrieben: »Unsere Unternehmenskultur ist darauf ausgelegt, dass wir uns gegenseitig unterstützen und vertrauen«, erklärt Afra Holtstiege. Dies äußert sich in unterschiedlicher Weise. So gibt es zum Beispiel keinerlei Zeiterfassungssystem, sondern es gilt das Prinzip der Vertrauensarbeitszeit.

Der Umgangston ist freundlich und vertraut, alle Mitarbeiter duzen sich, die Geschäftsleitung bildet dabei keine Ausnahme. Kritik oder Verbesserungsideen werden von allen ohne Ängste geäußert. Robert Holtstiege legt auf diese offene Kommunikation großen Wert. Alle Führungskräfte schauen regelmäßig bei ihren Mitarbeitern vorbei, um mit ihnen über Probleme und Verbesserungsvorschläge zu sprechen. Daraus ergeben sich oft sinnvolle neue Ansätze für Aufträge oder Projekte, die dann weiterverfolgt werden: »Die bessere Idee gewinnt, nicht die ›Schulterklappe‹«, erklärt Robert Holtstiege.

Die Führungskräfte sind auch angehalten, ihre »sozialen Antennen« auszufahren: Wirkt ein Mitarbeiter zufrieden oder drücken das Verhalten und die Körpersprache etwas anderes aus? Robert Holtstiege erwartet von seinen Führungskräften, dass diese dann auf die Mitarbeiter zugehen: »Wir sagen zu ihnen, bitte wartet nicht darauf, dass die Mitarbeiter mit ihren Anliegen oder Problemen zu euch kommen.«

Sollte dies der Fall sein, hilft das Unternehmen, soweit es ihm möglich ist. In vertraulichen Gesprächen werden zum Beispiel gemeinsame Lösungen gesucht. Auch unterstützt das Unternehmen seine Mitarbeiter beispielsweise, wenn diese selbst oder Familienmitglieder schwer erkranken. Denn das Unternehmen, wie Ehepaar Holtstiege betont, fühlt sich verantwortlich für seine Mitarbeiter und ist sich sehr bewusst, dass deren Arbeit die Existenz ihrer Familien sichert.

Dieses Verantwortungsbewusstsein prägt ebenso das Handeln von orderbase bei Neueinstellungen und Entlassungen. Wird ein Mitarbeiter von einer anderen Firma abgeworben, wird auch das Wohl von dessen Familie mitbedacht, denn eine neue Anstellung beeinflusst das Leben aller Familienmitglieder. Dies gilt ebenso bei Trennungen. Auch in diesen Fällen bleibt das Unternehmen seiner menschlichen Linie treu. Können Auszubildende nach ihrer Lehrzeit nicht übernommen werden, unterstützt orderbase sie bei der Suche nach einem geeigneten Arbeitsplatz. Ist die Trennung von einem Mitarbeiter unumgänglich, gibt es zunächst Gespräche, um alle Rahmenbedingungen zu klären und zu berücksichtigen. Danach wird die Trennung in einer maximal möglichen Verträglichkeit für beide Seiten organisiert Dies kann zum Beispiel eine flexible Freistellung für Behördengänge oder Bewerbungsgespräche sein oder auch eine gemeinsame Arbeit an Bewerbungsunterlagen, um die Stärken des Mitarbeiters herauszustellen.

Wird ein neuer Mitarbeiter eingestellt, geschieht dies über eine sorgfältige und umsichtige Auswahl, denn, wie Robert Holtstiege erklärt: »Eine unserer wichtigsten Aufgaben ist, die richtigen Mitarbeiter zu gewinnen, zu binden und langfristig zu halten. Bei uns geht dies über Integration und Begeisterung.« Das beginnt bereits am ersten Tag, an dem der neue Mitarbeiter seinen Arbeitsplatz komplett eingerichtet vorfindet, inklusive funktionierender E-Mail-Adresse. So hat er von Anfang an das Gefühl, willkommen zu sein.

Teamarbeit ist zentral bei orderbase. Dabei ist es der Geschäftsleitung besonders wichtig, dass jeder Mitarbeiter so bleibt, wie er ist. Denn eine heterogene Durchmischung der Teams sorgt für bessere Ergebnisse. Alle Mitarbeiter werden dabei nach ihren Fähigkeiten eingesetzt. Um eine gute Zusammenarbeit unterschiedlichster Menschen zu ermöglichen, spielt Teambuilding eine wichtige Rolle – schließlich kommen hier Verkäufer, Berater, Anwendungsentwickler, Systemintegratoren und Trainer zusammen. Menschen mit so unterschiedlicher beruflicher Ausrichtung dazu zu bringen, an einem Strang zu ziehen, ist eine Herausforderung, die orderbase erfolgreich gemeistert hat – und auch weiterhin meistert. Um für Abwechslung zu sorgen, werden die Teams sowohl personell als auch räumlich regelmäßig neu durchmischt. Zudem stehen den Mitarbeitern verschiedene Räume mit zum Teil ungewöhnlichen Möbeln bereit, um in inspirierender Atmosphäre kreativ angeregt zu werden.

Jeder Mitarbeiter ist zu eigenverantwortlichem Handeln aufgerufen. Selbstverantwortung ist ausdrücklich erwünscht und ist auch im Leitbild festgelegt. Dafür gibt es einige feste Regeln, die sozusagen als Leitplanken dienen und einen gewissen Rahmen bieten, innerhalb dessen selbstverantwortlich gehandelt werden kann.

Um dies zu ermöglichen, ist Transparenz und eine offene Kommunikation notwendig. Deshalb wird ein Großteil der Unternehmenszahlen offengelegt. Am Jahresende erhalten alle Mitarbeiter Boni. Mindestens 10 Prozent des Gewinns wird dabei verteilt. Momentan wird das Geld gleichmäßig über alle Teams verteilt. Ebenfalls der Transparenz dienen die offenen Befragungen, die im Unternehmen durchgeführt werden. Die Ergebnisse werden dann in einem offenen Dialog erörtert. Auf diese Weise wurde vor einiger Zeit zum Beispiel festgestellt, dass die fachliche Weiterbildung zwar sehr gut geregelt war, sie aber von den Mitarbeitern nicht wirklich wahrgenommen wurde: Sie beurteilten die Weiterbildungsmöglichkeiten als »befriedigend«. Im Zuge einer Befragung stellte sich heraus, dass die fachlichen Weiterbildungsmöglichkeiten von der Belegschaft als eine Selbstverständlichkeit angesehen wurden, da dies ja der Weiterentwicklung des Unternehmens diente. Was aber fehlte, waren Seminare zur persönlichen Weiterentwicklung. Diese Lücke wurde inzwischen geschlossen.

Auch das direkte Feedback spielt eine wichtige Rolle: Es gibt regelmäßige Mitarbeitergespräche, die sorgfältig vorbereitet und strukturiert durchgeführt werden. Sogar Praktikanten sind davon nicht ausgeschlossen: Schüler und Studierende, die bei orderbase fachliche und berufsspezifische Erfahrung sammeln, stellen Zwischen- beziehungsweise Endergebnisse ihrer Tätigkeit der Geschäftsleitung vor und erhalten ein detailliertes Feedback. Dies ist gleichzeitig eine gute Möglichkeit, die passenden Talente und Bewerber zu finden.

Führung wird bei orderbase in erster Linie als Unterstützung verstanden. Sie soll dazu beitragen, dass Mitarbeiter ihr Potenzial voll entfalten: »Wir wollen agieren, nicht reagieren, ermutigen, nicht verunsicher, helfen, nicht belasten«, wie es im Leitbild heißt. Ein Vorgesetzter dient somit seinem Team durch die Bereitstellung von Ressourcen, der Schaffung von Freiräumen, der Beseitigung von Unsicherheiten und Störungen sowie durch regelmäßige Kommunikation. Im Umgang mit Mitarbeitern wie mit Kunden gilt der Grundsatz: »Erst verstehen, dann verstanden werden.«

Dank dieser vielfältigen Maßnahmen ist die Bindung der Mitarbeiter an das Unternehmen sehr hoch. Durch ein ganz besonderes Projekt wird dies noch verstärkt: Im Rahmen des TeamPlayer-Projekts erhält jeder Mitarbeiter einen Betrag von 500 Euro, mit dem er ein selbst gewähltes soziales Projekt fördert. Bei 52 Mitarbeitern kommt eine ganz schöne Summe zusammen. Jeder Mitarbeiter übernimmt die Patenschaft für sein Projekt und berichtet darüber auf der unternehmenseigenen TeamPlayer-Webseite. »Beim Einsatz des Geldes vertrauen wir unseren Mitarbeitern, dass mit dem Geld gewissenhaft umgegangen wird und dass es in die richtigen Hände kommt«, erklärt die Geschäftsleitung. Es werden sowohl Sportvereine, Kindertagesstätten, Jugendgruppen aber auch Projekte im Gesundheitssektor unterstützt.

Das TeamPlayer-Projekt stärkt durch den persönlichen Bezug nicht nur die Bindung des Mitarbeiters an das Unternehmen, es fördert auch die soziale Kompetenz, und zwar sowohl des Einzelnen wie auch des gesamten Unternehmens. Darüber hinaus macht es natürlich orderbase auch überregional bekannt. Und es profitieren auch die geförderten Einrichtungen von den Geldern und der stärkeren Aufmerksamkeit.

Zudem stärkt das TeamPlayer-Projekt den vertrauensvollen Umgang im Unternehmen, wie Robert Holtstiege betont: »Durch diese Projekte entstehen viele private Gespräche zwischen Mitarbeitern und Führungskräften. Wenn man erfährt, wofür sich ein Mitarbeiter ehrenamtlich engagieren will, entsteht eine ganz besondere Art von Vertrauen.« Das liegt der Geschäftsleitung sehr am Herzen, da das Unternehmen sich als erweiterte Familie der Mitarbeiter versteht.

Aus diesem Grund wird auch die Geselligkeit gefördert. Auf dem Dach des »orderbase«-Hauses gibt es die sogenannte Skylounge, ein einladender Raum mit wunderbarem Blick über Münster. Hier gibt es eine Küche, in der die Mitarbeiter sich während der Pausen aufhalten können. Dort oben wurde während der letzten Fußballweltmeisterschaft das eine oder andere Spiel gemeinsam geschaut. Und es finden dort die Betriebsfeiern statt, zu denen oft auch die Familienmitglieder eingeladen sind.

In der Skylounge werden regelmäßig Vorträge zu Themen wie Ernährung und Gesundheit angeboten. Denn auch das leibliche Wohl der Mitarbeiter ist dem Unternehmen wichtig. Es gibt einen vollständig eingerichteten Fitnessraum mit zahlreichen Geräten, der allen Mitarbeitern ab 17 Uhr zur freien Verfügung steht. In Workshops werden Entspannungstechniken gelehrt, alle zwei Wochen kommt ein Masseur ins Unternehmen, bei dem die Mitarbeiter sich Termine geben lassen können. Sie spenden dafür jeweils 5 Euro, die einem gemeinnützigen Zweck zugeführt werden.

Zudem stehen in den Teamräumen jederzeit frisches Obst und Getränke wie Kaffee und Wasser bereit. Sollte Mehrarbeit nach Feierabend anstehen, kommt ein Pizzabote im Auftrag der Firma vorbei.

Die Menschlichkeit hört für die Geschäftsführung nicht an der Bürotür auf. Auch privat engagieren sich Afra und Robert Holtstiege ehrenamtlich, beispielsweise für die Aktion Kindernothilfe. Ihr Interesse an einem menschlichen Umgang miteinander und ihr Verantwortungsbewusstsein entspringt einer inneren Haltung und einer tiefen Freude an menschlichen Beziehungen.

Kapitel 3: Menschlichkeit im Unternehmen

Viele Unternehmer fragen sich: »Menschlichkeit – schön und gut, aber was bringt das mir und meiner Firma tatsächlich? Ist das nicht nur Augenwischerei? Die Aufgabe eines Unternehmens ist ja nicht Caritas, sondern Produkte beziehungsweise Dienstleistungen zu erstellen und zu verkaufen, um Gewinne zu erzielen.« Zugegeben: Manche Auswirkungen eines menschlichen Umgangs kann man nicht mit Händen greifen, dennoch sind sie da. Aber an einem Punkt sind die Folgen erkennbar und messbar: in der Kundenbeziehung.

In welcher Weise Kunden behandelt werden, hängt in hohem Maße davon ab, welcher Umgangston im Unternehmen herrscht, besonders in Stresssituationen. Wie so oft: Alles ist gut und einfach, solange der Kontakt zum Kunden reibungslos funktioniert. Erst wenn Probleme auftreten, erkennt man, wie es tatsächlich um das Verhältnis von Kunde und Unternehmen bestellt ist: Wie reagiert die Firma auf Beschwerden, Sonderwünsche – oder einfach darauf, dass ein Kunde schwierig zu handhaben ist?

Der Ton der Geschäftsleitung beziehungsweise der Führungskräfte ist ausschlaggebend. Sagen sie – indirekt oder ausdrücklich: »Dieser Kunde ist sowieso nervig. Immer mäkelt er rum. Das stört einfach nur«, dann werden diejenigen, die den direkten Kontakt zum Kunden halten, handeln nach dem Motto: »Warum soll ich mir Mühe geben mit diesem Kunden? Meine Chefin tut es ja auch nicht.«

Der Umgang innerhalb eines Unternehmens wirkt über seine Grenzen hinaus: Er hat Einfluss auf die Behandlung von Lieferanten, Dienstleistern oder eben Kunden. Im Positiven wie im Negativen. Ein wertschätzendes Miteinander lässt sich bereits am Umgangston am Telefon erkennen. Ebenso Misstrauen und Furcht.

Wer Angst hat, bei seinem Vorgesetzten anzuecken, wird kaum ungewöhnliche Kundenwünsche weitergeben oder sich zumindest nicht engagiert für sie einsetzen. Denn Sonderwünsche machen Arbeit und verursachen zusätzliche Kosten. Das möchten viele Führungskräfte vermeiden, besonders wenn die Atmosphäre innerhalb des Managements von Konkurrenz geprägt ist. Denn dann schauen viele Führungskräfte nur auf die Zahlen: Erwirtschaftet meine Abteilung mehr Umsatz? Sind unsere Kosten geringer als die der übrigen Abteilungen? Spezielle Kundenwünsche sind in diesem Klima nicht gefragt.

Aber das ist nicht gerade der Weg, um Kunden langfristig zu halten, eher im Gegenteil. Auf lange, wenn nicht gar mittelfristige Sicht ruiniert sich ein Unternehmen damit. Schließlich sind es die Kunden, die den Umsatz generieren. Gerade in Zeiten wachsenden Wettbewerbs auf enger werdenden Märkten wird die Kunst, Kunden zu halten und neue hinzuzugewinnen, überlebenswichtig. Viele Firmen bieten heutzutage die gleichen Produkte beziehungsweise Dienstleistungen in vergleichbarer Qualität und zu ähnlichen Preisen an – was da den wesentlichen Unterschied macht, ist die Beziehung zum Kunden. Und Beziehungen basieren auf Kommunikation.

Wenn es darum geht, sich im Markt zu behaupten, konzentrieren sich viele Unternehmen auf die Konkurrenz: Was machen die Mitbewerber? Wie teuer sind sie? Was können wir anders machen als die Konkurrenz, um uns abzusetzen? Diese Firmen reiben sich im Kampf mit ähnlichen Anbietern auf – und meist verausgaben sie sich, ohne voranzukommen.

Wie viel sinnvoller wäre es, sich auf den Kunden zu konzentrieren. Nicht zu schauen: Was machen die anderen? Sondern zu sagen: »Wir setzen das Wohl des Kunden an die erste Stelle. Wir tun alles, was uns möglich ist, damit unsere Kunden zufrieden sind und uns treu bleiben. Damit sie nicht nur Stammkunden werden, sondern mehr noch: Fans. Weil sie eine emotionale Bindung zu unserem Unternehmen aufbauen.«

Diese Art der Kundenbindung funktioniert nicht über Werbung oder Pressemitteilungen, sondern über wertschätzende Kommunikation, über einen herzlichen und vor allem menschlichen Umgang: im direkten Kontakt. Das Gespräch mit Kunden führt aber nur selten das Management oder gar die Firmenleitung. Den direkten Kontakt halten die Mitarbeiter: im Vertrieb, an der Hotline, im Service, in der Telefonzentrale – überall da, wo sie die unmittelbaren Ansprechpartner der Kunden sind. Deshalb werden in Zeiten, in denen zahllose Unternehmen das Gleiche bieten, diejenigen den Unterschied machen, die ihre Kunden begeistern können: mit einem wertschätzenden Kundenservice.

Dieser wertschätzende Umgang beinhaltet unter anderem, die Anliegen der Kunden ernst zu nehmen, auch wenn sie komplex, ausgefallen oder ein wenig wunderlich sind. Das kann von einer ausführlichen Beratung bis zur individuellen Anpassung von Produkten beziehungsweise Dienstleistungen gehen. Ebenso wichtig ist, dass die Bearbeitung oder Erfüllung dieser Anliegen nicht unabsehbar lang dauert – und dass tatsächlich die Wünsche erfüllt werden, die der Kunde hat. Bietet ein Unternehmen eine Alternative, die am Kern des Kundenbedürfnisses vorbeigeht, wird es diesen Kunden nicht lange halten können.

Wir hatten es bereits im vorherigen Kapitel angesprochen: Um auf Anliegen der Kunden angemessen, zügig und passend eingehen zu können, brauchen die Mitarbeiter, die im direkten Kundenkontakt sind, entsprechende Entscheidungsbefugnisse, ausreichend Information und kurze Wege zu den Abteilungen, welche die Produkte beziehungsweise Dienstleistungen erstellen. Denn nur so können sie schnell und adäquat reagieren. Muss ein Kundenanliegen erst umständlich über mehrere Ecken in die Führungsetage kommuniziert werden, dauert das zum einen sehr lange, und zum anderen gehen unterwegs wichtige Details verloren. Das ist wie beim Kinderspiel »Stille Post«: Was am Ende dabei herauskommt, muss nicht mehr viel mit dem Ursprünglichen zu tun haben.

Zu richtigen Fans werden Kunden, wenn die Mitarbeiter unternehmerisch denken und von sich aus maßgeschneiderte Lösungen anbieten. Also nicht das übliche Telefonmarketing machen und jedem Gesprächspartner dasselbe gesichtslose Angebot machen, sondern wenn sie sich tatsächlich Gedanken um die Bedürfnisse eines bestimmten Kunden machen und diesem von sich aus individuelle Lösungen unterbreiten. Das hieße: wirklich wertschätzend handeln und das Wohl des Kunden an die oberste Stelle setzen. Das macht selbst in engen Märkten einen wesentlichen Unterschied.

Damit Mitarbeiter aber so handeln (können), brauchen sie die entsprechenden Spielräume, (Selbst-)Verantwortung und das Vertrauen ihres Unternehmens – letztlich also: ein menschliches Arbeitsklima.

Tipp

Machen Sie Spielräume konkret: Stellen Sie Ihren Mitarbeitern ein bestimmtes Zeitbudget und einen gesonderten Raum zur Verfügung, an dem sie zusammenkommen, um Ideen zu sammeln, wie der Kundenkontakt und der Service verbessert werden können.
Hilfreich kann dabei sein, von eigenen Erfahrungen als Kunde auszugehen: Was stört mich als Kunde beispielsweise bei einem Autokauf? Was wünsche ich mir als Kunde in dieser Situation? Was wäre für mich ein guter und individueller Service?
Lassen sich diese Fragen auf das eigene Unternehmen übertragen?
Am Ende wird eine Ergebnisliste erstellt und an Sie als Führungskraft überreicht.

Das Organigramm: von destruktiven Machtspielen zur wertschätzenden Unterstützung

So gut wie jedes Unternehmen hat eines: ein Organigramm, das die Strukturen widerspiegelt. Die meisten Organigramme gleichen sich bis auf wenige Details: Ganz oben steht die Unternehmensleitung, es folgt die zweite Führungsebene, größere Unternehmen haben noch eine weitere Managementebene – und dann kommen die Mitarbeiter, allenfalls noch unterteilt in diejenigen, die in der Produktion tätig sind, und jene in Verwaltung und Vertrieb (Abbildung 1).

In Seminaren, Vorträgen und bei Coachings fragen wir gern: »Fehlt da nicht etwas?« Denn die meisten Firmen klammern einen wesentlichen Faktor aus. Kommen Sie darauf, um welchen es sich handelt?

Es ist der Kunde: Nur die allerwenigsten Firmen nehmen den Kunden in ihr Organigramm auf, selbst wenn sie sich das Wohl des Kunden mit großen Buchstaben auf die Fahnen geschrieben haben. In der Unternehmensstruktur wird er nur selten mitgedacht.

Bitten wir unsere Teilnehmerinnen und Teilnehmer nun, den Kunden ins Organigramm einzufügen, positionieren sie ihn nach einer Weile des Nachdenkens zögerlich ganz unten: unterhalb der Mitarbeiterebene. Weil diese den Kontakt zum Kunden hält.

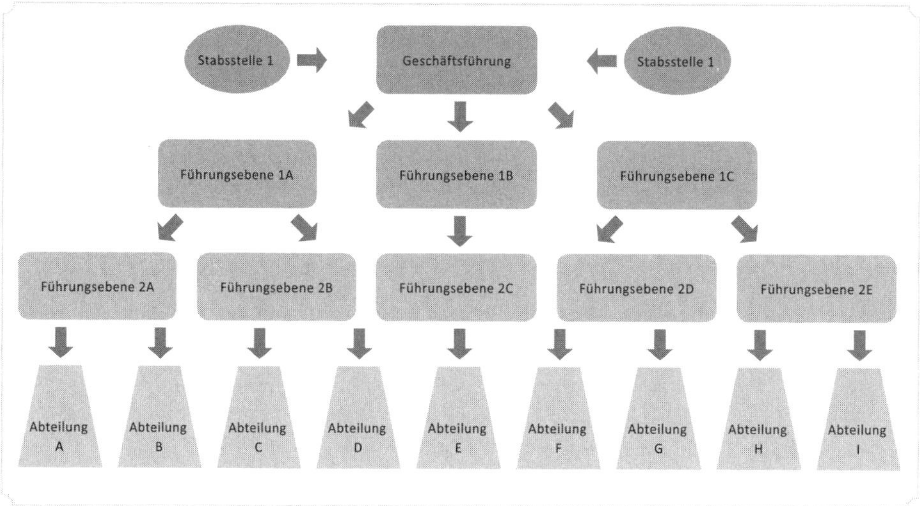

Abbildung 1: Das klassische Organigramm

Dies zieht unsere nächste Frage nach sich: »Sie sagen, dass der Kunde und seine Belange die oberste Priorität in Ihrem Unternehmen haben – steht er dann da unten nicht ganz falsch?«

So gut wie nie wird der Kunde nun ganz nach oben, oberhalb der Unternehmensleitung eingefügt, denn die Strukturen sind in der Realität ja wirklich anders.

Wir beharren dann weiter: »Ist vielleicht das ganze Organigramm falsch herum?«

»Wie: falsch herum? Aber nein! Wie meinen Sie das?«

»Der Kunde gehört doch bei Ihnen nach oben, an die erste Stelle.«

»Ja, schon«, antworten dann die Ersten, »aber …« Und dann kann man richtig sehen, wie sie beginnen, die Struktur des Unternehmens zu überdenken: Ist der Kunde der wichtigste Faktor für das Unternehmen – und das ist er, denn sein Geld ermöglicht die Existenz des Unternehmens –, dann gehört er nach oben, auf die oberste Position des Unternehmens. Es folgen die Mitarbeiter, die im direkten Kontakt mit ihm stehen, sowie diejenigen aus Produktion und Konzeption. Erst dann folgen die Führungsebenen. Die Basis bildet die Unternehmensleitung, die die gesamte Firma trägt. Und damit dreht sich das gesamte Organigramm (Abbildung 2).

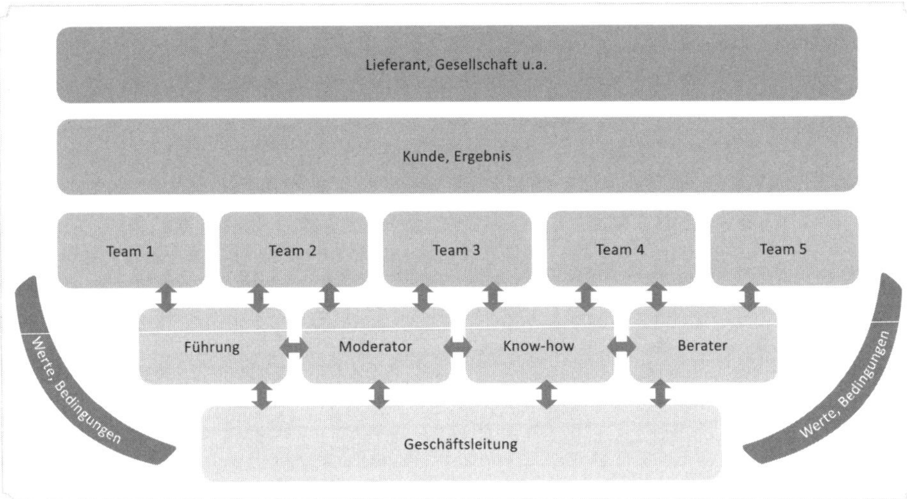

Abbildung 2: Das menschliche Organigramm

Dies verdeutlicht, was wir im vorangegangenen Kapitel unter dem Stichwort Team angesprochen haben: Die Aufgabe der Führungskräfte – ob nun erste, zweite oder gar dritte Ebene – liegt in menschlich geführten Unternehmen in der Unterstützung der Mitarbeiter, nicht in der Wegweisung.

Durch die Drehung des Organigramms ändert sich seine Bedeutung: Es ist nun nicht mehr eine Darstellung der Machtverteilung, sondern wird zu einem Unterstützungsorganigramm. Es verdeutlicht den Weg, den Informationen nehmen müssen, damit der Kundennutzen optimiert werden kann: von der Chefetage hinauf zu den Mitarbeitern, damit diese auf Kundenbedürfnisse reagieren können. Statt eines Machtdiagramms sehen wir nun ein Kommunikationsmodell vor uns.

Das menschliche Organigramm zeigt auch: Es sind nicht die externen Kunden, um die sich die Führungskräfte oder gar die Unternehmensleitung kümmert. Ihre Aufmerksamkeit gilt jeweils der nächsthöheren Ebene. So sind sozusagen die Mitarbeiter die direkten Kunden der Führungsetage. Sie stehen im Fokus des Managements. Dieses hat dafür zu sorgen, dass die Mitarbeiter ausreichend qualifiziert und informiert sind, um die Kunden bestmöglich zu betreuen.

Wenn in Seminaren und Vorträgen unsere Teilnehmer dieses Unterstützungsorganigramm sehen, stutzen sie zunächst. Zu ungewohnt ist dieses Bild, zu ungewohnt auch dieses Denken. Doch bald schon spüren sie – man kann richtig beobachten, wie eine Veränderung in ihnen vorgeht –, dass dieses Modell die Realität besser abbildet. Ein regelrechter Aha-Effekt! »Es fühlt sich gut an«, beschrieb es ein Teilnehmer einmal.

Das Unterstützungsorganigramm spiegelt die Informations- und Kommunikationsflüsse wider und nicht die Machtstrukturen. Daran lässt sich ein Zweites ablesen, das wir im vorherigen Kapitel bereits ansprachen: Entscheidungsprozesse verändern sich, wenn Menschlichkeit im Unternehmen gelebt wird.

Wir haben bei einem Vortrag einmal durchgespielt, was es bedeutet, den Mitarbeitern Entscheidungsspielräume einzurichten: Statt dass ein Problem über drei, vier Hierarchieebenen weitergereicht wird, damit es eine Lösung erfährt, wird es »vorn«, in der Kundenbetreuung geklärt. Unsere Teilnehmer waren völlig erstaunt, wie schnell das ging! Und wie flexibel ein Unternehmen auf diese Weise werden kann. Wie viel angemessener es auf den Markt reagieren kann!

Diese Kundennähe und Schnelligkeit sind bereits heute wichtig und werden in Zukunft noch an Bedeutung gewinnen. Beides wird mit darüber entscheiden, ob Unternehmen überleben oder an den Herausforderungen scheitern.

Es geht ja nicht darum, dass Chefs ihren Mitarbeitern unbeschränkte Befugnisse erteilen, sondern um einen ausreichenden Spielraum, innerhalb dessen sie eigenverantwortlich agieren können. Damit berühren wir wieder Punkte, die wir bereits angesprochen haben (und verdeutlichen sie hoffentlich gleichzeitig): Zum einen müssen Führungskräfte ihren Mitarbeitern vertrauen, sie müssen sicher sein können, dass diese in der Lage sind, ihre Aufgaben selbstständig und zum Wohle aller zu bewältigen. Zudem müssen Manager ihren Mitarbeitern mit Respekt begegnen und sich selbst heraushalten. Jeder hat seine eigene Arbeitsweise, die ihm angemessen ist. Und selbst wenn man als Führungskraft manchmal denkt: »Das hätte ich ganz anders gemacht«, dann heißt es nicht, dass das gewählte Vorgehen falsch ist. Es ist nur anders. Es ist nicht die Aufgabe des Managements, das »Wie«, also den Weg, zu kontrollieren, es kommt allein auf das Ergebnis an.

Außerdem übernehmen Mitarbeiter auf diese Weise (Selbst-)Verantwortung: Sie stehen im Wort, die Aufgaben termin- und sachgerecht zum Wohle des Unternehmens und des Kunden zu erledigen.

Einer unserer Seminarteilnehmer sagte zu diesem Punkt einmal: »Wenn wir das so machen, wenn wir die Mitarbeiter vorn die Entscheidungen treffen lassen, dann muss ich doch ein riesiges Controlling aufbauen, ein umfassendes Qualitätsmanagement einrichten, um zu prüfen, ob das auch alles funktioniert.«

Ein berechtigter Einwand?

Fast spontan antwortete ein zweiter Teilnehmer: »Sieh doch lieber zu, dass vorn die richtigen Leute sitzen, dann kannst du dir den ganzen Kontrollaufwand am Ende sparen.«

Damit hatte er den Nagel auf den Kopf getroffen! Für ein solches Vorgehen braucht ein Unternehmen Mitarbeiter, die sich mit dem Unternehmen identifizieren und unternehmerisch denken, Menschen, die sich mit ganzem Herzen für die Firma einsetzen. Wo aber lassen sich solche Mitarbeiter finden? Im Grunde genau da, wo sie im Augenblick bereits sind: an ihrem Arbeitsplatz. Denken Sie an den Vergleich mit den Tigern im letzten Kapitel: Es braucht in erster Linie mehr (Selbst-)Verantwortung, mehr Vertrauen und Respekt – und eine andere Form von Personal- und Unternehmensführung.

Führung neu denken

Grob gesprochen gibt es drei verschiedene Rollen innerhalb von Unternehmen: Unternehmer, Manager und Fachkraft.

Der *Unternehmer* beziehungsweise die *Unternehmerin* hat im Grunde eine einzige Aufgabe: das Unternehmen aufzubauen und in Schuss zu halten, um es dem Nachfolger in hervorragendem Zustand übergeben zu können. Anders gesagt: Als Unternehmer arbeiten Sie nicht *im*, sondern *am* Unternehmen. Das spiegelt sich im umgedrehten Organigramm wider: Die Unternehmensleitung trägt die Firma, sie sorgt dafür, dass sie stabil ist. Mit dem Alltagsgeschäft oder gar der Kundenbetreuung hat sie nichts (mehr) zu tun.

Das ist ein anderes Selbstverständnis, als es viele Unternehmer von »altem Schrot und Korn« hatten: Sie sahen sich meist als Alleinherrscher in ihrem (Familien-)Betrieb, den sie patriarchalisch führten, durchaus väterlich begütigend, aber mit ausgeprägter Hierarchie. Der Chef als der Alleinentscheider, der alles im Blick und alles im Griff hatte.

Heutzutage lässt sich ein Unternehmen auf diese Weise nicht mehr führen – oder höchstens, wenn es sehr klein ist. Wächst es jedoch, kommen mehr Mitarbeiter hinzu, ändern sich die Aufgaben der Chefetage: Viel zu abstrakt und anspruchsvoll sind die Anforderungen in der globalisierten Welt mit ihrem verschärften Wettbewerb, als dass sie zusätzlich zum Alltagsgeschäft erledigt werden können. Das ist wie beim Jonglieren: Eine gewisse Menge Bälle kann ein geübter Jongleur problemlos in der Luft halten. Doch wenn nun nach und nach immer mehr Bälle hinzukommen, ist der Akrobat irgendwann überlastet: Er verliert den Überblick und lässt Bälle fallen – am Ende gar alle. Deshalb: Wer langfristig ein erfolgreiches Unternehmen führen möchte, muss Aufgaben, Entscheidungen und auch Macht abgeben, um sich auf das Wesentliche konzentrieren zu können: das Unternehmen stabil in die Zukunft zu führen, es auf die richtige Spur setzen.

Manager sind grundsätzlich dafür verantwortlich, dass die unternehmensinternen Prozesse und Arbeitsabläufe optimal funktionieren. Sie sorgen für Ordnung und Struktur. Sie befinden sich in einer sogenannten Sandwich-Position: zwischen Unternehmensleitung und Mitarbeiterebene. An dieser Stelle unterstützen sie die Fachkräfte, damit diese ihre Arbeit problemlos erledigen können.

Die Fachkräfte sind diejenigen, die »an vorderster Front« agieren: im direkten Kontakt mit den Kunden, Dienstleistern, mithin im direkten Kontakt mit dem Markt.

In einem menschlich geführten Unternehmen wird das Management dafür sorgen, dass die Mitarbeiter optimal eingesetzt werden an den Positionen, an denen sie ihre Fähigkeiten anwenden und ihr Potenzial entfalten können. Mitarbeiterführung heißt dann – wie schon angesprochen – in erster Linie Unterstützung: durch die Bereitstellung aller notwendiger Informationen und Tools, welche die Mitarbeiter zur Bewältigung ihrer Aufgaben brauchen.

Die größte Herausforderung von Führung wird künftig sein, die Mitarbeiter richtig einzuschätzen und entsprechend zu führen, sie anzuregen, ihr Potenzial zu entfalten, um wirklich Großes zu erreichen. Das sind Fähigkeiten, die sich nur schwer erlernen lassen. Alle fachlichen Anforderungen, die man im mittleren Management benötigt, sind relativ einfach zu erlernen, doch funktionierende Teams zusammenzustellen, die Mitarbeiter zur Weiterentwicklung anzuregen, sie ins Tun zu bringen und sich selbst dabei zurückzuhalten, um in den Weg anderer nicht einzugreifen – das ist nicht in einer kurzen Fortbildung zu lernen. Um menschliche Kompetenz zu entwickeln, bedarf es mehr. Wir gehen im Kapitel 8 näher und konkreter darauf ein.

Bei kleineren und mittleren Unternehmen ist es oft so, dass Fachkräfte ins Management befördert werden. Eine schwierige Situation: Wer als Fachkraft hervorragende Arbeit geleistet hat, ist nicht unbedingt ein guter Manager, denn die Aufgaben unterscheiden sich grundlegend: Statt fachlichem Know-how ist nun vor allem kommunikative und soziale Kompetenz gefordert. Im schlechtesten Fall verliert ein Unternehmen auf diese Weise eine gute Fachkraft und gewinnt eine schlechte Führungskraft.

Eine ähnliche Problematik ergibt sich, wenn sich ein fachlich versierter Mensch selbstständig macht. Der US-amerikanische Unternehmensberater Michael E. Gerber zeigt in seinem Buch *Das Geheimnis erfolgreicher Firmen. Warum die meisten kleinen und mittleren Unternehmen nicht funktionieren und was Sie dagegen tun können*, dass die drei Rollen des Unternehmers, Managers und der Fachkraft in jedem stecken, der sich selbstständig macht – und wie diese unterschiedlichen Selbstverständnisse miteinander kollidieren.

Meist läuft es ja so: Jemand macht sich selbstständig, weil er etwas ganz besonders gut kann. Das geht auch anfangs ganz wunderbar, denn er erledigt als Fachkraft alle anfallenden Aufgaben mit Engagement und Freude. Doch sobald das Unternehmen wächst und Mitarbeiter eingestellt werden, gibt es Probleme, die oftmals direkt ins Aus führen: Laut Statistik scheitern 40 Prozent der Neugründungen bereits im ersten Jahr. Von den restlichen, die überleben, sind nach fünf Jahren nur noch knapp 20 Prozent am Markt. Und fünf Jahre später sind von diesen wiederum 80 Prozent gescheitert.

Der Grund liegt zumeist darin, dass die Unternehmensgründer nicht verstehen, dass es einen gravierenden Unterschied zwischen Unternehmertum und Facharbeit gibt. Sobald jemand eine Firma gegründet hat, tritt für ihn das Fachliche in den Hintergrund: Personal- und Unternehmensführung sind nun die Arbeitsschwerpunkte. Von nun an geht es darum, das Unternehmen als Ganzes stabil zu halten. Für die Expertise in Fachfragen werden die Mitarbeiter eingestellt.

Vor mehreren Jahren gab es einmal einen Werbespot im Fernsehen, der dies ziemlich gut illustrierte. Vielleicht erinnern Sie sich ja an ihn. Wofür geworben wurde, wissen wir gar nicht mehr – für eine Automarke vielleicht? Egal, das ist auch unerheblich. Zu sehen war zumindest ein Team, das spät abends noch an einem Projekt arbeitete. Während alle diskutierten und hoch engagiert ihre Aufgaben verfolgten, kam jemand dazu, der für alle Pizza besorgt hatte und diese nun verteilte. Das Besondere daran: Das war der Chef. Seine Mitarbeiter waren mit den Sachfragen beschäftigt – er unterstützte sie, indem er dafür sorgte, dass sie alles hatten, um ungestört arbeiten zu können – unter anderem eben Pizza.

Dieser Werbespot verdeutlicht unser Verständnis von Führung: Die Chefin, der Chef delegiert die fachlichen Aufgaben an die Mitarbeiter und tut alles, damit sie diese selbstverantwortlich und kompetent bewältigen können.

So führen wir auch unsere Steuerkanzleien: Unsere Aufgabe als Chefs ist, dafür zu sorgen, dass alles läuft – und zwar so stabil, dass unsere Unternehmen auch von jemand anders weitergeführt werden könnten. Was auch bedeutet: Unsere Mandanten sind uns nicht treu, weil wir als Chefs die große Steuerexpertise haben, sondern sie wenden sich immer wieder an uns, weil unsere Mitarbeiter so kompetent und freundlich sind. Und das heißt: Wir als Chefs haben einen guten Job gemacht, weil wir die richtigen Mitarbeiter mit den richtigen Skills an die richtigen Positionen gesetzt haben und nun dafür sorgen, dass sie sich an ihrem Platz wohlfühlen, ihr Können entfalten, sich weiterentwickeln und hoch motiviert arbeiten, weil ihr Arbeitsplatz hochgeschätzter Teil ihres Lebens ist.

Denken wir diese Form von Führung konsequent weiter – wie es in einem menschlich geführten Unternehmen sinnvoll ist –, dann zieht sie Änderungen in den Strukturen nach sich. Erhalten Mitarbeiter einen Entscheidungsspielraum, basiert Führung auf Vertrauen und Offenheit, konzentrieren sich Vorgesetzte in erster Linie auf die Unterstützung ihrer Mitarbeiter, dann bedeutet das auch einen Machtverlust: für die Unternehmensleitung ebenso wie für das Management. Sie sind nun nicht mehr die Entscheider, sondern treten einen Schritt zurück.

Für manche Unternehmensleiter wie Manager kann das einen Werteverlust bedeuten. Es gibt gerade in den Führungsetagen viele Workaholics, die sich über ihre Arbeit und die damit verbundene Macht definieren: Sie sind stolz darauf, sechzig, siebzig Stunden pro Woche ranzuklotzen und eine große Zahl von Mitarbeitern unter sich zu haben. »Unter sich« ist dabei eine bewusst gewählte Formulierung: Diese hierarchische Anordnung ist vielen Führungskräften wichtig.

Ändert sich nun ihre Rolle, werden sie eher zu Unterstützern ihrer Mitarbeiter, dienen sie diesen und nicht mehr anders herum, dann stellt sie das grundsätzlich infrage.

Allerdings ist fraglich, ob ein Manager, eine Managerin, die sich allein über die Arbeit und seine beziehungsweise ihre Stellung im Organigramm des Unternehmens definiert, wirklich von nachhaltigem Wert für ein Unternehmen ist. Wer Selbstwert über Macht bezieht, sieht in den Kollegen Konkurrenten. Die Atmosphäre ist von unterschwelligen oder offenen Machtkämpfen beeinträchtigt. Kurzfristig mag das für bessere Zahlen sorgen, weil jeder am Kampf Beteiligte dafür sorgen muss, dass seine Abteilung die besseren Ergebnisse und höheren Zahlen hervorbringt. Doch auf Dauer schädigt es das Unternehmen, weil das Management nicht an einem Strang zieht, sondern sich in Grabenkämpfen aufreibt und verausgabt. Der Umgang ist von Misstrauen und Konflikten geprägt, ein Gegeneinander, kein Miteinander. Wir haben es schon geschildert: Das bricht einem Unternehmen auf lange Zeit das Genick. Gerade mittlere und kleine Unternehmen sind darauf angewiesen, dass alle an einem Strang ziehen.

Machtkämpfe und hoher Kontrollzwang führen zu einem starken Druck, den viele Führungskräfte tagtäglich spüren. Oft halten sie diesen nur noch mit Hilfsmitteln aus: Alkohol und Tabletten, Aufputschmittel in unterschiedlichster Form sind in Führungsetagen weiter verbreitet, als man meinen möchte, das wissen wir aus sicheren Quellen. Das kann weder für die Menschen noch für das Unternehmen gut sein!

In Firmen, die bereits jetzt ihre Strukturen ändern, den Mitarbeitern mehr Verantwortung und Entscheidungsspielräume ermöglichen, in Firmen, die zu ihren Führungskräften sagen: »Ihr bekommt das gleiche Gehalt wie zuvor, habt aber weniger Entscheidungsbefugnis«, reagieren zahlreiche Mitglieder des mittleren Managements deshalb durchaus mit Erleichterung: »Gott sei Dank, ich hätte den Druck nicht mehr lange ausgehalten!« Das ist keine seltene Reaktion.

Gerade heute, angesichts der Globalisierung und der enger werdenden Märkte, ist es Einzelpersonen kaum noch möglich, alles im Griff zu haben: den Überblick zu behalten, fundierte Entscheidungen zu treffen, die Mitarbeiter zu kontrollieren, die interne Konkurrenz abzuwehren, die Mitbewerber auf dem externen Markt zu überflügeln. Werden Entscheidungen hingegen dezentralisiert, werden die Mitarbeiter, die ihr Ohr ja direkt am Markt haben, in Entscheidungen miteinbezogen, dann wird nicht nur das Unternehmen flexibler und schneller, seine Entscheidungen werden auch besser: weil eine breitere Wissensbasis und ein größerer Erfahrungsschatz einfließt. Wie schon Aristoteles feststellte: »Das Ganze ist mehr als die Summe seiner Teile.«

Für Unternehmen heißt dies: Aus dem großen Pool des Wissens, der Erfahrungen und Fähigkeiten aller Mitarbeiter erwächst mehr, als man es sich zunächst überhaupt vorstellen kann. Denn Unternehmen sind keine starren Gebilde, die in zementierten Strukturen feststecken. Auch wenn viele Firmen wie erstarrt wirken: Unternehmen bestehen aus Menschen, aus Individuen mit unterschiedlichem Wissen, vielfältiger Erfahrung, zahlreichen Skills. Aus ihrer Vernetzung, ihrer Kooperation und Kommunikation, erwächst das Unternehmen mit seinen Prozeduren. Es gleicht einem Organismus: Alles hängt mit allem zusammen, jede Handlung hat eine Auswirkung auf das Gesamtgebilde. Zusammengehalten wird es durch den gemeinsamen Zweck: ein Produkt oder eine Dienstleistung anzubieten und Geld zu verdienen.

Anders als in Familien oder auch Freundschaften werden Firmen nicht selbstverständlich durch eine innere Verbindung zusammengehalten. Erst wenn das Unternehmen menschlich geführt wird, wenn Respekt und Wertschätzung, Authentizität und Offenheit die Strukturen durchdringen, entsteht diese innere Verbundenheit, die aus Unternehmen lebendige Organismen macht, die auch kräftige Wirtschaftsstürme überstehen.

Toolbox: Unternehmerisches Denken bei Mitarbeitern fördern

Die Rahmenbedingungen können nur von der Unternehmensleitung geschaffen werden, sie ist der Impulsgeber für diesen gemeinsamen Prozess. Schaffung von Entscheidungs- und Handlungsspielräumen für Mitarbeiter durch:

- eine Kultur der Fehlerfreundlichkeit und der offenen Kommunikation darüber
- Transparenz: Bereitstellung aller relevanter Daten
- Anreizsysteme: beispielsweise eine Gewinnbeteiligung der Mitarbeiter, die unternehmerisch denken und handeln
- Weiterbildungsmaßnahmen, welche die unternehmerischen Kompetenzen stärken

Kapitel 4: Werte und Sinn im Unternehmen

Unser tägliches Handeln im Beruf wie im Privatleben ist von Werten geprägt. Manche sind uns bewusst – zum Beispiel der Wahrheit den Vorzug vor der Lüge geben, das Eigentum anderer achten –, andere wirken eher im Hintergrund; das merken wir immer, wenn wir uns bei einem Vorurteil oder einer Bewertung erwischen.

Auch Firmen handeln nach bestimmten Werten. International agierende Konzerne haben in den letzten Jahren begonnen, Grundwerte und Leitprinzipien zu erarbeiten und zu etablieren, um über Grenzen hinweg ein stabiles Miteinander zu ermöglichen. Im Mittelstand aber werden Werte etwas stiefmütterlich behandelt. Natürlich werden sie auch dort als wichtig eingeschätzt. Das zeigt eine Studie der Wirtschaftswissenschaftler Karl-Wilhelm Dahm und Martin Büscher. Eine Befragung von Unternehmensleitern und Führungskräften ergab, dass »gegenseitiges Vertrauen«, »Ehrlichkeit und Glaubwürdigkeit«, »Innovation und Lernbereitschaft«, »Zuverlässigkeit« wie auch »Sorgfalt und Genauigkeit« als grundsätzlich bedeutsam für die Unternehmen eingeschätzt wurden. Doch selten werden diese Werte bewusst als Leitwerte für das unternehmerische Handeln formuliert.

Manche geben sich nach dem Vorbild von Großkonzernen ein »Mission Statement«, formvollendet formuliert und gespickt mit Schlagworten wie »Nachhaltigkeit«, »Kundenwohl«, »Verantwortung für die Zukunft«. Das klingt oft gut – und doch wirkt es wie eine schlichte PR-Aktion. Lippenbekenntnisse, nicht dafür gemacht, im täglichen Miteinander umgesetzt zu werden. Unschöne Beispiele drängen sich dann auf von großen Finanzkonzernen, die trotz grandios klingender Mission Statements die Kundenberatung herabschrauben und Mitarbeiter zu Tausenden entlassen, um Kosten einzusparen. Und dies womöglich trotz steigendender Gewinne.

Ein Mission Statement ist meist nach außen gerichtet, um Kunden zu beeindrucken. Weitaus sinnvoller – gerade für kleinere und mittlere

Unternehmen – ist es, sich innerhalb einer Firma über die handlungsbestimmenden Werte klar zu werden. Auf diese Weise können Leitprinzipien definiert werden, die jetzt und in Zukunft den Umgang innerhalb des Unternehmens wie auch mit Kunden, Zulieferern, Zwischenhändlern und so weiter prägen sollen. Werte, die nicht nur die Führungsetage wie ein Mantra murmelt, sondern Werte, die das ganze Unternehmen durchdringen: von der obersten Ebene (den Kunden) bis zur untersten (der Geschäftsleitung).

Leitwerte bieten einem Unternehmen Orientierung und Sinn. Es geht dann nicht mehr allein darum, Umsatz zu generieren, sondern das gemeinsame Tun ist in einen größeren Zusammenhang eingebettet. Das ermöglicht es allen Mitarbeitern, eine innere Bindung zum Unternehmen aufzubauen und das eigene Arbeiten als sinnvoll zu erfahren.

Nehmen wir unsere Steuerkanzleien: Auf den ersten Blick ein etwas trockenes Metier, in dem sich alles um Zahlen dreht. Menschen kommen zu uns, weil sie Schwierigkeiten haben, ihre Steuererklärung zu erstellen, zu der sie ja gesetzlich verpflichtet sind. Sei es aus Zeitgründen, sei es, weil ihnen die Materie zu kompliziert ist: Sie suchen unsere Unterstützung. Doch nun einfach zu sagen, der Sinn unserer Kanzleien liege darin, Steuererklärungen und Bilanzen zu erstellen, wäre etwas kurz gegriffen. Denn das ist ja wirklich nicht alles, was wir tun. Zunächst einmal nehmen wir unseren Mandanten eine ungeliebte und aufwendige Aufgabe ab, wir befreien sie also von unangenehmen Zwängen. Zudem achten wir zum Beispiel darauf, dass Unternehmen und Privatpersonen im Rahmen der gesetzlichen Möglichkeiten möglichst wenig Steuern zahlen. Darüber hinaus beraten wir bei steuerrechtlichen Problemen und Themen. Wir können außerdem Unternehmen aufzeigen, an welchen Stellen Verbesserungspotenzial liegt – und dies nicht allein in finanzieller Hinsicht. Mithin ist der Sinn unserer Kanzleien, Unternehmen in ihrem Tun auf betriebswirtschaftlicher und auch auf menschlicher Ebene zu begleiten. So werden wir von staubtrockenen Steuerberatern zu Coaches und Sparringspartnern, die ihre Mandanten auf breiter Front unterstützen.

Sie sehen: Durch Werte verändert sich der Blickwinkel. Ein schönes Gleichnis verdeutlicht dies: Zwei Steinmetze werden gefragt, was sie machen. Der erste antwortet: »Ich bearbeite Steine.« Der zweite aber erwidert: »Ich baue eine Kathedrale.« Wer einen Sinn in seiner beziehungsweise ihrer Arbeit sieht, wird antworten wie der zweite Steinmetz, weil er über den Tellerrand des Tagesgeschehens hinausblickt.

Unternehmen mit Sinn können das Herz ihrer Mitarbeiter gewinnen – und das ist unschätzbar wertvoll, denn diese werden sich dann gern und bereitwillig für ihren Arbeitgeber engagieren. Oder wie Antoine de Saint-Exupéry so schön in seinem Werk *Die Stadt in der Wüste* sagt: »Wenn du ein Schiff bauen willst, dann trommle nicht Männer zusammen, um Holz zu beschaffen, Aufgaben zu vergeben und die Arbeit einzuteilen, sondern lehre die Männer die Sehnsucht nach dem weiten, endlosen Meer.« Dies gilt natürlich auch für Frauen.

Leitwerte entwickeln

Wie aber geht das: Leitwerte für ein Unternehmen erarbeiten? Wir berieten einmal einen Firmenchef, der den Sinn seines Unternehmens ganz stolz als Flow-Kreis bezeichnete. Auch gegenüber seiner Belegschaft sagte er mit Begeisterung und Hingabe: »Unser Unternehmen – das basiert auf einem Flow-Kreis.«

Diesen Gedanken führte er leider nicht weiter aus, also verstand ihn niemand. Alle hörten zu, nickten höflich und gingen dann wieder an die Arbeit. Unterwegs konnte man sie flüstern hören: »In zwei, drei Wochen hat er sich wieder beruhigt, und dieses komische Ziel vergessen. Dann können wir weitermachen wie bisher.«

Ganz offensichtlich war niemandem klar, welchem Sinn sich das Unternehmen verschrieben hatte, was sich von nun an ändern sollte – und wozu das überhaupt gut war.

Dies ist in Firmen kein unbekanntes Szenario: Die Unternehmensspitze erklärt, wohin es mit dem Unternehmen gehen soll, alle lächeln freundlich, kaum jemand begreift, was dies wirklich bedeuten soll. Das kann zwei Ursachen haben: Entweder sind Sinn und Ziel des Unternehmens zu kompliziert ausgedrückt oder Sinn und Ziel werden von oben diktiert.

Tipp

Um Ersteres zu vermeiden gibt es einen ganz einfachen Trick: Wenn Sie Ihren Mitarbeitern oder generell anderen Menschen eine Idee oder ein Konzept erklären wollen, dann stellen Sie sich vor, Sie müssten es einem zehnjährigen Kind erklären. Das soll nun auf gar keinen Fall heißen, dass Ihre Belegschaft auf dem Niveau eines Kindes ist. Nein, überhaupt nicht! Es ist vielmehr so, dass wir, die wir etwas erläutern wollen, so tief in unserem Thema stecken, dass uns viele Einzelheiten, Zusammenhänge und Konsequenzen ganz selbstverständlich sind und dass wir oft vergessen, dass unsere Zuhörer zum ersten Mal damit konfrontiert werden. Sie brauchen etwas Zeit, um es zu verstehen. Sie brauchen Bilder und Vergleiche, um etwas in Gänze zu begreifen. Und sie brauchen vor allem unsere sorgfältigen und einleuchtenden Erklärungen. Je einfacher und schnörkelloser etwas dargelegt wird, umso besser wird es verstanden und behalten.

Leider ist aber der zweite Grund weit häufiger die Ursache, warum Leitwerte nur hübsches PR-Geklingel bleiben. Denn sehr oft stellt sich der Chef oder die Chefin vor die versammelte Mannschaft und sagt: »Dieses und jenes ist der Sinn unseres Unternehmens, gehet hin und handelt so.« Das klingt nicht nur wie eine Predigt: Es kommt auch so an. Da verkündet die Geschäftsleitung etwas, und die Belegschaft hat das Gefühl: »Uns wird etwas aufgedrückt. Das sind nicht unsere Werte, das ist nicht unser Sinn.« Dass Chef oder Chefin von »unserem Unternehmen« sprechen, kann nicht darüber hinwegtäuschen: Es sind ihre beziehungsweise seine Werte, die allen anderen übergestülpt werden. Dagegen wird sich Widerstand regen, vielleicht nicht laut, vielleicht nicht offen, eher verdeckt, aber doch spürbar, indem niemand ernsthaft an der Umsetzung der Ideen und Ziele mitarbeitet.

So gewinnt man die Herzen der Mitarbeiter nicht. Ganz im Gegenteil.

Die gesamte Belegschaft holen Sie ins Boot – oder um das Bild von Saint-Exupéry zu nehmen: Die Sehnsucht nach dem endlosen Meer wecken Sie, wenn Sie Ihre Mitarbeiter am Prozess der Sinnerarbeitung beteiligen. Sicherlich kann nicht jeder Wert, jeder Wunsch, jeder Sinn berücksichtigt werden, der dabei eingebracht wird. Ganz sicher ist die Formulierung des Sinns in erster Linie Aufgabe der Geschäftsleitung. Doch je transparenter der Weg dorthin ist, je früher die Belegschaft, in welcher Form auch immer, sich beteiligen kann, je intensiver das gesamte Unternehmen dafür eingespannt wird, umso bereitwilliger wird jeder Mitarbeiter das Ergebnis mittragen und im täglichen Handeln umsetzen.

Fragen Sie Ihre Mitarbeiter, welche Werte ihnen wichtig sind! Erkundigen Sie sich, für welchen Sinn sie sich gern einsetzen würden! Finden sie etwas von sich in der Unternehmensphilosophie wieder, werden sie umso engagierter für die gemeinsamen Werte eintreten – denn dann sind es wirklich *gemeinsame* Werte. Ihre Mitarbeiter werden stolz sein, in diesem Unternehmen zu arbeiten. Wäre das nicht ein wunderbares Ergebnis?

Die Einbeziehung der gesamten Belegschaft hat noch weitere Vorteile: Sie erarbeiten gemeinsam eine Grundlage, erschaffen übergeordnete Prinzipien, nach denen alle verbindlich miteinander, mit den Kunden und den jeweiligen Aufgaben umgehen. Dadurch wächst das gegenseitige Vertrauen und Konfliktpotenziale werden reduziert, denn von nun an ist klar und für jeden ersichtlich, wo die Prioritäten liegen und wie sich der Umgang miteinander gestaltet.

Dafür ist es notwendig, dass die Werte und Prinzipien sozusagen durchdekliniert werden. Wenn sich ein Unternehmen den Wert gibt »Wir sind menschlich«, dann muss definiert werden: Was bedeutet das für den Umgang innerhalb des Unternehmens? Für den Umgangston in Meetings? Für die Entscheidungsfindung? Für den Umgang mit Kunden, Lieferanten, Zwischenhändlern, Kreditgebern? Der einzelne Wert muss sozusagen heruntergebrochen werden bis in jede Einzelheit. Und zwar nicht nur für die Schönwetterzeiten, sondern gerade für stürmische Perioden, wenn die Zahlen schlecht sind, wenn es zu Lieferengpässen kommt, wenn wichtige Kunden wegbrechen – kurz gesagt: für Konflikte und Auseinandersetzungen.

Sind Leitwerte entwickelt und für das tägliche Handeln durchdacht (in Kapitel 9 gehen wir noch genauer darauf ein, wie dies in einzelnen Schritten aussehen kann), gilt es, sie konsequent umzusetzen. In diesem Punkt ist vor allem die Geschäftsleitung gefragt: Jede Postulierung von Werten ist vergebens, wenn sie nicht zuallererst und in jeder Hinsicht von der Chefin beziehungsweise dem Chef gelebt wird. Geht sie oder er nicht respektvoll mit den Mitarbeitern um, wird niemand glauben, dass in diesem Unternehmen Wert auf Menschlichkeit gelegt wird.

Für uns bedeutet das zum Beispiel, dass wir als Chefs vor unseren Mitarbeitern über Abwesende – egal ob Kunden oder Kollegen – niemals und unter keinen Umständen abfällig sprechen, sondern immer so, wie wir es auch in ihrer Anwesenheit tun würden. Wie soll uns ein Mitarbeiter vertrauen, wenn er erlebt, wie wir hinter dem Rücken anderer boshaft sind? Glaubwürdigkeit und Konsequenz ist deshalb unabdingbar für die Chefetage.

Was uns alle umtreibt: Bedürfnisse

Vielleicht fragen Sie sich immer noch: Wozu das alles? Was bringt es mir, mit meiner Belegschaft über den Sinn des Unternehmens zu diskutieren? Wird die Arbeit dadurch besser?

Kurz gesagt: Ja.

Denken Sie an die Gallup-Studie, die wir in der Einleitung erwähnt haben: Mitarbeiter, die innerlich gekündigt haben, kosten die Wirtschaft Unsummen von Geld. All die Motivationsseminare und Tschakka-Strategien der letzten Jahre haben nicht dazu geführt, dass die innere Verbundenheit zu ihren Arbeitgebern gestiegen ist.

Der Grund dafür liegt auf der Hand: Wir können niemanden motivieren! Wir erwähnten es bereits: Als Unternehmer beziehungsweise Chefin können Sie lediglich den Rahmen dafür schaffen, dass Ihre Mitarbeiter sich selbst motivieren und sich für ihre Arbeit engagieren.

An dieser Stelle greift die Idee des Sinns wieder: Wer auf das Unternehmen, in dem er oder sie arbeitet, stolz ist, wer gewiss ist, eine wichtige und gute Arbeit zu leisten, die auch in einem größeren Zusammenhang relevant ist, also einen Sinn hat, der kommt morgens gern zur Arbeit. Wer seine Arbeit als Aufgabe und Berufung versteht, muss Zufriedenheit und Lebendigkeit nicht erst in der Freizeit suchen.

Manche Führungskräfte glauben, Angst wäre ein guter Motivator: Wenn Mitarbeiter um ihre Arbeitsstelle fürchten müssen, würden sie sich schon ins Zeug legen. Das mag für eine kurze Weile funktionieren, doch auf lange Sicht ist Angst keine Lösung. Angst bereitet Stress und höhlt Menschen innerlich aus.

Wer unter Stress steht, begeht Fehler und hat keine ausreichenden inneren Ressourcen, um freundlich und entspannt mit Kunden umzugehen, die Motivation sinkt, Unzufriedenheit steigt. Sind Stress und Angst Dauerzustände, schädigt dies die Gesundheit: von Rückenleiden über Herz-Kreislauf-Erkrankungen bis zu Depressionen und Burnout. Laut *Stressreport Deutschland 2012* der Bundesanstalt für Arbeitsschutz und Arbeitsmedizin wurden im Jahr 2011 59 Millionen Arbeitsunfähigkeitstage aufgrund psychischer Erkrankungen registriert. Daraus ergeben sich Produktionsausfälle von 6 Milliarden Euro.

Kreativität und Innovationen können unter Druck, Stress und Angst nicht gedeihen. (Warum das für Unternehmen fatal ist, zeigen wir in Kapitel

5.) Misstrauen, Konkurrenz, Intransparenz sind die Folge – und was das für ein Unternehmen bedeutet, haben wir bereits geschildert.

Die Motivationslehre ist sich heute einig: Angst ist nicht geeignet als Motivator. Im Gegenteil: Sie ist ein Erfolgskiller. Sehr viel bessere Ergebnisse weisen Unternehmen vor, die auf ein menschliches Arbeitsklima setzen – und auf die Befriedigung der höheren Bedürfnisse ihrer Mitarbeiter, wie sie zum Beispiel in der Maslow'schen Bedürfnispyramide definiert sind.

Exkurs: Mangel- und Wachstumsbedürfnisse nach Abraham Maslow

Der US-Psychologe Abraham Maslow unterteilt Bedürfnisse in fünf Kategorien:

1. grundlegende physiologische Bedürfnisse (Atmung, Wärme, Trinken, Essen, Schlaf),
2. Sicherheitsbedürfnisse (Unterkunft, Gesundheit, Schutz vor Gefahren, Ordnung),
3. soziale Bedürfnisse (Freunde, Partnerschaft, Liebe, Nächstenliebe, Sexualität, Fürsorge, Kommunikation),
4. Individualbedürfnisse (Stärke, Erfolg, Unabhängigkeit, Freiheit, Ansehen, Prestige, Wertschätzung, Achtung, Wichtigkeit) sowie
5. Selbstverwirklichung (Realisierung eigener Ziele, Sehnsüchte, Wünsche, um, wie es Oscar Wilde so schön sagt, »das eigene Wesen völlig zur Entfaltung zu bringen«).

Die ersten vier Kategorien betrachtet Maslow als Defizitbedürfnisse (auch Mangelbedürfnisse genannt), die letzte Kategorie hingegen als Wachstumsbedürfnisse (auch unstillbare Bedürfnisse genannt). Während Defizitbedürfnisse befriedigt werden können, kann man sich der Stillung der Wachstumsbedürfnisse immer nur annähern. Ganz befriedigt werden sie nie. Auf diese Weise entwickeln sie einen Sog, sie immer weiterzuverfolgen.

Unsere Arbeit sorgt zum einen natürlich dafür, dass wir durch unser Gehalt und unser soziales Eingebundensein in eine Firma die Bedürfnisse der ersten vier Kategorien erfüllen können. Doch sobald sie gestillt sind, erlöscht bei uns Menschen der Drang, sie weiterzuverfolgen: Es ist wie beim Durst – wer welchen hat, trinkt, bis er nicht mehr durstig ist.

Für dauernde Motivation sorgen ausschließlich die Bedürfnisse der fünften Kategorie: die Wachstumsbedürfnisse.

Sie sehen nun, warum Wertschätzung und Anerkennung so wichtig ist: Sie sind universelle menschliche Bedürfnisse. Ihre Nichterfüllung sorgt für einen Mangel und nachfolgend für Unzufriedenheit, ein Konfliktpotenzial tut sich auf. Lob und Anerkennung sind deshalb ein weitaus besserer Motivator als Angst oder einfach das Gehalt. Dies bestätigt auch das National Institute for Health and Clinical Excellence in Großbritannien. Es stellte fest, dass einfache Maßnahmen wie positives Feedback, flexible Arbeitszeiten und zusätzliche Freizeit als Belohnungen stressbedingte Krankheitsausfälle um ein Drittel senken können. Der britische Psychologe Cary Cooper von der Lancaster University betont in diesem Zusammenhang, dass man die Bedeutung positiver Rückmeldungen für Mitarbeiter auf gar keinen Fall unterschätzen darf.

Wer sich wohl und sicher fühlt, kann sich auf seine Aufgaben konzentrieren. In einem menschlich geführten Unternehmen werden deshalb Respekt und Anerkennung das Miteinander prägen. Wenn darüber hinaus eine Selbstverwirklichung im Beruf eröffnet wird, sind die idealen Voraussetzungen für hoch motivierte und engagierte Mitarbeiter geschaffen.

Hier schließt sich der Kreis zu dem, was wir im vorherigen Kapitel über die neuen Herausforderungen von Führung gesagt haben: Künftig wird es verstärkt darum gehen, Menschen in ihren Fähigkeiten und ihrem Potenzial richtig einzuschätzen, zu fördern und im Unternehmen einzusetzen. Im Idealfall wird der Arbeitsplatz auf den Mitarbeiter zugeschnitten und nicht andersherum: Die Tätigkeitsbeschreibung wird zwischen Unternehmensführung und Mitarbeiter erarbeitet und vereinbart. Auf diese Weise gewinnen beide Seiten: Der Mitarbeiter eine ideale Stelle, das Unternehmen einen hochengagierten Mitkämpfer. Denn wer seinen Arbeitsplatz mitgestalten kann, wird die Anforderungen gern erfüllen – auch wenn es abends einmal länger dauert, weil ein Kunde in Not ist oder ein Projekt dringend fertiggestellt werden muss.

Konsequenzen konsequent durchsetzen

Manch Unternehmerin, manch Unternehmer mag nun einwenden: »Wir kommen hier in der Firma zusammen, um zu arbeiten, nicht um uns selbst zu verwirklichen – schließlich sind wir hier im Büro und nicht bei der Psychotherapie.«

Das stimmt natürlich, doch schränkt es das zuvor Gesagte nicht ein: Der Fokus der Selbstverwirklichung liegt auf den beruflichen Aspekten. Ein menschliches Arbeitsklima zu schaffen, in dem ein entspanntes und produktives Miteinander möglich ist, in dem jeder nach seinen Fähigkeiten und Fertigkeiten eingesetzt wird, bedeutet *nicht*, einen reinen Kuschelkurs zu fahren. Das hatten wir ja bereits betont. Eine Scheinharmonie, die nur um des lieben Friedens willen aufrechterhalten wird, ist ein Nährboden für schwelende Konflikte – also alles andere als eine nachhaltig positive Atmosphäre, sondern zerstörerisch für jedes Unternehmen.

Deshalb sind Ehrlichkeit und Transparenz so wichtig. Nicht nur wenn es darum geht, zu loben, sondern gerade auch bei Kritik. Konflikte sind immer schwierig und Kritik an der Arbeitsweise oder den Arbeitsergebnissen kann Konflikte heraufbeschwören. Manche Führungskräfte versuchen darum, heikle Punkte zwischen zwei Loben unterzubringen – eine Art Sandwich-Strategie. Sie hoffen, dass die Kritik dann nicht zu verletzend wirkt.

Doch das ist wenig hilfreich. Denn durch die eingepackte Kritik wirkt das Lob drum herum nicht ehrlich, sondern im Gegenteil vergiftet. Das gesamte Gespräch erhält etwas Gestelztes, beim Mitarbeiter bleibt das Gefühl zurück, das Lob sei nur strategisch gemeint gewesen und darum nicht viel wert. Auf lange Sicht kann dies die Arbeitsatmosphäre stören, da Mitarbeiter misstrauisch gegenüber dem Lob ihrer Vorgesetzten werden: Ist das vielleicht eine versteckte Kritik? Ist es nur ein Manöver, um darin Negatives zu verpacken? Eine Art trojanisches Pferd also?

Letztlich bleibt das Gefühl zurück, es ist ein falsches Lob – und das demotiviert eher, als dass es Anerkennung ausdrückt.

Ohne Kritik geht es im Arbeitsleben aber nicht. Es wäre zwar wundervoll, wenn alles reibungslos funktionieren würde – aber wir sind nun einmal alle nur Menschen, wir alle machen Fehler, verstehen einander falsch, haben unsere Ecken und Kanten. Manchmal treffen einfach auch nur verschiedene Umstände unglücklich aufeinander – es gibt zahllose Gründe, warum es zu kleinen und größeren Konflikten kommen kann.

Klare Werte und Leitprinzipien, die in eindeutige Regeln ausgedrückt sind, helfen zum einen, Konfliktpotenzial zu reduzieren – und zum anderen bieten sie Orientierung, wenn es dann doch zu Auseinandersetzungen kommt.

Aber wie geht man als Führungskraft damit um, wenn jemand gegen diese Vereinbarungen verstößt? In einem menschlich geführten Unternehmen wird sie zunächst das Gespräch suchen. Wir hatten es schon erwähnt: Der erste Schritt ist stets, die Sache von der Person zu trennen. Ist ein Fehler geschehen, sollte dieser im Mittelpunkt stehen, nicht die Persönlichkeit des Mitarbeiters.

Dann gilt es, die Gründe zu erfahren, warum der Mitarbeiter von den gemeinsamen Regeln abgewichen ist. Vielleicht gibt es einen konkreten und nachvollziehbaren Grund dafür. In unseren Kanzleien sprechen wir offen und klar über das, was geschehen ist. Wir benennen eindeutig, worum es geht, ohne unseren Gesprächspartner zu verletzen. Wir versuchen zu verstehen, warum es zur Abweichung von Vereinbarungen gekommen ist. Das bedeutet nicht, dass wir so lange darüber reden, bis alle am Ende sagen: »Och, dafür hab ich Verständnis, das ist alles nicht so schlimm.« Das wäre ein verlogener Kuschelkurs mit den bekannten Folgen.

Doch wenn es gute Gründe für das Brechen von Regeln und Werten gibt, dann sollte der Mitarbeiter die Gelegenheit bekommen, diese vorzutragen. Sind sie verständlich und nachvollziehbar, ist es vielleicht an der Zeit, über die Regeln nachzudenken. Handelt es sich um ein Versehen, ein Handeln aus Unkenntnis, reicht es oft, den Mitarbeiter besser zu informieren und die Vereinbarungen klarzulegen, um eine Wiederholung in Zukunft zu vermeiden.

Handelt es sich aber um einen wissentlichen Akt oder um eine wiederholte Regelverletzung, die sich nicht zum Wohle aller begründen lässt – wird aus Bequemlichkeit oder gar aus Trotz eine Terminvereinbarung verletzt oder ein Kunde unfreundlich abgekanzelt –, dann ist es Zeit für Konsequenzen.

Jeder Mensch hat mal Probleme, ist unkonzentriert, nicht zu hundert Prozent einsatzfähig oder fällt für eine Weile aus. Wir sind alle keine Computer. Wie es so passend heißt: »Shit happens.« Tritt dies aber gehäuft und/oder vorsätzlich auf, führt das Verhalten zu Problemen mit den Kunden oder Kollegen, dann ist es an der Zeit zu handeln. Und zwar nicht mit übertriebener Nachsicht. Ein Unternehmen menschlich zu führen bedeutet nicht, alles zu verstehen und zu verzeihen oder angesichts von wiederkehrenden Problemen zu sagen: »Ach, du armer Mensch, du hast es schwer gehabt in deinem Leben, darum sind wir alle lieb und nachgiebig zu dir.« So zu reagieren wäre fatal – und überhaupt nicht das, was wir unter menschlich verstehen.

Überaus nachsichtig und butterweich zu agieren würde zum Beispiel dem Grundsatz, zum Wohle aller zu handeln, widersprechen. Denn übertriebene Nachgiebigkeit sorgt nicht dafür, dass Mitarbeiter sich entwickeln. Unternehmen, die menschlich geführt werden, in denen Ehrlichkeit, Respekt und Transparenz Leitwerte sind, handeln in Konfliktfällen klar und eindeutig. Es gibt gemeinsame Übereinkünfte, an die sich alle halten. Wer diese wissentlich oder aus Bequemlichkeit übertritt, wer das in ihn gesetzte Vertrauen bricht, hat mit Konsequenzen zu rechnen, die ebenso bekannt sind wie die gemeinsamen Regeln.

Das ist ein weiterer Vorteil von klaren Leitwerten: Jeder weiß, wie sie lauten und welche Konsequenz aus ihrer Missachtung folgt.

Viele Firmen des alten Stils scheuen oft vor dem letzten Schritt zurück. Da wird zwar mehrfach abgemahnt, aber eine Kündigung erfolgt am Ende oftmals nicht. Unternehmen, die menschlich geführt werden, fahren hingegen klare Kante: Wer eine festgesetzte Anzahl gegen die Regeln verstößt, ist in der falschen Firma und muss gehen. Ganz konsequent. Das ist ein klares und ehrliches Handeln.

Ohne Konsequenz und Disziplin lassen sich keine verbindlichen Werte in einem Unternehmen durchsetzen. Nur wenn gegen ein Handeln, das dem Wohl aller zuwiderläuft, konsequent angegangen wird, lässt sich der gewünschte Wert etablieren. Wenn wir stets mit Verständnis und Nachsicht reagieren, dann setzt sich ein egoistisches Verhalten durch, da alle denken: »Macht ja nichts, wenn ich die Regeln breche, es folgt ja keine Strafe.«

Nur wenn Menschen die Konsequenzen eines sanktionierten Verhaltens spüren, entwickeln sie sich weiter und ändern ihr Handeln. Das ist ein bisschen wie in der Kindererziehung: Allein Liebe und Konsequenz sind die zentralen Werte. Dies betrifft Mitarbeiter an vorderster Front ebenso wie Führungskräfte.

Es gibt Vorgesetzte, die sehr autoritär oder missachtend mit ihren Mitarbeitern umgehen, die sie verbal entwerten und bloßstellen. Eine Geschäftsleitung, die Wert auf ein menschliches Verhalten legt, wird so etwas nicht tolerieren – auch wenn es in letzter Konsequenz heißt, dass die Führungskraft gehen muss.

Wer sich nicht mit den gemeinsamen Leitwerten identifizieren kann und sich nicht an sie hält, wer nach anderen Regeln spielt, der ist am falschen Platz. Um im Bild zu bleiben: Man kann ihm zunächst entgegenkommen und sagen: »Wir helfen dir, ins Spiel hineinzukommen und die Regeln zu verstehen.« Wer sich dem jedoch verweigert, ist im mehrfachen Sinne ein Spielverderber, der auch andere beeinträchtigt und ihnen die Freude am Spiel nimmt. Anders gesagt: Wer lieber »Mensch ärgere dich nicht« spielen möchte, während das Unternehmen sich für »Monopoly« entschieden hat, ist im falschen Spiel und am falschen Platz – letzthin: im falschen Unternehmen.

Wie hoch die Menschlichkeit tatsächlich in einem Unternehmen gehalten wird, erkennt man spätestens bei der Trennung von Mitarbeitern. Weit verbreitet sind ja verschiedene Spielchen: Da wird hintenherum bei den Kollegen des ungeliebten Mitarbeiters gefragt, was diese von ihm halten; da wird dem Betreffenden ganz genau auf die Finger geschaut und jedes kleinste Fehlverhalten genauestens protokolliert; in den übelsten Fällen werden gar Fallen gestellt – und dann folgen drei Abmahnungen, der Kollege wird wegbefördert, mitunter auch entlassen.

Sie können sich denken, dass das nicht in unserem Sinn ist. Auch bei Trennungen setzen wir auf Offenheit, Respekt und Transparenz: Dem oder der Mitarbeiterin wird eindeutig vermittelt, warum eine Zusammenarbeit nicht mehr möglich ist, mit offenem Visier und ehrlichen Worten. Wir unterstützen ihn oder sie gern dabei, einen neuen Arbeitgeber zu finden, gegebenenfalls helfen wir auch, die Skills zu erlangen, die für eine neue Arbeitsstelle notwendig sind. Doch ist eine bestimmte Grenze überschritten, die für alle klar ersichtlich ist, dann ist für den- oder diejenige keine Zukunft in unseren Kanzleien zu finden.

Dies geschieht ohne Vorwürfe und ohne Bitterkeit. Manchmal passt es einfach nicht – und dann ist es besser, sich zu trennen: in aller Offenheit und Ehrlichkeit. Denn ein menschlicher Umgang miteinander zeigt sich besonders darin, wie man sich von Mitarbeitern trennt.

Es dürfte sehr deutlich geworden sein: Menschlichkeit im Unternehmen bedeutet nicht Caritas. Wir verstehen darunter einen respektvollen, ehrlichen Umgang miteinander mit klaren Grenzziehungen, eindeutigen Regeln und verpflichtenden Werten. Menschliche Unternehmen sind konsequent – das ist eines ihre wichtigsten Merkmale.

Toolbox: Handreichungen für Konfliktgespräche

- Gibt es eindeutige Konflikte, dann trennen Sie Sache und Person: Fehler oder Misserfolge stehen im Mittelpunkt, nicht der Mensch.

- Fragen Sie sich und Ihren Mitarbeiter: Was ist zu tun, damit eine Aufgabe, ein Projekt reibungslos laufen kann? Benötigt Ihr Mitarbeiter mehr Informationen, mehr Handlungsspielraum? Verfügt er über die notwendigen Tools, um seine Aufgaben zu erledigen?
- Hat Ihr Mitarbeiter einen Fehler begangen und Regeln verletzt, hören Sie ihn an. Welches waren seine Beweggründe?
- Lassen Sie ihn aussprechen!
- Sind die Konflikte komplexer: Wählen Sie als Gesprächsstrategie das in Kapitel 2 beschriebene Vorgehen: »Erst verstehen, dann verstanden werden«.

Der demografische Wandel und seine Bedeutung für Unternehmen

Vielleicht fragen Sie sich immer noch, warum Sie Ihre Mitarbeiter so intensiv unterstützen sollen. Welchen Vorteil bringt das Ihnen und Ihrem Unternehmen?

Einen sehr klaren.

Wie Sie natürlich wissen, leiden bereits heute viele Branchen unter einem eklatanten Fachkräftemangel. Dieser ist noch nicht überall spürbar, doch der demografische Wandel macht über kurz oder lang vor keiner Branche halt. Nach Berechnungen des Statistischen Bundesamtes wird die Bevölkerung Deutschlands bis 2050 um rund 7 Millionen auf ungefähr 75 Millionen Menschen schrumpfen. Einer immer älter werdenden Bevölkerung, zum größten Teil Rentner und Pensionäre, stehen immer weniger Menschen im erwerbsfähigen Alter gegenüber. Und gerade die gut ausgebildeten Fachkräfte werden in Zukunft rarer werden, während gleichzeitig die Zahl der Arbeitsplätze, für die nur geringe Qualifikationen nötig sind, sinkt. Das bedeutet: Der fachlich versierte Nachwuchs wird immer schwieriger zu finden sein.

Kamen früher mehrere Bewerber auf eine Stelle, werden in wenigen Jahren gut ausgebildete junge Menschen zwischen mehreren Arbeitgebern wählen können. Die Situation ist also dabei, sich zu drehen: Nicht mehr der Arbeitssuchende muss sich attraktiv für ein Unternehmen machen, sondern ein Unternehmen muss in Zukunft attraktiv für die jungen Fachkräfte sein. Die Unternehmen werden zu Bewerbern werden!

Menschlich geführte Firmen, die ihren Mitarbeitern gute Entwicklungsmöglichkeiten bieten und ihnen die Chance eröffnen, ihr Potenzial an ihrem Arbeitsplatz zu entfalten, werden eindeutige Wettbewerbsvorteile haben. Und nicht nur das: Ihnen wird es auch gelingen, ihre Mitarbeiter langfristig an sich zu binden. Auch das ist von unschätzbarem Wert, wenn qualifizierter Nachwuchs nicht mehr selbstverständlich ist. Ohne gute und engagierte Mitarbeiter ist ein Unternehmen nicht überlebensfähig.

Toolbox: Handreichungen für die Mitarbeitersuche

Bei allem Fachkräftemangel sollten Sie dennoch auf eines sehr achten: dass die Aspirantin oder der Aspirant tatsächlich zu Ihrem Unternehmen passt. Dass sie oder er die Werte teilt und die Regeln akzeptiert. Fachliche Qualifikationen lassen sich leicht erwerben, die menschliche Kompetenz, die benötigt wird, um zum Wohle aller im Team zu arbeiten, um vertrauensvoll und vertrauenerweckend zu agieren, um respektvoll und wertschätzend mit Kollegen und Kunden umzugehen – das ist viel schwerer zu erlernen. Um zu erkennen, welcher Bewerber tatsächlich ins Unternehmen passt, helfen wiederum klare Regeln und Richtlinien. Wer hinzukommt, sollte die gemeinsamen Werte als verpflichtend und handlungsleitend anerkennen. Da man dies meist nicht in einem Vorstellungsgespräch erkennen kann – auch der Bewerber kann ja so aus dem hohlen Bauch noch nicht sagen, ob er wirklich zum Unternehmen passt und das Gleiche unter Transparenz versteht wie das Unternehmen –, bietet sich natürlich eine Probezeit an, für die klare Zielvereinbarungen getroffen werden.

Handreichungen für Neueinstellungen von Führungskräften

Arbeitszeugnisse sagen selten etwas über die tatsächlichen sozialen Fähigkeiten eines Menschen aus. Es gibt ja sogar spezielle Codes, mit denen Unangenehmes in scheinbar freundliche Worte gefasst wird. Dies ist inzwischen hinreichend bekannt. In verschlüsselter Form werden Informationen über den Bewerber weitergegeben – das entspricht nicht unserer Vorstellung von Offenheit und Ehrlichkeit. Sie können sich auch nie sicher sein, ob nicht ein Bewerber aus seiner alten Stelle »weggelobt« wurde.

Suchen Sie eine neue Führungskraft, wäre eine Möglichkeit, die einzelnen Bewerber für eine Woche zur Probe arbeiten zu lassen. Im Anschluss befragen Sie die Mitarbeiter, mit welchem Kandidaten die Zusammenarbeit am besten war – denn schließlich sind sie es, die mit der künftigen Führungskraft auskommen müssen.
Geben Sie zudem ein Ziel vor, das die Kandidaten in dieser Woche erreichen sollen. Gelingt dies, haben Sie schon mehrere handfeste Anhaltspunkte, um eine Entscheidung zu treffen.

Best Practice: MaibornWolff Mensch^{IT}, München

MaibornWolff Mensch^{IT} bietet maßgeschneiderte IT-Lösungen für Unternehmen. Dabei steht der Mensch im Mittelpunkt: als Kollege, als Kunde, als Partner – mit seinen Bedürfnisse und Möglichkeiten. MaibornWolff will helfen, das menschliche Potenzial zu vervielfachen – darum das hochgestellte IT: Mensch potenziert durch IT. Die Firma wurde 1989 durch Volker Maiborn und Holger Wolff gegründet und ist stetig gewachsen. Heute arbeiten 160 Menschen an vier Standorten, Stammsitz ist München. Zu den Kunden zählen viele namhafte Konzerne.

Die Grundidee des Unternehmens ist die wertschätzende Zusammenarbeit: ein Miteinander auf Augenhöhe, denn dies fördert das gegenseitige Vertrauen, die wechselseitige Anerkennung, Eigeninitiative, Veränderungsbereitschaft und die Freude an der Arbeit. Das Miteinander beruht auf gemeinsamen Werten, die das Arbeiten prägen: Leidenschaft, Exzellenz, Verantwortung.

Leidenschaft: Die Mitarbeiter sind den Kunden und ihren Projekten emotional verbunden. Sie begeistern sich für die Vorhaben und identifizieren sich mit den Projektzielen. Daraus resultiert *Exzellenz*: Ein Anspruch, der, wie die Firmengründer zugeben, nicht immer zu erreichen ist, aber jeder gibt sein Bestes, um eine Aufgabe so gut zu erledigen, wie es für das Team nur irgend möglich ist. Mit Mittelmaß gibt sich bei MaibornWolff niemand zufrieden. Dies bedeutet neben dem Streben nach einem exzellenten Ergebnis auch die Offenheit für Verbesserungen: Konstruktive Kritik geben, annehmen und umsetzen, das ermöglicht eine stete Weiterentwicklung. Damit einher geht auch *Verantwortung*: Die Kunden vertrauen darauf, dass sie ein hervorragendes Produkt rechtzeitig und zum vereinbarten Preis erhalten – und MaibornWolff übernimmt die Verantwortung, dieses Versprechen einzuhalten.

Aus den gemeinsamen Werten resultieren nicht verhandelbare und unumstößliche Leitsätze, welche die Strategie des Unternehmens ebenso wie das tägliche Miteinander bestimmen. Diese Leitsätze sind sozusagen das »Grundgesetz« von MaibornWolff, sie bieten im Alltag Orientierung und Entscheidungshilfe.

Der erste Leitsatz lautet: Handeln für das Ganze – das bedeutet für den Unternehmensalltag, dass Entscheidungen im Großen wie im Kleinen so getroffen werden, dass sie dem ganzen Unternehmen und nicht lediglich den Interessen eines Bereichs dienen. Ein weiterer Leitsatz hebt die langfristige Perspektive hervor: Der anhaltende Wertzuwachs des Unternehmens hat Vorrang vor kurzfristigen Zielen, insbesondere vor kurzfristiger Gewinnmaximierung. Damit hängt ein weiterer Leitsatz zusammen: Klasse statt Masse: MaibornWolff verstehen sich als Premium-IT-Partner mit exzellenten Leistungen, entsprechenden Preisen und Margen. Dies bedeutet zum Beispiel auch, dass kein Wachstum um jeden Preis angestrebt wird.

Wichtig ist dem Unternehmen Vertrauen und Respekt, auch dies ist ein Leitsatz. Es wird eine offene und vertrauensvolle Unternehmenskultur gepflegt. Dazu gehören ein ehrliches Feedback, flache Hierarchien, selbstständiges Arbeiten sowie eine offene Kommunikation und Transparenz. So werden zum Beispiel die Bilanzen, Quartalszahlen und Kalkulationen für die Mitarbeiter offengelegt.

Die Leitsätze, das Grundgesetz des Unternehmens, sind nicht nur schönes Wortgeklingel, sondern werden bei MaibornWolff gelebt. Die Geschäftsleitung hat sich verpflichtet, den Richtlinien konsequent zu folgen. Jeder Mitarbeiter kann sich auf diese Leitsätze berufen.

Aus den Leitsätzen ergeben sich sechs Führungsgrundsätze, die ebenso verpflichtend sind:

- Großzügigkeit
- ethisches Handeln
- Gelassenheit
- Freude
- Denkpausen schaffen
- permanente Weiterentwicklung

Großzügigkeit bedeute nicht, dass man mit Geld um sich wirft. Großzügigkeit bezieht sich vielmehr auf den Umgang mit immateriellen Ressourcen: Führungskräfte nehmen sich Zeit für die Mitarbeiter, gehen großzügig mit Wertschätzung um, stellen die Mittel bereit, welche die Mitarbeiter brauchen, um ihre Aufgaben exzellent zu erledigen. Dieses Vorgehen hat sich bewährt: In 20 Jahren gab es keine Gerichtsverhandlung, keine Abmahnung, keine juristische Klage.

Ethisches Handeln: Im Unternehmen wird nicht gelogen. Verträge übervorteilen niemanden, bei Gehaltsverhandlungen wird nicht gepokert, Mitarbeiter, die das Unternehmen verlassen, werden nicht um Resturlaubstage betrogen, die Steuern werden zuverlässig gezahlt.

Gelassenheit: Gerade die IT-Branche ist gekennzeichnet durch ein sich stark veränderndes Geschäftsfeld, anspruchsvolle Kunden und viele Deadlines – da kann schnell Druck aufkommen. Gelassenheit aber hilft, Stress, Ärger und Wut nicht überhand nehmen zu lassen.

Freude: Der Spaß an der Arbeit ist wichtig, die Freude an dem, was man tut. Wer sich für seine Aufgaben begeistert, sich mit Feuereifer spezialisiert, wer sich engagiert, der ist glaubwürdig. Das überträgt sich auf die gesamte Unternehmenskultur. Und auch die Kunden spüren dies.

Denkpausen schaffen: Bei all der Hektik, die der Alltag in der IT-Branche mit sich bringt, ist es wichtig, immer mal wieder daraus auszusteigen: zur Ruhe zu kommen, sich zurückzuziehen, sich auf etwas ganz anderes zu konzentrieren. Bereichsleiter legen deshalb alle zwei Monate einen Denktag ein – ohne Projekte, ohne Laptop, ohne Aufgaben. Wie sie diesen Tag gestalten, hängt ganz von ihnen ab. Ob sie wandern gehen, sich in ein Café setzen oder eine Fahrradtour machen – Hauptsache: Pause. Wird diese Auszeit nicht eingehalten, machen sich schnell Verschleißerscheinungen bemerkbar. Die Denktage sind deshalb Pflicht.

Permanente Weiterentwicklung: MaibornWolff ist es wichtig, dass sich weder Unternehmen noch Belegschaft einfach auf dem Plateau ausruhen, dass sie erreicht haben. Deshalb spielt die fachliche wie persönliche Weiterentwicklung eine zentrale Rolle. Sie ist Teil der Unternehmenskultur. Jede Mitarbeiterin, jeder Mitarbeiter erhält ein jährliches Budget für Weiterbildung. Dies ist durch den Arbeitsvertrag garantiert. Beraten vom Bereichsleiter, können die Mitarbeiter aus rund 25 Themen auswählen. Es werden sowohl interne Schulungen angeboten, bei denen erfahrene Mitarbeiter ihr Wissen an jüngere weitergeben, als auch Seminare durch externe Coaches zu fachlichen Themen, praxisorientierten Fragen oder Soft-Skill-Trainings.

Ziel von MaibornWolff ist, jeden Mitarbeiter so zu qualifizieren, dass er auf der Höhe der Zeit ist und die Firma ihn sofort wieder einstellen würde. Die jeweiligen Weiterbildungsmaßnahmen werden dabei nach den individuellen Stärken der Mitarbeiter anempfohlen. Zudem werden Verantwortung und Aufgaben je nach Eignung verteilt, damit jeder Mitarbeiter im eigenen Tempo voranschreiten kann. Um Stärken und Schwächen kompetent beurteilen zu können, werden sie mittels Reiss-Profiling systematisch erfasst. Diese Profile sind für die Mitarbeiter offen einsehbar. Die Mitarbeiterentwicklung sehen die Führungskräfte als eine ihrer wichtigsten Aufgaben an.

Dem Unternehmen geht es darum, eine langfristige Kultur aufzubauen, in der die Mitarbeiter sich wohlfühlen, denn: »Arbeitsplätze sind Lebensräume«, wie Holger Wolff betont. Deshalb spielt die Vereinbarkeit von Beruf und Familie eine wichtige Rolle. Den Mitarbeitern wird darum Zeitautonomie, soweit machbar, zugestanden. Home Office ist möglich, wer Kinder hat, erhält Projekte, die möglichst wenig Reisetätigkeit erfordern. Auch in Führungspositionen sind Elternzeit und Teilzeit machbar. Und natürlich können auch Väter in Elternzeit gehen – wie überhaupt Gleichberechtigung eine Selbstverständlichkeit ist.

MaibornWolff zahlt einen Zuschuss zur Kinderbetreuung, ermöglicht unbürokratische Lösungen bei Krankheit der Kinder, organisiert Kinderferienprogramme und bietet Eltern-Kind-Büros an für Betreuungsengpässe.

Aber nicht nur Eltern, sondern alle Mitarbeiterinnen und Mitarbeiter haben die Möglichkeit, sich Auszeiten zu nehmen, zum Beispiel in Form von Sabbaticals in individueller Länge für Traumreisen und Weiterentwicklung.

Auch soziales Engagement wird sehr begrüßt. Mitarbeiter, die beim Technischen Hilfswerk, beim Roten Kreuz oder ähnlichen Einrichtungen ehrenamtlich tätig sind, können in Notfällen wie beispielsweise Flutkatastrophen freigestellt werden. Menschlichkeit ist für MaibornWolff nicht auf das Büro allein beschränkt, sondern eine Haltung, die das Leben bestimmt. Deshalb ist die Geschäftsleitung überzeugt, dass Menschen, die sich in ihrer Freizeit für humanitäre Belange einsetzen, wichtig für die Unternehmenskultur sind.

Denn wer sich für andere einsetzt, ist Teamplayer – und der Erfolg eines humanitären Projekts oder der eines Unternehmens ist nicht die Leistung einzelner, sondern die vieler. Gemeinsames Arbeiten auf Augenhöhe in stimmigen Teams ist deshalb die Basis des Erfolgs bei MaibornWolff. Die Führungskräfte sorgen bewusst für passende Zusammensetzungen der Teams, wobei Unterschiede gewollt und bereichernd sind. Die Belegschaft des Unternehmens ist bunt gemischt, Menschen mit unterschiedlichen Nationalitäten, Studienrichtungen, Interessen, Stärken und in unterschiedlichen Lebensphasen mit individuellen Persönlichkeiten und Fähigkeiten kommen hier zusammen. Mit 30 Prozent ist der Frauenanteil im Unternehmen für die IT-Branche zudem sehr hoch. Die Führungskräfte verpflichten sich, das Zusammengehörigkeitsgefühl der Teams aufzubauen und zu fördern, die Teams bestmöglich zu unterstützen und für geeignete Rahmenbedingungen zu sorgen.

Das Feedback der Mitarbeiter gibt dem Konzept von MaibornWolff Recht. Bei Bewertungsportalen wie kununu erhält das Unternehmen Spitzenwerte. Mitarbeiter loben die Geschäftsleitung dafür, dass sie immer freundlich und gesprächsbereit ist, dass gute Ideen von Mitarbeitern aktiv gepusht werden, dass es kein Hierarchiedenken gibt. »Offener Austausch mit viel Wertschätzung und Respekt wird hier gelebt«, lautet das begeisterte Statement eines Mitarbeiters. Auch der Kollegenzusammenhalt, die offene und hilfsbereite Atmosphäre und das tolle Arbeitsklima werden hervorgehoben; ebenso, dass Mitarbeiter viel Verantwortung übertragen wird, dass Feedback geben und annehmen eine Selbstverständlichkeit ist und dass auf eine hohe Produktqualität sehr viel Wert gelegt wird. kununu listet MaibornWolff darum als »Top Company«. Zudem war das Unternehmen sechs Mal in Folge Preisträger beim Wettbewerb Great Place to Work.

Innerhalb des Betriebs lässt sich die Zufriedenheit der Mitarbeiter zum Beispiel daran ablesen, dass die Mitarbeiterfluktuation unter 3 Prozent liegt. Das zieht hoch qualifizierte Bewerber an: Pro Jahr kommen auf gerade mal 30 offene Stellen 1.200 Bewerber. Die Auswahl erfolgt aufgrund von fachlicher und sozialer Kompetenz. Wer bei MaibornWolff arbeiten möchte, muss zum Unternehmen und zu den Werten passen – menschlich wie beruflich. Die Mitarbeiter sind deshalb alle handverlesen.

Volker Maiborn und Holger Wolff sind überzeugt: Menschliches Handeln ist für ein Unternehmen unverzichtbar. Es gibt zwar keine Kennzahlen, mit denen die Menschlichkeit bei der IT-Firma gemessen werden kann, gute Indikatoren sind jedoch die Zufriedenheit der Mitarbeiter und die Begeisterung der Kunden, beides Werte, die sich durchaus messen lassen. Zusammen setzen sie eine Aufwärtsspirale in Gang: Spannende Projekte von begeisterten Kunden führen zu engagierten und zufriedenen Mitarbeitern, die wiederum begeisterte Bewerber anziehen und ihre Begeisterung an die Kunden zurückgeben, die dies im Gegenzug mit Vertrauen und spannenden Projekten belohnen.

Die Gründer von MaibornWolff sind darum sicher: »Menschlich geführte Unternehmen wachsen schneller, sie sind profitabler und effizienter, weil sie weniger Ressourcen in Konflikten verschwenden. Deshalb ist menschliches Handeln immer ein Gewinn, nicht nur finanziell.«

Teil 2:
So rechnet sich Menschlichkeit

Kapitel 5: Zahlen und Fakten

Bislang ging es um die Bausteine, die Rahmenbedingungen und die immateriellen Auswirkungen von Menschlichkeit: emotional engagierte Mitarbeiter, die unternehmerisch denken, eine bessere Kundenbindung, eine konfliktfreiere Kommunikation, bessere Teamarbeit und eine neue Form von Führung. Das klingt alles wunderbar – doch vielleicht fragt sich der eine oder die andere unter Ihnen immer noch: Rechnet sich das wirklich? Deshalb: »Butter bei die Fische«, wie man so schön sagt. In diesem Teil des Buches soll es um Zahlen und Fakten gehen.

Sicherlich sind ein positives und spannungsfreies Miteinander und ein selbstverantwortliches Arbeiten nicht in jedem Aspekt eins zu eins in Zahlen und Summen umzurechnen. Aber die Auswirkungen sind auf jeden Fall nachweisbar – und sei es auch nur durch den Wegfall von Kosten.

Fassen wir noch einmal ganz knapp zusammen: Ein menschlicher Umgang innerhalb eines Unternehmens, ein respektvolles, wertschätzendes, authentisches Miteinander führt zu zufriedenen Mitarbeitern. Und zufriedene Mitarbeiter sind die Grundvoraussetzung für den nachhaltigen betriebswirtschaftlichen Erfolg eines Unternehmens, denn zufriedene Mitarbeiter

- sind motivierter,
- sind seltener krank,
- denken kreativer und schaffen so echte Innovationen,
- bleiben dem Unternehmen treu.

Lassen Sie uns diese vier Punkte einmal unter dem Kostenaspekt anschauen.

Effizienz statt innerer Kündigung

Dass zufriedene Mitarbeiter engagierter arbeiten als unzufriedene, das bedarf eigentlich keiner größeren Erklärung. Dank ihres Engagements arbeiten sie auch effizienter, da kein innerer Widerstand überwunden werden muss. Aber macht das tatsächlich einen großen Unterschied, ob jemand sich seinem Arbeitgeber emotional verbunden fühlt oder innerlich gekündigt hat? Oder anders gefragt: Wie hoch sind die Kosten für fehlendes Engagement?

Bereits im Vorwort haben wir die Ergebnisse des Gallup *Engagement Index Deutschland 2015* erwähnt. Seit 2001 bemisst das Institut jährlich den Grad der inneren Verbundenheit der Angestellten zu ihren Arbeitgebern bei einer repräsentativen Auswahl von Mitarbeitern über 18 Jahren. Im Jahr 2015 hatten 16 Prozent der Arbeitnehmer innerlich gekündigt, 68 Prozent taten Dienst nach Vorschrift. Diese geringe emotionale Bindung zum Unternehmen kostet die deutsche Wirtschaft jährlich zwischen 76 und 99 Milliarden Euro, zu diesem Ergebnis kommt Gallup.

Zwar ist der Anteil derjenigen, die innerlich gekündigt haben, in den letzten vier Jahren gesunken, doch ist im Gegenzug die Zahl der innerlich dem Unternehmen Verbundenen nicht im gleichen Maße gestiegen. Sie ist heute auf dem gleichen Niveau wie 2001 und 2013.

Was bedeutet das für das einzelne Unternehmen? Nehmen wir einmal an, ein Angestellter beschäftigt sich Tag für Tag 15 Minuten ausschließlich mit privaten Dingen während der Arbeitszeit. Eine Viertelstunde – das scheint nicht viel. Die Arbeit, die in dieser Zeitspanne nicht erledigt wird, verschiebt sich auf den nächsten Tag. Die Arbeitskosten sind somit ohne Gegenleistung.

Stellen wir einmal eine Modellkostenrechnung auf. Diese kann nur stark vergröbernd sein, mit geschätzten Zahlen, die keinen Anspruch auf Korrektheit erheben, das versteht sich von selbst. Aber auf diese Weise lässt sich die grundsätzliche Dimension dessen erkennen, worum es uns geht. Wir veranschlagen einmal 16 Euro Arbeitgeberbelastung pro Stunde und Arbeitnehmer. Damit entständen in unserem Beispielfall pro Tag Kosten ohne Ertrag in Höhe von 4 Euro, in der Woche 20 Euro und 920 Euro pro Jahr (230 Arbeitstage mal 4 Euro); beziehungsweise: pro Woche eine Zeitressource von 1,25 Stunden pro Mitarbeiter.

Für ein Unternehmen mit 100 Mitarbeitern, von denen lediglich 15 wirklich engagiert sind, während sich 85 dem Arbeitgeber kaum bis gar nicht verbunden fühlen, bedeutet dies im Jahr Kosten von 78.200 Euro (85 Mitarbeiter mal 230 Tage mal 4 Euro) beziehungsweise 4.887,5 Stunden. Und dies alles nur, weil sich Arbeitnehmer für 15 Minuten privaten Dingen während der Arbeitszeit widmen.

Exkurs: Verschärfte Kontrolle ist der falsche Weg

Verstehen Sie uns bitte nicht falsch: Dies ist kein Plädoyer für eine lückenlose Erfassung der Arbeitszeit. In manchen Unternehmen ist es längst der Fall, dass jede Viertelstunde belegt werden muss. Doch dadurch lassen sich keinerlei Kosten sparen: Denn um diese Kontrolle zu gewährleisten, braucht es jemanden, der die Zeiterfassung auswertet – Arbeitskraft, die an anderer Stelle sinnvoller eingesetzt werden könnte. Oder es ist womöglich eine Neueinstellung notwendig, was zusätzliche Kosten nach sich zieht (siehe dazu auch unten den Abschnitt zum Thema Fluktuation).

Außerdem ist kaum damit zu rechnen, dass sich Mitarbeiter unter einer strengeren Kontrolle mehr ins Zeug legen – das Gegenteil ist meist der Fall: Wer sich nicht engagieren möchte, wird Strategien entwickeln, sich der Kontrolle zu entziehen. Zudem steigert vermehrte Kontrolle die Unzufriedenheit der Mitarbeiter, wodurch weitere Angestellte in die innere Kündigung getrieben werden.

Lassen Sie uns dies anhand eines Beispiels betrachten. Nehmen wir ein Unternehmen mit 500 Mitarbeitern. Hard- und Software eines Zeiterfassungssystems inklusive Installation und Schulung des Personals erfordern eine Investition von rund 9.000 Euro. Regelmäßige Software-Updates schlagen mit 900 Euro pro Jahr zu Buche. Zudem muss das System an die Gegebenheiten der Firma angepasst werden, damit die einzelnen Arbeitsschritte angemessen eingegeben werden können. Dies verursacht zusätzliche Kosten von 5.000 Euro. Auch diese Anpassung benötigt ein regelmäßiges Update, das wiederum 500 Euro pro Jahr kostet.

Die erhobenen Daten müssen von der Personalabteilung ausgewertet werden: Dies nimmt 80 Prozent der Zeit einer Arbeitskraft in Anspruch, die ihren Arbeitgeber rund 32.000 Euro im Jahr kostet. 25.600 Euro (80 Prozent des Gehalts; ohne Gemeinkosten) erfordert also die Zeiterfassung zusätzlich im Jahr.

Auf fünf Jahre gerechnet ergeben sich so insgesamt 135.000 Euro (14.000 Euro einmalig sowie 27.000 Euro jährlich).

Das Ergebnis der Zeitkontrolle: In fünf Jahren werden drei Abmahnungen erteilt, insgesamt werden 23 Gespräche wegen mangelnder Leistung geführt.

Für jeden Angestellten kostet die Zeiterfassung 20 Minuten pro Tag. Bei 500 Mitarbeitern fallen somit 166,67 Stunden pro Tag an, 833,33 Stunden pro Woche. Angesichts von durchschnittlichen Arbeitskosten in Höhe von 35.000 Euro pro Jahr kommen in fünf Jahren 3.640.000 Euro zusammen. Insgesamt betragen die Kosten für die Zeiterfassung in einem Zeitraum von fünf Jahren also 3.775.000 Euro.

Hinzu kommen eine verschlechterte Stimmung und eine geringere Motivation, weil die Belegschaft sich durch das mangelnde Vertrauen verletzt fühlt und sich ärgert. Die Arbeitsfreude sinkt. Die Folge ist eine erhöhte Personalfluktuation, die Rate steigt von 4 auf 6 Prozent. So entstehen weitere Kosten von 350.000 Euro im Jahr.

Damit sind wir bei 4.125.000 Euro – eine stattliche Summe. Wäre der gleiche Betrag in eine Steigerung der Mitarbeiterzufriedenheit geflossen, hätte am Ende ein deutliches Plus stehen können.

Dass es auch ganz anders geht, zeigen Beispiele aus Schweden: Im Jahr 2002 reduzierte eine Toyota-Niederlassung in Göteborg die Arbeitsstunden von täglich acht auf sechs bei vollem Lohnausgleich. Das Ergebnis: Die Bilanz wies einen höheren Gewinn aus. Es gab weitere Effekte dank der verringerten Arbeitszeit: Die Zufriedenheit der Arbeitnehmer stieg, der Krankenstand sank signifikant, die Kundenzufriedenheit wuchs dank motivierterem Service.

Diese Arbeitszeitgestaltung, die in Skandinavien nicht selten ist, wird seit Sommer 2014 in Göteborg auch auf kommunaler Ebene getestet: In einem Pilotprojekt arbeiten städtische Angestellte ein Jahr lang sechs statt acht Stunden bei gleichbleibenden Bezügen.

Sicherlich spielen in diesen Beispielen auch weitere Dinge mit hinein, aber sie zeigen: Zufriedenheit legt die Basis für Motivation, die für ein effizienteres Arbeiten und einen zuvorkommenderen Umgang mit Kunden sorgt – bei gleichzeitig sinkendem Krankenstand. Ein minutengenaues Controlling wird auf diese Weise überflüssig, was weitere Kosten vermeidet.

Engagement statt Krankenstand

Wenn wir von einem Unternehmen als Coaches zur Begleitung von Firmenprozessen hinzugezogen werden, fragen wir oft zuerst nach der Abteilung, in der meisten gelben Scheine eingereicht werden. Das ist in der Regel die Abteilung, in der die Probleme eines Unternehmens am deutlichsten zutage treten. In den allermeisten Fällen geht ein hoher Krankenstand mit einer großen Unzufriedenheit der Angestellten einher und die Gründe dafür liegen zumeist – wir sind schon darauf eingegangen – in der Führung.

Gut zu wissen:

Schlechte Führungskräfte machen ihre Mitarbeiter krank, da sie für erhöhten Stress sorgen. Dies belegt der **Stressreport 2012** der Bundesanstalt für Arbeitsschutz und Arbeitsmedizin. Für eine deutliche Verringerung des Drucks hingegen sorgen inhaltliche und zeitliche Spielräume für Mitarbeiter sowie eine gesprächsbereite und unterstützende Führungskraft – mithin: eine menschliche Führung.

Zudem hängt vom Verhalten der Führungskraft direkt ab, ob sich ein Arbeitnehmer dem Unternehmen verbunden fühlt. Dies belegt der *Engagement Index Deutschland* des Gallup Instituts aus dem Jahr 2014. Er betont, dass »die emotionale Mitarbeiterbindung unmittelbar von dem Führungsverhalten des direkten Vorgesetzten beeinflusst« wird. Und die emotionale Bindung hat direkte Auswirkungen auf den Krankenstand. Die Gallup-Studie zeigt: Mitarbeiter ohne emotionale Bindung ans Unternehmen weisen fünf Fehltage mehr auf als ihre emotional stark gebundenen Kollegen.

Gut zu wissen:

Im Schnitt fehlten im Jahr 2014

- Mitarbeiter mit hoher Bindung 3,8 Tage,
- Mitarbeiter mit geringer Bindung 6,5 Tage,
- Mitarbeiter ohne Bindung 8,8 Tage.

Quelle: Gallup, *Engagement Index Deutschland 2014*

Wenn man bedenkt, dass jeder Fehltag ein Unternehmen zwischen 200 und 400 Euro kostet, kommt man bei 100 Mitarbeitern auf erhebliche Summen. Kosten, die sich vermeiden lassen durch eine menschliche Führung.

Aber es bleibt ja nicht bei diesen Fehltagen allein. Fällt eine Kollegin, ein Kollege aus, bleiben Aufgaben unerledigt oder müssen an Mitarbeiter delegiert werden, die nun unter einer stärkeren Belastung stehen als zuvor. Ist das Betriebsklima sowieso schon angeschlagen, kann dies die Stimmung und die innere Bindung zusätzlich beschädigen. Die Folge sind womöglich weitere Fehltage.

Gut zu wissen:

Laut der Gallup-Studie entstehen der deutschen Wirtschaft durch fehlende oder geringe emotionale Bindung von Mitarbeitern an ihr Unternehmen jährlich Kosten in Höhe von 22,3 Milliarden Euro – und dies nur aufgrund von Fehlzeiten: 88,5 Millionen Fehltage insgesamt.

Würden bei einem Unternehmen mit 500 Beschäftigten alle Mitarbeiter nur jene 3,8 Tage pro Jahr fehlen, wie es bei den emotional stark Gebundenen der Fall ist, würde dies eine jährliche Einsparung von 333.000 Euro bedeuten. Bei einem Unternehmen mit 2.000 Mitarbeitern wären es 1,3 Millionen Euro.

Transparenz statt Konflikte

Schwelende Konflikte können ein Unternehmen auf Dauer schädigen. Werden Dissonanzen jedoch von vornherein offen und ehrlich angesprochen und in einem respektvollen, diskussionsoffenen Klima aufgelöst, kann schwerwiegenden Problemen schnell und ohne großen Aufwand vorgebeugt werden. Das klingt vielleicht im ersten Moment banal, doch wenn man bedenkt, dass der volkswirtschaftliche Schaden, den Konflikte in der deutschen Wirtschaft jährlich verursachen, in Höhe von 50 Milliarden Euro liegt – dies schätzt das Institut für die deutsche Wirtschaft –, dann ist es mehr als einsichtig, frühzeitig etwas gegen lähmende Auseinandersetzungen zu unternehmen.

Ein Unternehmen, das nicht menschlich geführt wird, begünstigt zudem Mobbing, in seiner Führungskräftevariante auch Bossing genannt. Der

Mobbing-Report der Bundesanstalt für Arbeitsschutz und Arbeitsmedizin schätzte bereits 2002 die Kosten der Produktionsausfälle durch Mobbing auf rund 12,5 Milliarden Euro – sie dürften in der Zwischenzeit nicht weniger geworden sein. Der Deutsche Gewerkschaftsbund geht von einem volkswirtschaftlichen Schaden in Höhe von bis zu 25 Milliarden Euro jährlich durch Mobbing aus. Hinzu kommt der menschliche Schaden, den ein solches Verhalten anrichtet.

Gut zu wissen:

Die *Konfliktkostenstudie* der Wirtschaftsprüfungsgesellschaft KMPG von 2009 fasst folgende Punkte zusammen:

- 10 bis 15 Prozent der Arbeitszeit in jedem Unternehmen werden für Konfliktbewältigung verbraucht.
- 30 bis 50 Prozent der wöchentlichen Arbeitszeit von Führungskräften werden direkt oder indirekt mit Reibungsverlusten, Konflikten oder Konfliktfolgen verbracht.
- Fehlzeiten aufgrund betrieblicher Ängste und Mobbing am Arbeitsplatz belasten Unternehmen jährlich mit rund 30 Milliarden Euro.
- Die Kosten pro Mobbingfall betragen im Durchschnitt 60.000 Euro.
- Fluktuationskosten, Abfindungszahlungen, Gesundheitskosten aufgrund innerbetrieblicher Konflikte belasten Unternehmen jährlich mit mehreren Milliarden Euro.
- Ein Prozent der Mitarbeiterkosten pro Jahr gehen für unverarbeitete Konflikte verloren.
- Rund 25 Prozent des Umsatzes hängen von der Kommunikationsqualität ab.
- In Betrieben bis zu 100 Mitarbeiter entstehen jährliche Konfliktkosten von 100.000 bis 500.000 Euro. In größeren Betrieben können es auch weit mehr sein

Kreativität statt Angst

Wirklich innovative Produkte oder Dienstleistungen zu erdenken war noch nie einfach. In einer Wirtschaftswelt, die dank der Globalisierung immer enger zusammenwächst, wird dies noch schwieriger, da die Zahl der Mitbewerber außerordentlich gestiegen ist und immer weiter steigt. Die meisten Ideen sind schon einmal gedacht worden – zumeist geht es heute darum, bereits Existierendes zu verbessern und kundenfreundlicher zu machen.

Nun könnte ein Unternehmen ja einfach die Kunden fragen, was sie sich wünschen – das Ergebnis müsste doch ein Verkaufsschlager sein. Doch in der Regel erweist sich dieser Weg als Sackgasse: Kunden wünschen sich in erster Linie das, was sie bereits kennen. Ein Produkt, das ausschließlich nach Kundenideen gestaltet ist, wird grundsolide sein – aber in keiner Weise überraschen. Das ist nicht verwunderlich, denn Kunden sind weder Ingenieure noch Konstrukteure, die in die Zukunft vorausdenken. Das ist schließlich die Aufgabe der produzierenden Industrie. Und Fortschritt entsteht, indem Neues gedacht und gewagt wird.

Natürlich kann man grundsolide Produkte und Dienstleistungen anbieten. Dies ist ein durchaus gangbarer Weg – die Frage ist nur, wie anhaltend der betriebliche Erfolg ist. Denn mit solchen Angeboten steht man nicht allein. Die Konkurrenz ist groß, der eigentliche Unterschied ist oft nur der Preis, der immer weiter unterboten wird – gerade für kleinere Unternehmen wird so das Überleben immer schwieriger. Besonders sie benötigen Innovationen, um sich von Mitbewerbern abzusetzen und ein eigenes, unverwechselbares Profil zu entwickeln.

Dafür ist Kreativität gefragt. Doch leider fördern nur wenige Unternehmen eine Atmosphäre, in der Kreativität gedeihen kann. Kreativität braucht Freiräume, Spielwiesen und Fehlerfreundlichkeit. Denn Neues und Innovatives entsteht in der Regel durch einen langen Prozess von *trial and error* – Versuch und Irrtum. Denken Sie nur an die Erfolgsgeschichte der Post-its: Die Firma 3M, welche die praktischen Klebezettel herstellt, war eigentlich auf der Suche nach einem Superkleber – doch der Klebstoff, der entwickelt wurde, hielt nicht dauerhaft. Eine schlechte Voraussetzung für einen superstarken Kleber. Es dauerte Jahre und mehrere verworfene Ideen, bis das entstand, was heute aus keinem Büro und keinem Haushalt wegzudenken ist: wieder ablösbare Haftzettel. Ein Fehlschlag, der zum Welterfolg wurde.

Es gibt weitere Beispiele dieser Art. Ihnen allen ist gemeinsam, dass aus einem vermeintlichen Misserfolg, einer scheinbaren Fehlentwicklung etwas Neues erwuchs. Hierfür braucht es Spielraum – in mehr als einer Hinsicht. Kreativität lässt sich nicht erzwingen. Ein spielerisches Herangehen an Probleme kann sie jedoch befördern. Nicht jede Idee, die erdacht wird, führt zur Lösung eines Problems – doch sie kann der Ausgangspunkt für weitere Entwicklungen sein. Oder die Lösung für ein ganz anderes Problem darstellen.

Eine offene Fehlerkultur kann Kreativität begünstigen, indem Fehler als Lernchance und Wachstumsmöglichkeit verstanden werden. Leider herrscht in deutschen Unternehmen viel zu oft das Gegenteil vor. Laut der schon im zweiten Kapitel erwähnten Studie der Unternehmensberatung Rochus Mummert beklagt jeder fünfte Deutsche eine »Kultur der Angst« am Arbeitsplatz. Fast jeder zweite hat sogar Angst, etwas falsch zu machen, weil dies Nachteile für ihn bringt. Diese mangelhafte Fehlerkultur begünstigt Alkohol-, Medikamenten- oder Drogenmissbrauch: Jeder sechste Angestellte in Deutschland ist anfällig dafür, so Rochus Mummert.

Ein offener Umgang mit Fehlern ist notwendig, um eine Atmosphäre des Vertrauens zu schaffen, in der Innovationen entstehen können. Unternehmer sollten darum ihre Mitarbeiter ermuntern, Fehler zu kommunizieren: Fehler und Misserfolge legen das Verbesserungspotenzial eine Unternehmens offen.

Gut zu wissen:

Jeder offengelegte Fehler ist eine Chance, etwas zu verbessern, jeder verschwiegene Fehler ist eine teure Stolperfalle, die auch ernsthafte Verletzungen nach sich ziehen kann. Leider wird in Unternehmen oft demjenigen, der Misserfolge und Fehler offen benennt, die Schuld dafür zugeschoben. Bereits bei den alten Griechen wurde der Überbringer schlechter Nachrichten zur Verantwortung gezogen – wir sollten heute klüger sein: In den allermeisten Fällen hat der Mitarbeiter, der eine unangenehme Tatsache offenlegt, nichts mit ihren Ursachen zu tun. Seien es zurückgehende Gewinne oder sinkende Kundenzahlen: Die Gründe hierfür liegen in der Regel in der Unternehmensführung.

Deshalb sollte jede Fehlermeldung willkommen geheißen werden: Sie kann ausschlaggebend für eine künftige Wende zum Besseren sein.

Ebenso sollten Unternehmen ihre Mitarbeiter ermuntern, Verbesserungsvorschläge zu machen – und seien sie auch noch so klein: Das Beispiel der Post-its zeigt, dass daraus Großes entstehen kann.

Gut zu wissen:

Große Konzerne ermuntern schon seit Längerem ihre Mitarbeiter, Verbesserungsvorschläge einzubringen. Wie die *Frankfurter Allgemeine Zeitung* im Mai 2015 berichtete, sparte der Technikkonzern Bosch im Jahr 2014 33,4 Millionen Euro durch die Findigkeit seiner Belegschaft: Fast 23.000 Mitarbeiter haben 47.000 Ideen eingereicht. Der Konzern zahlte dafür Prämien in Höhe von 7,3 Millionen Euro.
Dem Autokonzern Daimler brachten die Ideen der Mitarbeiter Einsparungen von rund 70 Millionen Euro. Diese erhielten dafür Prämien in Höhe von 19 Millionen Euro.

Emotionale Verbundenheit statt Personalfluktuation

Wer sich emotional seinem Arbeitgeber verbunden fühlt, bleibt ihm treu. Dies zeigt der *Engagement Index Deutschland 2014* des Gallup Instituts unmissverständlich: »19 Prozent der Mitarbeiter ohne emotionale Bindung sind aktiv auf der Suche nach einem neuen Arbeitsplatz. Weitere 23 Prozent schauen sich um, suchen aber nicht aktiv. Unter den emotional hoch gebundenen Mitarbeitern ist hingegen nur 1 Prozent der Mitarbeiter aktiv auf Arbeitsplatzsuche und 6 Prozent schauen sich um.«

Angesichts des wachsenden Fachkräftemangels ist es keine gute Ausgangslage, wenn ein großer Teil der Belegschaft dem Unternehmen nicht engagiert zur Seite steht. Personalfluktuation verursacht eine große Summe materieller und immaterieller Kosten, die man im ersten Moment gar nicht so im Blick hat.

Gut zu wissen:

Für ein Unternehmen mit 500 Mitarbeitern ergeben sich nach Berechnungen des Gallup Instituts unter den gegenwärtigen Bedingungen jährlich 617.000 Euro Fluktuationskosten.

Wird einem Mitarbeiter gekündigt, ist zum Beispiel eine Abfindung zu zahlen. Ist der Kollege noch bis zum Ende der Kündigungsfrist im

Unternehmen tätig, wird sein Arbeitseifer deutlich gedämpft sein: Falls er vorher noch nicht innerlich gekündigt hatte, wird dies spätestens jetzt geschehen. So wird weiterhin Gehalt bezahlt, ohne dass es eine adäquate Gegenleistung gibt.

Die Kollegen müssen diese verminderte Arbeitsleistung von nun an ausgleichen. Sie sind dadurch einer höheren Belastung ausgesetzt. Dies wird über einige Monate so bleiben: nicht nur, bis jemand Neues gefunden wurde, sondern bis er zu 100 Prozent eingearbeitet ist. Handelt es sich um eine Fachkraftstelle, können in dieser Zeit nur eingeschränkt neue Projekte angegangen werden, eventuell müssen sogar Kundenaufträge abgelehnt werden, weil die Personaldecke zu dünn ist oder die entsprechende Fachkraft einfach fehlt.

Hinzu kommen Kosten, die durch die Suche nach einem neuen Mitarbeiter entstehen: für Anzeigen, Headhunter, Assessment-Center. Der gesamte Auswahlprozess nimmt eine Menge Zeit in Anspruch, denken Sie nur an die Auswahlgespräche, die mit wirklich interessanten Anwärtern über mehrere Runden gehen. In dieser Zeit bleiben andere Aufgaben liegen, werden an Dritte delegiert – deren Arbeitsaufwand wiederum steigt – oder in Überstunden erledigt.

Ist jemand gefunden, beginnt die Einarbeitungszeit. In der Regel dauert es Monate, bis ein Mitarbeiter das volle Potenzial am neuen Arbeitsplatz entfalten kann. Bis dahin ist er auf Unterstützung verschiedenster Art angewiesen.

Man geht davon aus, dass neue Mitarbeiter in der Einarbeitungszeit rund 70 Prozent ihrer normalen Leistung erbringen. Dem Unternehmen entstehen in dieser Zeit monatliche Kosten in Höhe von 30 Prozent des Monatsgehalts des neuen Mitarbeiters. Hinzu kommen die Mehrleistungen der Kollegen, die diese 30 Prozent der Leistungen ausgleichen müssen.

In den meisten Fällen kommen weitere Kosten hinzu durch Schulungen und Weiterbildungen, denn nur selten ist es ja der Fall, dass jemand gefunden wird, der hundertprozentig auf die ausgeschriebene Stelle passt. Neben Seminarkosten ergeben sich so Abwesenheitszeiten, in denen wiederum Kollegen einspringen müssen. Oder der neue Mitarbeiter absolviert diese Schulungen in der Freizeit, die in irgendeiner Form entgolten werden muss.

Gut zu wissen:

Professor Günther Schust, unter anderem Dozent an der Universität St. Gallen, kommt zu dem Ergebnis, dass beim Wechsel einer qualifizierten Fachkraft Kosten in Höhe vom ein- bis zweifachen Jahresgehalt entstehen. Beim Wechsel einer Führungskraft kann man gar vom zwei- bis dreifachen Jahresgehalt ausgehen.
Die Studie »Kosten mangelnder Mitarbeiterbindung« der Unternehmensberatung WIOG Consulting stützt diese Einschätzung. Eine Befragung von 300 Managern mit mehr als 1.000 Mitarbeitern ergab, dass sich die direkten und indirekten Fluktuationskosten pro Mitarbeiter auf mindestens 36.911 Euro belaufen.

Noch nicht bedacht sind bislang die Kosten, die sich nur schwer in Zahlen fassen lassen. So geht mit jedem Mitarbeiter, der ein Unternehmen verlässt: Wissen verloren – Know-how, das unter Umständen nicht wieder eingebracht werden kann. Da meist die Mitarbeiter den Kontakt zum Kunden halten, wird die Beziehung zum Kunden irritiert, wenn nicht gar gestört. Auch das Image des Unternehmens leidet, wenn Kunden mit einem häufigen Personalwechsel konfrontiert werden.

Jeder Mitarbeiterwechsel wirkt sich außerdem intern stark auf das jeweils betroffene Team aus. Dieses muss sich neu zusammenfinden, sich erneut erschaffen, damit es wieder harmonisch funktionieren kann.

Oben hatten wir es bereits angesprochen und auch schon in Kapitel 4 erörtert: Zukünftig wird im wachsenden Maße der Fachkräftemangel durch den demografischen Wandel spürbar. In einer Studie vom April 2015 kommt die Unternehmensberatung Boston Consulting Group (BCG) zu dem Ergebnis, dass bereits 2030 zwischen 6,1 und 7,8 Millionen Arbeitskräfte in Deutschland fehlen werden. Im schlimmsten Fall wird 2030 der deutschen Wirtschaft ein Schaden von 550 Milliarden Euro entstehen.

Es wird also von Jahr zu Jahr schwieriger werden, gut ausgebildete Mitarbeiter anzuwerben, da diese eine immer größere Auswahl an Arbeitsplätzen haben. Bleibt eine Fachstelle in einem Unternehmen eine Weile unbesetzt, können Aufträge nicht mehr übernommen und ausgeführt werden. Fehlen gleich mehrere Fachkräfte, kann dies ein Unternehmen in die Knie zwingen.

Die Vorteile einer menschlichen Unternehmensführung liegen auf der Hand: Sind Mitarbeiter zufrieden und dem Unternehmen positiv verbunden, bleiben sie ihm treu. Wechselkosten in ihrem materiellen und immateriellen Umfang entstehen gar nicht erst.

Gut zu wissen:

Das Gallup Institut hat errechnet: Reduziert ein Unternehmen mit 500 Beschäftigten den Anteil derjenigen Mitarbeiter, die ohne emotionale Bindung sind, um 5 Prozentpunkte (von 15 auf 10 Prozent) und erhöht gleichzeitig den Anteil der emotional hoch engagierten Mitarbeiter um 5 Prozentpunkte (von 15 auf 20 Prozent), vermindern sich die jährlichen Fluktuationskosten um 92.000 Euro.

Bei Unternehmen mit 2.000 Beschäftigten können auf diese Weise sogar 265.000 Euro eingespart werden und bei Unternehmen mit 30.000 Mitarbeitern 5,5 Millionen Euro.

Sollte es dennoch zu einem Wechsel kommen, werden die Kosten geringer sein, denn es wird nicht nur eine Win-win-Situation mit dem scheidenden Mitarbeiter gesucht werden, dieser wird außerdem seine Arbeitskraft in der Übergangsphase zwischen Kündigung und tatsächlicher Beendigung des Arbeitsverhältnisses nicht so reduzieren, als wenn er innerlich gekündigt hätte.

Die frei gewordene Stelle wird umso schneller wieder besetzt werden können, je attraktiver der Arbeitgeber für Fachkräfte ist. Dies ist nicht allein eine Frage des monetären Anreizes. Gehalt ist Mitarbeitern oft weniger wichtig, als Unternehmen vermuten. In Umfragen, die wir in mittleren und größeren Firmen durchgeführt haben, landete das Gehalt auf dem siebten Rang. Weitaus wichtiger sind Arbeitnehmern Zukunftsperspektiven (Platz eins), ein fairer Umgang miteinander (Platz zwei) und Informationen über die Entwicklung des Unternehmens (Platz drei).

Gut zu wissen:

Dies bestätigt auch der Gallup *Engagement Index Deutschland 2015:* Auf die Frage, was sie tun würden, wenn sie durch eine Erbschaft ausreichend

Geld zum Leben hätten, antworteten 74 Prozent aller Arbeitnehmer: weiterhin ihrer Arbeit nachgehen.

Geld ist also nicht der alleinige Anreiz zur Arbeit.

Ist Ihr Unternehmen bekannt für seine menschliche Arbeitsatmosphäre, werden sich Fachkräfte von ganz allein bei Ihnen bewerben, weil sie für Sie tätig werden wollen. Hilfreich ist hierfür zum Beispiel der Titel »Bester Arbeitgeber«. Das Forschungs- und Beratungsinstitut Great Place to Work kürt jährlich die besten Arbeitgeber auf lokaler, überregionaler und europäischer Ebene in verschiedenen Branchen und in verschiedenen Größenkategorien. Angesichts des sich verschärfenden Wettbewerbs um qualifizierte Fachkräfte ist so eine Auszeichnung ein förderliches Prädikat. Für das in diesem Buch porträtierte Unternehmen orderbase Consulting (siehe Ende Kapitel 2) war die erste Bewerbung um den Titel als bester Arbeitgeber die Initialzündung, sich mit Mitarbeiterorientierung und menschlicher Unternehmensführung auseinanderzusetzen, wie uns die Geschäftsleitung berichtete. Und Sie sehen, was daraus geworden ist: eine Erfolgsgeschichte.

Ein gutes Image in der Gesellschaft

Es wird künftig also immer wichtiger werden, gute Mitarbeiter zu finden und zu halten. Dabei ist es von Vorteil, wenn Ihr Unternehmen einen guten Ruf hat. Aber wie erwirbt sich eine Firma einen solchen? Es fängt mit der fairen und menschlichen Behandlung der Belegschaft an.

Erinnern Sie sich an das schlechte Image, das der Drogeriemarkt Schlecker hatte? Das absolute Gegenteil zum positiven Bild seines direkten Konkurrenten dm. Schlecker beutete seine (in erster Linie) Mitarbeiterinnen aus und überwachte und kontrollierte sie auf unmenschliche und gesetzeswidrige Weise. Je mehr davon bekannt wurde, umso mehr Kunden boykottierten die Kette, was diese letztlich in die Insolvenz trieb.

Ganz anders das Image des Drogisten dm: Dieses Unternehmen wurde in einer Studie des Nachrichtenmagazin *Focus* in Zusammenarbeit mit dem sozialen Netzwerk XING im Januar 2014 zum zweiten Mal in Folge zu Deutschlands beliebtestem Arbeitgeber im Einzelhandel gewählt (nicht zu verwechseln mit dem gerade erwähnten Wettbewerb *Great Place to Work*). dm setzt sich für sein Mitarbeiterinnen und Mitarbeiter und ihre Familien ein, wofür der Konzern schon mehrfach ausgezeichnet wurde, verfolgt einen anthroposophischen Ansatz und engagiert sich gesellschaftlich und kulturell. Die Kunden belohnen dies mit Treue: 48 Prozent sind Stammkunden – ein äußerst beachtlicher Anteil.

Steht ein Unternehmen zu seinen Werten und behandelt seine Belegschaft respektvoll und wertschätzend, dann überträgt sich dies nach außen. Lieferanten und Kunden nehmen es wahr und wertschätzen es ihrerseits.

Es gibt Firmenleitungen, die denken, es reicht, einem Kindergarten oder Sportverein eine beachtliche Summe Geld zu spenden – am besten mit großem Foto in der Lokalzeitung von der Scheckübergabe. Doch geht dies nicht einher mit einem menschlichen Umgang innerhalb des Unternehmens, erkennen Außenstehende schnell, dass es sich hierbei nur um eine PR-Maßnahmen handelt: ein Schönheitspflaster, das die menschlichen Defizite der Firma verbergen soll. Konsequent gelebte Menschlichkeit inner- wie außerhalb eines Unternehmens braucht solche Spielchen nicht.

Ein faires und respektvolles Miteinander legt den Grundstein für einen guten Ruf als Arbeitgeber, was den Boden bereitet für ein gutes Image in der Gesellschaft. Auf diese Weise steigt der Bekanntheitsgrad des Unternehmens, was nicht nur den Kundenkreis erweitert, sondern auch die Chancen erhöht, auf dem Kapitalmarkt Unterstützung zu erhalten.

Gut zu wissen:

Emotional stark gebundene Angestellte stehen auch nach außen für ihren Arbeitgeber ein und vertiefen so dessen guten Ruf: 75 Prozent von ihnen würden Freunden und Verwandten ihren Arbeitgeber als einen hervorragenden Arbeitsplatz empfehlen. Zu diesem Ergebnis kommt der *Engagement Index Deutschland* 2015 des Gallup Instituts.
Von den emotional gering Gebundenen würden dies nur 27 Prozent tun, von jenen Mitarbeitern ohne Bindung lediglich 3 Prozent.

Mit wachsendem Bekanntheitsgrad und einer soliden Kapitalbasis verbessern sich die Marktchancen, was wiederum den Aufbau einer Marke befördert – wie es zum Beispiel dm gelungen ist. Damit fällt es Unternehmen leichter, auf enger werdenden Märkten eine Alleinstellungsposition zu erreichen.

Ohne positives Image keine erfolgreiche Marke – und ohne eigene Marke keine erfolgreiche Zukunft. Dies lässt sich nicht in einen konkreten Ertrag umrechnen – doch die Vorteile liegen klar auf der Hand.

Sog-Marketing statt Kundenabwanderung

Über den Zusammenhang von menschlicher Unternehmensführung und erfolgreicher Kundenbindung haben wir bereits gesprochen. An dieser Stelle möchten wir das Gesagte deshalb nur kurz ergänzen.

Zufriedene Mitarbeiter sind im Umgang mit Kunden engagierter und verbindlicher – und dies nicht, weil sie sonst Ärger mit ihrem Vorgesetzen bekämen, sondern weil sie aus innerem Antrieb daran interessiert sind, dem Kunden zu helfen und auf seine Wünsche einzugehen. Dies ist – wie schon erwähnt – bei wachsendem globalen Wettbewerb, bei dem alle Teilnehmer nahezu identische Produkte oder Dienstleistungen zu immer günstigeren Preisen anbieten, der entscheidende Wettbewerbsvorteil. Denn gerade die Kundenbindung wird künftig marktentscheidend sein.

Wirkliche Stammkundschaft entsteht nur, wenn Kunden aus ganzem Herzen dem Unternehmen zugetan sind. Wenn sie nicht nur Kunden, sondern wirkliche Fans sind. Nur dann werden sie das Unternehmen weiterempfehlen – und etwas Besseres kann Ihnen gar nicht passieren: Es entsteht ein *Sog-Marketing*. Statt dass Sie auf Kunden zugehen müssen, also ein sogenanntes Druck-Marketing betreiben, kommen diese zu Ihnen, weil sie von Ihren Produkten, Ihren Dienstleistungen und vor allem von Ihrem Service überzeugt sind. Das spart nicht nur Kosten, sondern auch Zeit, da keine aufwendigen Mailings, Anzeigenkampagnen oder Telefonmarketing mehr notwendig sind.

Gut zu wissen:

Auch bei diesem Aspekt zeigt sich, wie unschätzbar wertvoll emotional stark gebundene Mitarbeiter sind: Laut Gallup *Engagement Index Deutschland 2015* sind 78 Prozent von ihnen so überzeugt von den Produkten und Dienstleistungen ihres Arbeitgebers, dass sie diese an Freunde und

Familienangehörige weiterempfehlen. Sie werden aus freien Stücken ehrenamtliche Markenbotschafter ihres Unternehmens.
Von den Mitarbeitern mit geringer Bindung empfehlen lediglich 46 Prozent die Produkte und Dienstleistungen ihres Arbeitgebers, von jenen ohne Bindung sind es gerade einmal 16 Prozent.

Ein weiterer Vorteil im Umgang mit Kunden, die vom Unternehmen begeistert sind: Honorarverhandlungen werden einfacher, weil ein größeres Vertrauen auf beiden Seiten herrscht. Die Kunden vertrauen darauf, dass sie einen adäquaten Gegenwert für ihr Honorar erhalten, die Unternehmen können sich sicher sein, dass dank einer langfristigen Bindung ein Entgegenkommen sich auszahlt. Aus dem gleichen Grund können Konflikte schneller und ohne schädliche Nachwirkungen gelöst werden.

Auch dies lässt sich nicht mit harten Zahlen beziffern – aber Sie können sich ausrechnen, was der Wegfall eines wichtigen Kunden für Ihr Unternehmen bedeutet. Allein schon daraus ergibt sich der eindeutige Vorteil, der in einem guten Image, einer soliden, auf Wertschätzung basierenden Kundenbindung und einer menschlichen Unternehmensführung liegt.

Kapitel 6: Menschlichkeit und der Return on Investment

Unsere Wirtschaft ist in höchstem Maße zahlenorientiert. Nur was sich in Ziffern ausdrücken lässt, erhält in ihr Gewicht. Dies ist schon seit Jahrhunderten so. Es war Leonardo Pisano, auch Fibonacci genannt – er ist der Namensgeber für die bekannte Fibonacci-Folge, einer unendlichen Folge natürlicher Zahlen, die mathematisch bemerkenswert sind und außerdem offenbar ein Wachstumsmuster der Natur abbilden. Doch zurück zu Fibonacci selbst: Er war es, der Anfang des 13. Jahrhunderts die indisch-arabischen Zahlen in Europa bekannt machte – mittels seines Buches *Liber abaci* (auch: *abbaci*), das im Jahr 1202 erschien. Damit legte er den Grundstein des Dezimalsystems im Abendland und schuf die Basis für das Rechnungswesen des Handels.

In den nächsten zwei Jahrhunderten kamen Neuentwicklungen wie das Personen- und das Sachkonto hinzu. Die erste geschlossene Darstellung der doppelten Buchführung (die ja noch heute gültig ist) stammt vom italienischen Mathematiker und Franziskanermönch Luca Paciola, der in seinem Buch *Summa de Arithmetica, Geometria, Proportioni et Proportionalità* (1487 fertiggestellt, 1494 gedruckt) das mathematische Wissen seiner Zeit bündelte.

Zwar ist seitdem noch die Kostenrechnung, die operative Planung, das Controlling und Weiteres hinzugekommen – doch im Grunde hat sich das Rechnungswesen seit dem Mittelalter nicht mehr grundlegend verändert: Es geht um die Ermittlung eines Ergebnisses in Form einer Zahl, um ein Unternehmen zu bewerten und zu leiten. Zugunsten von Ziffern werden weichere Faktoren vernachlässigt. Allein mithilfe von Kennziffern sollen Unternehmen gelenkt und in den Erfolg geführt werden.

Doch wie wir alle wissen und Tag für Tag erfahren: Wirtschaft und Unternehmensführung ist sehr viel komplexer. Um dieser Komplexität Herr zu werden, greifen wir zwar auf Formeln und Kennzahlen zurück, doch nicht immer helfen diese uns wirklich. Oft genug führen sie uns in die Irre.

So kann ein Unternehmen am Ende eines Geschäftsjahres gut dastehen, wenn alle Zahlen erfreulich erscheinen. Doch schon wenige Monate später geht es den Bach runter, weil zu kurz gedacht wurde, weil Investitionen länger brauchen, um zu greifen, weil die Zahlen nun mal nur einen Teil der Wirklichkeit widerspiegeln.

Unternehmen sind keine Maschinen, die nach schlichtem Input-Output-Prinzip funktionieren: Sie sind Organsimen mit eigenen Strukturen und eigenen Kulturen, in denen Menschen arbeiten, die denken und fühlen. Ob diese engagiert sind und gern arbeiten oder ihren Arbeitgeber heimlich sabotieren oder sich in Grabenkämpfen gegenseitig blockieren, lässt sich in Zahlen und Ziffern nur schlecht abbilden, hat aber ungeheure Auswirkungen auf den Erfolg des Unternehmens.

Deshalb ist es so wichtig, auch »weichere« Aspekte und Einflüsse einzubeziehen und Entwicklungen zu beachten, die sich nicht immer nur von Geschäftsjahr zu Geschäftsjahr erstrecken, sondern über einen längeren Zeitraum.

Vor diesem Hintergrund scheint es paradox, wenn wir Ihnen nun Wege vorstellen wollen, mit denen Sie Investitionen in Menschlichkeit in Zahlen übersetzen und ihre Rendite ermitteln. Doch bei allem Wunsch, es wäre anders: Die Zahlenorientierung bestimmt nun einmal das Denken in den Unternehmen. Um auch die Kopfmenschen und Controller unter Ihnen zu erreichen und zu überzeugen, werden wir in diesem Kapitel zeigen, dass sich Menschlichkeit rechnet.

Ihnen wie uns sollte dabei aber stets klar sein: Jede Werteermittlung auf Zahlenbasis kann nur eine Komplexitätsreduktion sein, ein vereinfachendes Hilfsmittel, um sich der Realität anzunähern – nicht, um sie abzubilden.

Fallbeispiel: die ineffiziente Rechnungsabteilung

Stellen Sie sich folgende Ausgangssituation vor: In einem Unternehmen benötigt die Rechnungsabteilung immer zehn Tage, um Rechnungen zu versenden. Von diesen Rechnungen sind in der Regel 6 Prozent falsch und werden von jenen, welche die Rechnungen zu begleichen haben, natürlich reklamiert.

Die Mitarbeiter aus dem Forderungscontrolling sind überlastet und mit ihrer Arbeit im Rückstand, deshalb erhalten Kunden erst nach 21 Tagen die erste Zahlungserinnerung, obwohl die Rechnungen mit sieben Tagen Fälligkeit ausgestattet sind.

Um diesen Missstand zu beheben, wird ein externer Berater zugezogen, der nach den Prinzipien der Menschlichkeit an die Situation herangeht. Die Analyse der Hintergründe, in die alle Mitarbeiter mit einbezogen werden, ergibt Folgendes: Die Software, mit der die Rechnungsabteilung arbeitet, ist sehr kompliziert und schwer verständlich, dies verzögert die Abläufe. Zudem bremst ein Mitarbeiter die Abteilung aus; die Führungskraft ist mit diesem Mitarbeiter überfordert und kann ihn nicht zur Räson bringen. Deshalb verteilt sie Aufgaben in der Regel an neuere Mitarbeiter. Diese verfügen aber noch nicht über ausreichend Erfahrung und Struktur, um die überantworteten Aufgaben in der vorgesehenen Zeit zu bewältigen.

Als Lösung erarbeitet der externe Berater mit der Führungskraft und den Mitarbeitern Folgendes: Die Software wird vereinfacht und an die Anforderungen der Abteilung angepasst. Interne Schulungen machen die Mitarbeiter mit der Software und den Arbeitsabläufen besser vertraut. Gemeinsam erarbeitet die Abteilung verbindliche Leitwerte für die Zusammenarbeit und den Umgang miteinander. Die Führungskraft erhält ein Coaching, um einen Weg zu finden, den schwierigen Mitarbeiter zu erreichen und einzubinden. Auch jener Mitarbeiter erhält ein Coaching, um ihn besser in die Abteilung zu integrieren.

Die Kosten für diese Maßnahmen liegen bei insgesamt 16.000 Euro. Nicht gerade wenig.

Das Resultat spricht jedoch für sich: Nach der Umsetzung gehen die Rechnungen nach zwei Tagen raus, nach neun Tagen erhält der Kunde eine erste freundliche Zahlungserinnerung. Die Rechnungen sind nun außerdem zu 99 Prozent korrekt, sodass es weniger Reklamationen gibt. Dies beides bewirkt, dass das Unternehmen nach außen hin als professioneller und souveräner als zuvor wahrgenommen wird.

Zudem wird die Reklamationsabteilung entlastet, die ja im Falle eines Rückläufers durch Telefonate und Rückfragen erst einmal den Sachverhalt klären muss. Ebenso reduziert sich der Aufwand für die Rechnungsabteilung, die nun diese Fragen nicht mehr mit der Reklamationsabteilung erörtern muss. Durch den schnelleren Ausgleich der Forderungen verfügt das Unternehmen über eine bessere Liquidität, eigene Forderungen können nun mit Skonto beglichen werden.

Nach einem Jahr ergibt sich folgende Rechnung: Durch den schnelleren Ausgleich von Rechnungen werden Überziehungszinsen auf dem Girokonto gespart; die Spitze von 56.000 Euro im Soll konnte abgebaut werden. Dies bedeutet für das Jahr einen Durchschnittsbetrag von 3.640 Euro (Zinsvorteil auf ein Jahr: 56.000 Euro × 6,5 Prozent Girozinssatz).

Um die Auswirkungen der Maßnahmen richtig ermessen zu können, wählte das Unternehmen einen Betrachtungszeitraum von fünf Jahren. Auf diese Zeitspanne errechnet ergibt sich ein Zinsgewinn von 18.200 Euro. Der Vorteil aus den Skontozahlungen beträgt pro Jahr 1.000 Euro – für den gewählten Zeitraum also 5.000 Euro.

Durch das Coaching des schwierigen Mitarbeiters wurde deutlich, dass dieser innerlich gekündigt hatte und darauf aus war, die Abteilung und das Unternehmen zu schädigen. Das Coaching und auch die Wertevereinbarung der Abteilung führten dazu, dass er einsah, dass es für alle Beteiligten besser wäre, wenn er kündigte. Dies tat er auch.

Die Wertevereinbarung bewirkte zudem, dass die Abteilung sich stärker als Team empfand. Dies wie auch die EDV-Schulung führte dazu, dass die Mitarbeiter motivierter waren und ihre Aufgaben schneller bewältigen konnten. Die Kündigung des schwierigen Kollegen konnte deshalb ohne Probleme durch das Team aufgefangen werden. Insgesamt gab es weniger Überstunden im Rechnungswesen und in der Reklamation.

Die Ersparnis im Personalbereich betrug 56.000 Euro im Jahr. Auf fünf Jahre bezogen ergibt dies einen Betrag von 280.000 Euro.

Die Investitionen von 16.000 Euro hat also einen Ertrag von 303.200 Euro erbracht.

Was in dieser Rechnung aber nicht enthalten ist: Vor der Arbeit mit dem externen Berater fühlte sich die Abteilung innerhalb des Unternehmens kaum wahrgenommen und als zweitrangig hinter Produktion und Vertrieb. Nun veränderte sich das Selbstbild, die Mitarbeiter fühlten sich wieder stärker als Teil des Ganzen.

Da zudem das Problem durch die gemeinsame Anstrengung des Rechnungswesens gelöst wurde und durch die Selbstvergewisserung durch die gemeinsam erarbeiteten Leitwerte, fühlte sich die Abteilung insgesamt gestärkt. Das Coaching der Abteilungsleitung hatte zu einer veränderten Führung geführt: zu einer, die sich an Menschlichkeit orientiert. Die Führungskraft kann sich nun besser verstehen als Unterstützung der Mitarbeiter. Dies alles verbessert die Stimmung und die Motivation innerhalb der Abteilung spürbar.

Und es strahlt auf das ganze Unternehmen aus: Die Erfolge haben die Unternehmensleitung überzeugt, den eigenen Führungsstil zu überdenken. Gegenseitige Wertschätzung wird nun dem Umgang miteinander zugrunde gelegt. Inzwischen wurden mehrere abteilungsübergreifende Projekte angestoßen, die frühere Gräben einebnen, das Zusammenspiel verbessern und interne Konflikte verringern.

Eine Erfolgsgeschichte also. Sie zeigt, wie ein menschlicher Umgang miteinander Früchte trägt: finanzielle wie immaterielle. Sie zeigt aber auch, wie schwierig es ist, die immateriellen Auswirkungen zu messen.

Kennzahlen für Menschlichkeit

Will man berechnen, ob sich Menschlichkeit rechnet, bietet sich eine bekannte Kennzahl an: der Return on Investment (ROI), der Ertrag von Investitionen. Dieser stützt sich in der Regel auf Hard Facts, auf einfach messbare Daten wie Kosten, Umsätze, Zinsen, Produktivität, Zeit und Ähnliches.

Für die Ermittlung des ROI für Menschlichkeit müssen aber weichere Faktoren Eingang ins Modell finden: Auswirkungen, die nur indirekt messbar sind und sich nur schwer in Zahlen fassen lassen wie zum Beispiel Transparenz, Vertrauen, Zufriedenheit. Deshalb ist es wichtig, einen Weg zu finden, diese indirekten Folgen zu erfassen. Außerdem müssen wir darauf achten, dass jeweils die tatsächlichen Effekte einzelner Maßnahmen ermittelt werden. Es geht also darum, die Datenermittlungen sauber voneinander abzugrenzen. Im Anschluss werden dann die ermittelten Effekte berechenbar gemacht und finanziell bewertet.

Die grundsätzliche Formel für den ROI lautet:

$$\text{ROI} = \frac{\text{Gewinnanteil}}{\text{Kapitaleinsatz}}$$

Für unsere Zwecke müssen wir sie etwas modifizieren. Vor allem benötigen wir zwei Werte: zum einen all das, was in Menschlichkeit investiert wird; zum anderen all das, was als direkte oder indirekte Folge daraus resultiert.

Investitionen, also der Kapitaleinsatz, können neben Geld und Zeit unter anderem auch Verständnis, Zugewandtheit oder Unterstützung sein. Die Resultate beziehungsweise der Gewinnanteil sind neben Geld und Zeit zum Beispiel Wettbewerbsvorteile, bessere Kundenbeziehungen, erhöhte Attraktivität als Arbeitgeber, größere Glaubwürdigkeit und Ähnliches.

Wie Sie unschwer erkennen: Die Erträge liegen nicht immer als reiner Wert vor, sondern resultieren aus einer Veränderung wie beispielsweise gestiegene Kundenzufriedenheit. Deshalb ist es wichtig, vor der Bestimmung des Return on Investment die Basiswerte zu ermitteln, um eine Veränderung angemessen einordnen zu können.

Und um überhaupt Gewinn und Kapitaleinsatz errechnen zu können und ein aussagekräftiges Ergebnis zu erhalten, benötigen wir eine gemeinsame Bewertungseinheit. Andernfalls bekämen wir nur absurde Ergebnisse – denn wie könnten wir die Wertschätzung der Mitarbeiter ins Verhältnis zu den Kundenbeziehungen setzen, wenn wir keine angemessene Maßeinheit haben? Sinnvoll ist deshalb die Angabe von Veränderungen in Prozentwerten.

Sie sehen: Die Formel ist im Grunde sehr einfach. Die Herausforderung ist die Ermittlung der Basiswerte. Schauen wir uns dies deshalb ein wenig genauer an – und zwar beispielhaft anhand der Elemente von Menschlichkeit, die wir in Kapitel 1 beschrieben haben.

In Teil drei dieses Buches geht es dann ganz konkret um die Umsetzung von Maßnahmen zur Steigerung von Menschlichkeit im Unternehmen, um die Messung von Veränderungen und um deren Bewertung im Rahmen einer Menschlichkeitsbilanz.

Menschlichkeit gegenüber anderen

Beginnen wir mit dem ersten Bereich: der Menschlichkeit gegenüber anderen. Der Kapitaleinsatz besteht hier in Wertschätzung, Anerkennung, Respekt – ein solches Verhalten ist in erster Linie eine Frage der Einstellung. Das kostet zunächst einmal kein Geld. Doch eventuell investieren Sie in Weiterbildung, zum Beispiel indem Sie ein Seminar zum Thema wertschätzender Umgang besuchen.

Der Kapitaleinsatz besteht dann aus den Seminargebühren und dem Zeitaufwand für Sie. Die investierte Zeit lässt sich mithilfe Ihres persönlichen Stundensatzes in Euro übertragen, sodass wir den Kapitaleinsatz als Geldwert darstellen können:

Seminargebühr:	500 Euro
Dauer des Seminars: 8 Stunden à 50 Euro (persönlicher Stundensatz):	400 Euro
Kapitaleinsatz:	**900 Euro**

Gehen wir einen Schritt weiter: Der wertschätzende, respektvolle Umgang mit anderen, den Sie von nun an pflegen, bedeutet unter anderem, dass Sie aktiv zuhören. Das heißt: Sie nehmen sich Zeit für Mitarbeiter und Kollegen.

Wie zuvor lässt sich der zusätzliche Kapitaleinsatz anhand des Stundensatzes einfach in Euro ermitteln.

Da wir das investierte Kapital nun als Geldwert bestimmt haben, müssen wir auch den Gewinn beziehungsweise den Nutzen in Euro darstellen. Das geht nur über Umwege: Mitarbeiter, die Wertschätzung, Anerkennung und Respekt erfahren, fühlen sich in der Regel an ihrem Arbeitsplatz wohler und zufriedener als andere. Das ist zunächst nicht in Euro umrechenbar. Aber es hat indirekte Auswirkungen – wir erwähnten sie bereits: eine geringere Krankenquote, sinkende Personalfluktuation, höhere Motivation, weniger Kundenbeschwerden und Weiteres.

Nehmen wir einmal an, aufgrund des wertschätzenden Umgangs miteinander sinkt die Krankenquote im Unternehmen um zehn Arbeitstage. Nehmen wir außerdem an, das durchschnittliche Monatsgehalt eines Mitarbeiters beträgt 3.000 Euro. Bei 20 Arbeitstagen im Monat liegt der Ertrag für das Unternehmen in diesem Beispiel bei 1.500 Euro.

In Relation zum Kapitaleinsatz (Seminar und Zeitaufwand) ergibt sich folgende Rechnung:

$$\text{ROI für Menschlichkeit} = \frac{1.500 \text{ Euro}}{900 \text{ Euro}} \text{ in \%} = 167\ \%$$

Um die Veränderung ermessen zu können, muss zuvor der Ist-Zustand beziehungsweise den Ausgangszustand erfasst werden. Bevor also Maßnahmen zur Umsetzung von Menschlichkeit im Unternehmen ergriffen werden, sollten verschiedene Kennzahlen erhoben werden: die aktuelle Krankenquote, die Personalfluktuation, die Zahl der Initiativbewerbungen, Zahl der Kundenbeschwerden (gemessen in einem bestimmten Zeitraum) und ähnlich Aussagekräftiges je nach Branche und Unternehmen. In festgelegten Abständen werden dann Veränderungen gemessen.

Um ein eindeutiges Ergebnis zu erhalten, ist es sinnvoll, gezielt einzelne Maßnahmen umzusetzen, nicht gleich viele auf einmal. So ist es einfacher, zuzuordnen, welche Maßnahme tatsächlich zum Erfolg führt.

Weitere Erträge können sein: Die Mitarbeiter sind produktiver und effektiver; sie erzielen mehr Umsatz; es gibt weniger Konflikte im Unternehmen; Konflikte werden schneller gelöst – denken Sie nur an unser obiges Fallbeispiel.

Denkbare weitere Kapitaleinsätze sind zum Beispiel Mitarbeiterbefragungen und Aufwendungen für Coaching.

Menschlichkeit und Kommunikation

Unter dem Stichwort »Menschlichkeit und Kommunikation« haben wir im ersten Kapitel die Aspekte »einfach und ehrlich« Authentizität und offene Kommunikation genannt. Ein für uns besonders wichtiger Bereich, zu dem neben der Kommunikation innerhalb des Unternehmens natürlich auch die Kommunikation mit Kunden und Geschäftspartnern gehört. Außen vor bleiben in unserem Fall die Informations- und Publikationspflichten von Unternehmen, da es sich hierbei ja weniger um Dialoge handelt.

Direkte Kosten im Bereich Kommunikation können sein: Investitionen in Weiterbildungen, in interne Schulungen, in Audits und Ähnliches. Hinzu kommt ein höherer Zeitaufwand (und damit entsprechend höhere Kosten), um eine hilfreiche und effiziente Kommunikation zu erreichen.

Weiterer Kapitaleinsatz wäre zum Beispiel:

- Kosten für Kundenbefragungen
- Kosten fürs Beschwerdemanagement (Personal- und Sachkosten)
- Kosten aufgrund schlechterer Kreditkonditionen wegen einer ungünstigen Kommunikation mit Kreditgebern

- Kosten aufgrund schlechterer Einkaufskonditionen wegen einer unschönen Kommunikation mit Lieferanten
- Kosten für Werbung und Repräsentationen

Darüber hinaus bedarf es für eine offene, ehrliche, authentische Kommunikation keinerlei weiterer Aufwendungen – im Gegenteil: Sie spart Geld, indem sie Konflikte verringert und Anliegen deutlich und klar vermittelt.

Auf der Zählerseite finden sich demnach folgende Erträge:

- hohe Effizienz der Bearbeitungsprozesse im Unternehmen
- geringere Reklamationsraten
- wachsende Kundenzufriedenheit
- günstige Fremdkapitalzinsen
- sehr gute Einkaufskonditionen

Um den Ist-Zustand für den Aspekt Kommunikation zu erfassen, können Sie zum Beispiel folgende Daten erheben – und natürlich ihre Veränderung messen:

- Anzahl der Kunden beziehungsweise der Neukunden
- Anzahl der Stammkunden
- Prozentsatz der zufriedenen Kunden
- Anzahl der Reklamationen
- Facebook-Likes
- Bewertung in anderen sozialen Medien
- Präsenz in den Medien (negativ wie positiv)

Dass eine schlechte beziehungsweise fehlende Kommunikation zu hohen materiellen wie immateriellen Kosten führt, zeigt die Dieselaffäre des Volkswagen Konzerns, die Ende 2015 ihren Anfang nahm: Nicht nur hat die Rückrufaktion für viele Millionen Fahrzeuge sehr viel Geld gekostet – auch das Image von VW hat gelitten: Der Aktienkurs sackte um rund 40 Prozent ein. In welcher Weise sich der Imageverlust mittel- und langfristig auf die Einnahmen auswirkt – zum Beispiel durch geringere Fahrzeugverkäufe –, bleibt abzuwarten.

Was für den Konzern in dieser Situation sinnvoll wäre, wären hohe Investitionen von Zeit und Geld in Menschlichkeit, denn was VW im Augenblick ganz besonders benötigt, sind loyale und einsatzbereite Mitarbeiter. Sie sind es letztlich, welche die Schieflage wieder richten müssen.

Gut zu wissen:

Ein gutes Image, Menschlichkeit im Umgang miteinander und eine menschliche Kommunikation – das macht Unternehmen zu attraktiven Arbeitgebern. Zu diesem Ergebnis kommt die *Top Job-Trendstudie 2015* der Universität Sankt Gallen. Und wie die Studie zudem zeigt: Arbeitgeberattraktivität zahlt sich auch wirtschaftlich aus.
Ein Vergleich der attraktivsten und der unattraktivsten Unternehmen der Studie ergab, dass die attraktivsten unter ihnen folgende positive Effekte erzielten:

- Gesamtleistung: +16 Prozent
- Innovation: +12 Prozent
- Kundenbegeisterung: +12 Prozent

Quelle: *Uni St. Gallen: Top Job-Trendstudie 2015*

Eine weitere Studie der Universität Sankt Gallen, eine Befragung von 16.000 Mitarbeiterinnen und Mitarbeitern aus rund 100 mittelständischen Unternehmen zum Thema Performancekultur, ergab, dass für eine gesunde Performancekultur vor allem folgende Punkte wichtig sind: gesunde Selbstführung, Sinnhaftigkeit der Arbeit, Wertschätzung, Fordern und Fördern. Diese Maßnahmen beeinflussen die individuelle Gesundheit der Mitarbeiter sowie des gesamten Unternehmens positiv – und das wiederum wirkt sich positiv auf die Mitarbeiter aus:

- Wohlbefinden: +30 Prozent
- Engagement: +19 Prozent
- Unternehmensleistung: +15 Prozent
- Kündigungsabsichten: -75 Prozent
- destruktives Engagement: -65 Prozent
- Resignation: -51 Prozent

Diese Prozentergebnisse zeitigen keine unmittelbaren Auswirkungen – doch die mittelbaren Folgen sind nicht von der Hand zu weisen:

- geringere Fluktuation (geringere Transaktionskosten)

- Steigerung der Produktivität (durch geringere Resignation und weniger destruktives Engagement)

Quelle: *Uni St. Gallen: Top-Job Trendstudie: »Gesunde Führung« 2013*

Innere Stärke

Bei diesem Bereich geht es, wie wir in Kapitel 1 beschrieben haben, in erster Linie um (Selbst-)Verantwortung, Vertrauen und Selbstvertrauen. Für Führungskräfte steht dabei im Mittelpunkt, Mitarbeiterinnen und Mitarbeiter so zu fördern, dass sie selbstverantwortliche und selbstbewusste Mitglieder des Unternehmens werden.

Dazu bedarf es vor allem Vertrauen der Führungskräfte in ihre Mitarbeiter. Der Kapitaleinsatz besteht in Zeit und Mut. Mut lässt sich jedoch in unserem Zusammenhang nicht bewerten und beziffern. Konzentrieren wir uns also auf den ersten Faktor: auf die Zeit.

Der erste Schritt für die Unternehmensleitung besteht darin, herauszufinden, ob alle Mitarbeiter fachlich und persönlich in der Lage sind, die von ihnen erwartete Verantwortung zu übernehmen. Dies zu erheben nimmt zunächst Zeit in Anspruch.

Das Ergebnis kann dazu führen, dass manche Stellen umbesetzt werden oder dass fachliche Fortbildungsmaßnahmen notwendig sind. Um das Selbstvertrauen zu stärken, sind vielleicht Seminare und Coachings aus dem Bereich der Persönlichkeitsentwicklung sinnvoll. Dieser Kapitaleinsatz ist recht leicht zu berechnen.

Gestatten Sie uns ein Beispiel aus unserem Erfahrungsbereich: den Steuerkanzleien. Wenn einer Mitarbeiterin, einem Mitarbeiter Verantwortung übertragen wird, dann verursacht dies zunächst einmal keine Kosten. Das Risiko dabei ist allerdings, dass der Arbeitskraft zu viel oder auch zu wenig Verantwortung zugemutet wird.

Wer zu wenig Verantwortung hat, fühlt sich schnell unterfordert und kündigt innerlich. Der Kapitaleinsatz besteht in diesem Fall in dem nicht ausgeschöpften Potenzial der Mitarbeiterin oder des Mitarbeiters beziehungsweise in einer ineffizienten Arbeitsweise.

Wird zu viel Verantwortung übertragen, fühlt sich die Arbeitskraft überlastet, sie wird unter Umständen den Anforderungen eines Mandanten nicht gerecht. So können Fehler entstehen, die womöglich einen Schadenersatz durch die Kanzlei erfordern und/oder im Mandantenverlust enden.

Der Kapitaleinsatz wäre dann der entstandene Schaden beziehungsweise der von nun an verloren gehende Umsatz.

Die Umwandlung in monetäre Daten ist in diesem Fall eher schwierig, da die Bewertung von vielen Parametern abhängt, die in ihrer Gewichtung sehr subjektiv geprägt sind: Wie schlimm ist der Verlust von bestimmten Mandanten wirklich? Hat der Verlust nicht vielleicht auch Vorteile? Eventuell wächst die Mitarbeiterin auch so positiv an ihrer neuen Verantwortung, dass sie die gewonnene Arbeitszeit nutzen kann, um sich lukrativeren Mandanten besser zu widmen.

Die innere Stärke von Mitarbeitern ist eher so etwas wie eine Basisqualifikation, wenn es um Menschlichkeit im Unternehmen geht. Isoliert lässt sich der daraus resultierende Return on Investment vermutlich kaum berechnen. Aber langfristig führen die Übertragung von Verantwortung und die Förderung von Selbstvertrauen dazu, dass sich die Mitarbeiter wohl an ihrem Arbeitsplatz fühlen, was das Unternehmensklima deutlich positiv beeinflusst. Für die Unternehmensleitung bedeutet die Übertragung von Verantwortung eine deutliche Entlastung im Tagesgeschäft, sodass sie sich besser ihren eigentlichen Aufgaben widmen kann: dem Leiten des Unternehmens. Beide Ergebnisse sind unschätzbar wertvoll.

Gut zu wissen:

Ein Tool, das hilft, die Mitarbeiter- und Führungsqualität in einem Unternehmen zu erfassen und zu verbessern, ist die sogenannte Personalbilanz. Auf der Seite www.personalbilanz.de finden Sie unter anderem ein Formular, mit dem sich das Wertschöpfungspotenzial im Personalbereich eines Unternehmens ermitteln lässt. Ausgangspunkt ist das Verhältnis aller Mitarbeiter zu denen, mit denen Sie als Unternehmensleitung beziehungsweise Führungskraft zu 100 Prozent zufrieden sind.
Worauf sich die Berechnung im Einzelnen stützt, wie sich die Formel dahinter zusammensetzt – das ist nicht ersichtlich. Aber mithilfe dieses Internetformulars können Sie sich einen ersten groben Eindruck verschaffen, was es für Ihr Unternehmen bedeutet, mit Mitarbeitern zusammenzuarbeiten, die ihr volles Potenzial ausschöpfen.

Entwicklung und Handeln zum Wohle aller

Unter dem Stichwort Entwicklung fallen die Aspekte Lernen und Wachsen sowie Tun – im Sinne einer Handlungsorientierung; das Handeln zum Wohle aller verstehen wir als den stabilen Rahmen für den menschlichen Umgang miteinander (siehe Kapitel 1). Dies betrifft die Fach- und Führungskompetenz der Mitglieder eines Unternehmens ebenso wie das soziale Engagement innerhalb und außerhalb des Unternehmens.

Der Kapitaleinsatz besteht für die Bausteine Lernen und Tun in fallweisen oder dauerhaften Investitionen in fachliche und persönliche Weiterentwicklung der Belegschaft wie der Unternehmensleitung – also im Grunde alles, was unter dem Begriff Personalentwicklungsmaßnahmen zusammengefasst wird.

Die Bewertung des Kapitaleinsatzes erfolgt in der Regel in Euro: Zumeist handelt es sich um Sachkosten für Fortbildungen, Personalkosten durch Freistellungen, Kosten für interne Schulungen, für die Umsetzung von Personalentwicklungsmaßnahmen und Ähnliches.

Die daraus resultierenden Erträge sind schwer zu messen. Einen guten Ansatz hierfür liefert der ROI-Prozess von Jack Phillips und Frank Schirmer. Sie stellen in ihrem Buch *Return on Investment in der Personalentwicklung* einen fünfstufigen Evaluationsprozess vor. Er besteht aus folgenden Schritten:

1. Planung
2. Datenerfassung vor/während des Trainings
3. Datenerfassung nach dem Training
4. isolierte Effekte
5. finanzielle Bewertung

Mithilfe dieses Modells lässt sich das Verhältnis von Ursache und Wirkung zum Beispiel von Schulungen ermitteln.

Für die finanzielle Bewertung der Auswirkungen unterscheiden Phillips und Schirmer zwischen harten und weichen Daten. Zu den Hard Facts zählen die Messergebnisse, die ohne großen Aufwand in Geldeinheiten umgewandelt werden können – Personalkosten, Zeit, Auslastung, Erlöse und Ähnliches.

Für die Soft Facts empfehlen Phillips und Schirmer folgendes Vorgehen:

1. Auswahl der Parameter
2. Basiswert bestimmen
3. Verbesserungen des Parameters ermitteln
4. Verbesserungen auf das ganze Jahr beziehen
5. Gesamtwert der Verbesserungen berechnen

Stellen Sie sich zum Beispiel vor, dass aufgrund eines mangelhaften Werkzeugs der Herstellungsprozess eines Produkts verlangsamt ist. Der ausgewählte Parameter ist in diesem Fall die produzierte Stückzahl in einem bestimmten Zeitraum. Der Basiswert beträgt in unserem Beispiel 10 Stück innerhalb von 60 Minuten.

Der entsprechende Arbeitsschritt wird nun genau lokalisiert und anschließend isoliert betrachtet. Daraufhin wird ein hochwertiges Werkzeug angeschafft und die Mitarbeiter werden im Umgang damit geschult. Als direkte Konsequenz können von nun an 13 Produkte innerhalb von 60 Minuten hergestellt werden.

Die Investition in Werkzeug und Schulung beträgt insgesamt 135.000 Euro. Die Mehrproduktion bei einem Achtstundentag liegt täglich bei 24 Produkten, bezogen auf ein Jahr mit 230 Arbeitstagen sind dies 5.520 Stück. Da unser Produkt für 99 Euro pro Stück verkauft wird, ergibt sich ein Mehrumsatz von 546.480 Euro.

Zum Aspekt Lernen und Wachsen zählt auch der Umgang mit Fehlern. Wichtig ist uns – wir haben es schon erwähnt – ein offensiver Umgang mit Fehlern gegenüber den Geschädigten. Seien es Kollegen, Kunden, Lieferanten oder andere: Fehler müssen offen kommuniziert werden, um einen vertrauensvollen Umgang zu gewährleisten. Ein transparenter Umgang mit Fehlern bedeutet auch, dass eine möglichst große Lernerfahrung für alle im Team daraus erwächst.

Der Kapitaleinsatz kann in diesem Fall zum Beispiel in Form von Schadenersatz an den Geschädigten entstehen, hinzu kommen Kosten für Schulungen des Teams, um eine Wiederholung zu vermeiden.

Der Gewinn für das Unternehmen liegt unter anderem darin, dass der gleiche Fehler sich nicht wiederholt – dadurch werden weitere Schadenersatzforderungen vermieden, dazu kommt eine höhere Kundenzufriedenheit, woraus Wettbewerbsvorteile resultieren.

Beim Blick auf das Wohl aller kann der Kapitaleinsatz zum Beispiel darin bestehen, auf ein Geschäft zu verzichten – denn zentral ist bei diesem Aspekt ja, darauf zu achten, welches Handeln wem nutzt und wem schadet. Ein Abwägen dieser Fragen kann durchaus zeigen, dass manche Geschäfte – so lukrativ sie im ersten Moment scheinen – auf längere Sicht viel zu viel kosten oder gar einen größeren Schaden anrichten – sei es für das Unternehmen, die Umwelt oder die Gesellschaft.

Handeln zum Wohle aller bedeutet aber auch, dass die Mitarbeiter ein angemessenes, faires Gehalt bekommen. Dies zieht einen Verzicht auf Gehaltsverhandlungen nach sich, bei denen möglichst viel für das Unternehmen herausgeholt wird.

Der Kapitaleinsatz kann also zum Beispiel in höheren Personalkosten bestehen (im Vergleich zu Mitbewerbern, die nicht so fair agieren).

Der Gewinn: zufriedene Mitarbeiter, die eine bessere Arbeitsleistung erbringen. Dies lässt sich durch unterschiedliche Daten erfassen: Umsatz pro Mitarbeiter, die Dauer von Bearbeitungsprozessen, Mitarbeiterzufriedenheit, Kundenzufriedenheit und Ähnliches. Hinzu kommt eine geringere Personalfluktuation, wodurch die üblichen Transaktionskosten eingespart werden, Wissen erhalten bleibt und Zeit effizienter für andere Projekte eingesetzt werden kann.

Ein offener, respektvoller und fairer Umgang mit Lieferanten gehört ebenfalls in diesen Bereich. Dies bedeutet unter anderem, nicht die Preise zu drücken und einen Lieferanten zu wählen, der sich ebenfalls einem menschlichen Handeln verschrieben hat, eine hohe Qualität liefert und Ähnliches.

Der Kapitaleinsatz besteht in diesem Fall in erster Linie in höheren Einkaufspreisen. Der Gewinn setzt sich aus einer hohen Qualität der Produkte beziehungsweise Dienstleistungen, einem guten Image, einer hohen Kundenzufriedenheit, mehr Initiativbewerbungen und Ähnlichem zusammen.

Die Wertschöpfung von Menschlichkeit

All die eben genannten Einzelberechnungen wollen wir nun zusammenfassen, um den Return on Investment für Menschlichkeit im Unternehmen als Ganzes zu erfassen. Es gibt für diesen Prozess verschiedene Ansätze, die alle ihre Vor- und Nachteile haben. Hier folgt unser eigener.

Unsere Formel ist wie jede andere – wir erwähnten es bereits – mit einem gewissen Vorbehalt zu betrachten: Sie kann nicht die gesamte Wirklichkeit abbilden, kann nicht in jeder Hinsicht die Erträge eines menschlichen Miteinanders widerspiegeln. Denn wie jede Formel ist sie eine Reduktion der täglich erfahrbaren Komplexität. Aber sie ist ein Versuch, sich dem weitaus größeren Erfahrungshorizont anzunähern und die Auswirkungen von Menschlichkeit darzustellen.

Für uns stehen zwei Ergebnisse im Vordergrund: der aktive Faktor der Mehrwertschöpfung sowie der passive Faktor. Zwei Ergebnisse, weil es Auswirkungen auf zwei Ebenen gibt: auf der Faktenseiten (Hard Facts) und auf der der immateriellen Werte (Soft Facts).

Wichtig ist jeweils die Veränderung in einem bestimmten Zeitraum. Dieser fällt aber, wie Sie wissen, nicht unbedingt mit einem einzelnen Geschäftsjahr zusammen, manche Maßnahmen machen sich erst nach einem längeren Zeitraum bemerkbar. So kann es durchaus sein, dass die Zufriedenheit der Mitarbeiter deutlich gestiegen ist, dies aber noch nicht auf der Faktenseite messbar ist: Die Auswirkungen sind erst im Folgejahr am aktiven Faktor ablesbar. Deshalb berücksichtigt unsere Formel nicht mehr unbedingt die Dimension eines Wirtschaftsjahres, sondern reicht darüber hinaus: Nachhaltigkeit ist wesentlich für menschlich geführte Unternehmen.

Gemessen wird – das versteht sich von selbst – die Veränderung. Um die ermittelten Werte für den aktiven wie den passiven Faktor vergleichen zu können, wird die Veränderung in Prozent angegeben.

Zusätzlich zum Prozentwert gibt es noch einen zweiten Wert, der bei der Ermittlung des aktiven Faktors berechnet wird: der monetäre Wert in Euro. So sind auch zahlenorientierte Menschen und Controller zufrieden. Hierfür reicht es allerdings nicht, einfach die Werteveränderung des Jahresergebnisses in Euro zu berechnen. So lässt sich der aktive Faktor nicht ermitteln. Stattdessen ist dafür eine Bereinigung des Jahresabschlusses notwendig.

Zum besseren Verständnis gehen wir die Rechnung im Folgenden Schritt für Schritt durch.

Steuern, Zinsen, außerordentliche Ausgaben und auch die Abschreibungen auf immaterielle Werte – sie werden aus dem Jahresabschluss wieder herausgerechnet, um das Jahresergebnis des Geschäftsjahres mit dem des Vorjahres vergleichen zu können. Mit anderen Worten: Ausgangspunkt unserer Formel ist der Gewinn vor Steuern, Zinsen und immateriellen Abschreibungen: der EBITA – und zwar des betreffenden Geschäftsjahres (GJ) (siehe Abbildung 3).

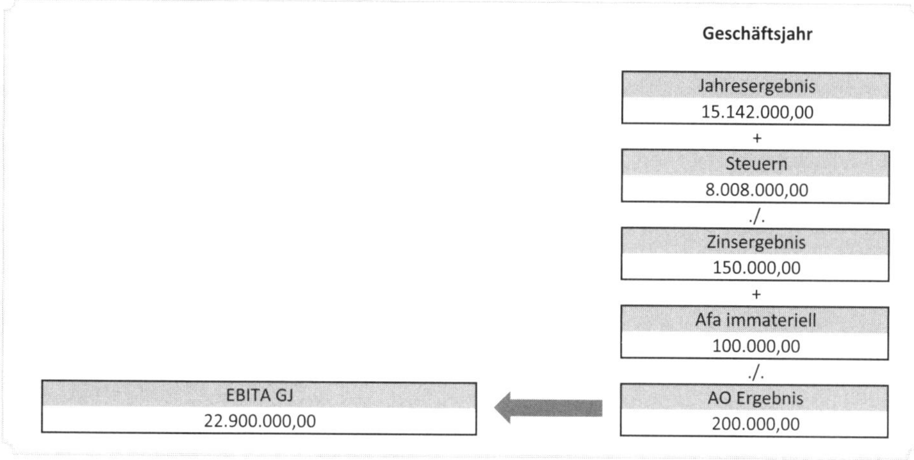

Abbildung 3: Ausgangspunkt: der EBITA des Geschäftsjahres (EBITA GJ)

Dieser Wert wird bereinigt um die Investitionen in das Personal. Hierunter fallen nicht allein die Personalkosten, sondern weitere Aufwendungen, die meist unter anderen Punkten verbucht werden, wie beispielsweise Fortbildungskosten (Investitionen in das Know-how der Mitarbeiter), Aufwendungen für die Rekrutierung neuer Mitarbeiter, Kosten für Coaching, Kosten für Events zur Stärkung des Zusammenhalts, Aufwendungen für die Gesundheit der Mitarbeiter. Hierunter fallen auch Kosten für das Umfeld: beispielsweise Fitnessräume und Ähnliches.

All diese Posten zusammengenommen ergeben die Größe Personalinvestment (P_Inv) – auch hier wiederum für das betreffende Geschäftsjahr (GJ) (siehe Abbildung 4).

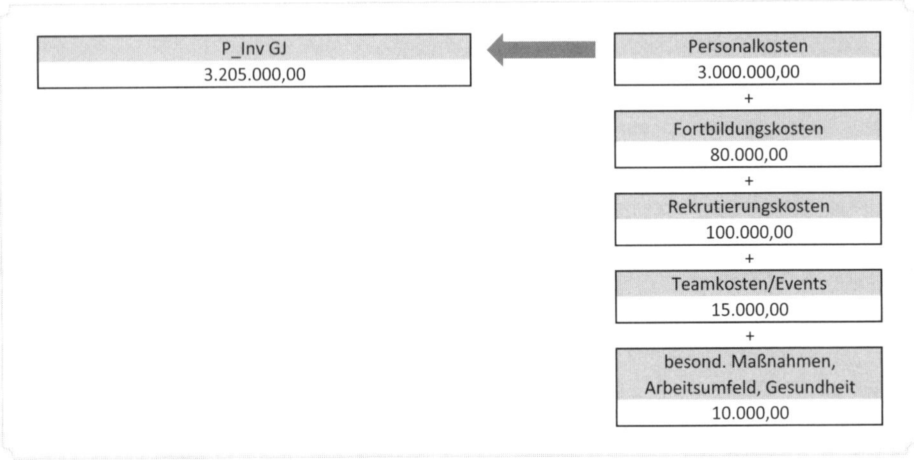

Abbildung 4: Die Personalinvestitionen ins Geschäftsjahr (P_Inv GJ)

Da es sich um Investitionen handelt, wird die Summe zum Jahresergebnis EBITA hinzugerechnet. So erhalten Sie den bereinigten EBITA ohne Personalinvestitionen: bEP_Inv GJ (Abbildung 5).

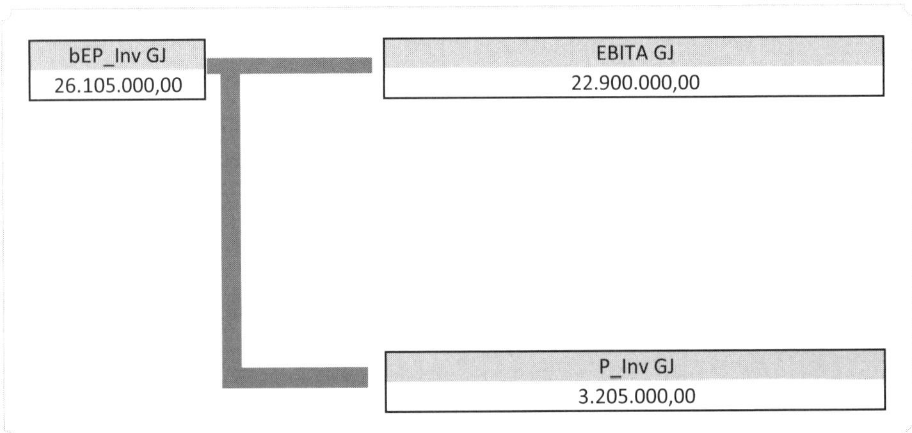

Abbildung 5: Der bereinigte EBITA ohne Personalinvestitionen für das betreffende Geschäftsjahr

Um eine Entwicklung nachvollziehen zu können – und um die geht es uns ja – benötigen Sie die gleichen Werte für das Vorjahr (Abbildung 6).

Wenn Sie möchten, können Sie diesen Vorgang natürlich für weitere Vorjahre wiederholen. So können Sie die Veränderung über einen längeren Zeitraum nachverfolgen, was sehr sinnvoll ist und Entwicklungen am besten darstellt.

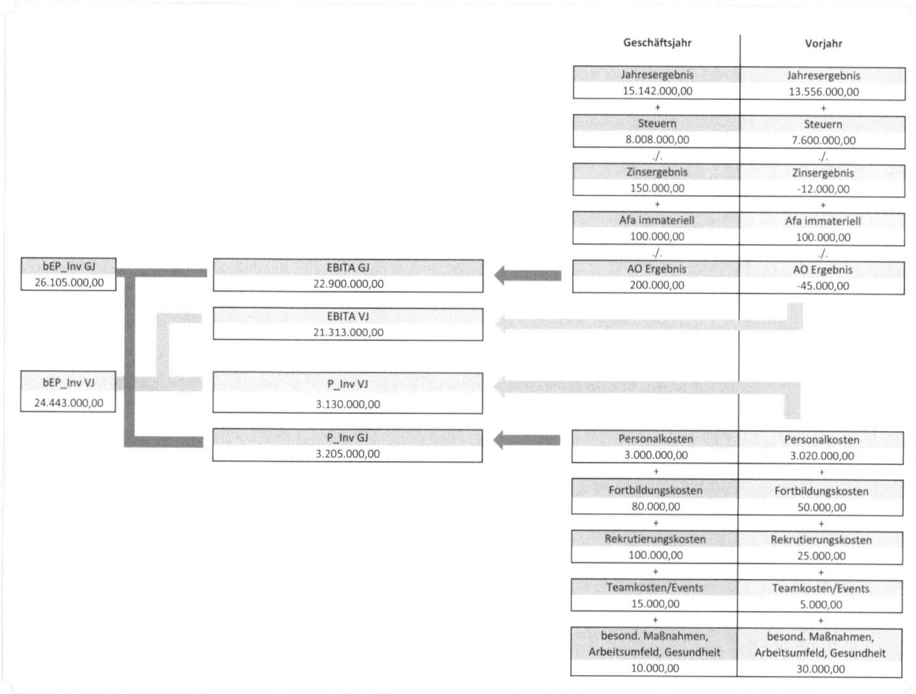

Abbildung 6: Die Ermittlung des bereinigten EBITA für das Geschäftsjahr und das Vorjahr

Den bereinigten EBITA für das Geschäftsjahr setzen Sie nun ins Verhältnis zu dem des Vorjahres, damit erhalten Sie den aktiven Ertrag (Abbildung 7), die Veränderung zum Vorjahr in Euro. Dies wird wiederum ins Verhältnis zu den Gesamtstunden – also alle Mitarbeiterstunden: Mh – gebracht (Abbildung 8). Damit liegt der Ertrag für die Wertveränderung pro Stunde vor. Um den aktiven Ertrag mit dem passiven – den wir gleich erheben werden – vergleichen zu können, geben wir die Veränderung, wie eingangs gesagt, in Prozent an (Abbildung 9).

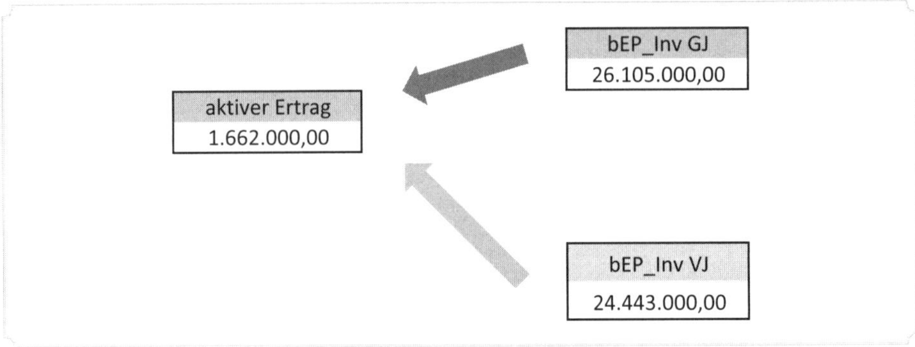

Abbildung 7: Der aktive Ertrag (Veränderung zum Vorjahr)

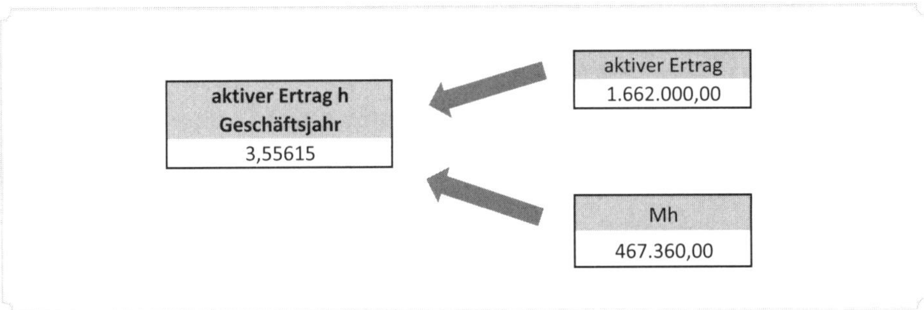

Abbildung 8: Der aktive Ertrag pro Stunde (im Geschäftsjahr)

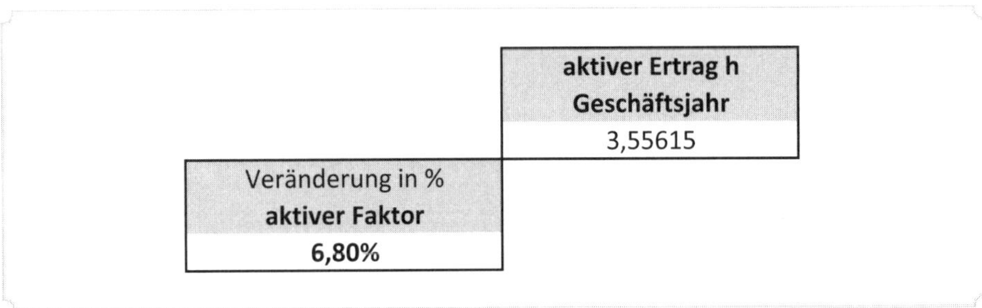

Abbildung 9: Der aktive Faktor

Abbildung 10 zeigt die Rechnung auf einen Blick (Gesamtschau der Abbildungen 3 bis 9).

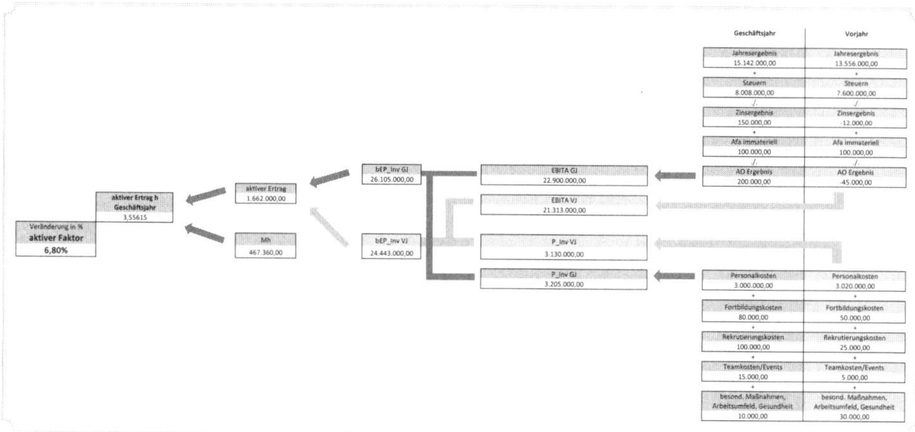

Abbildung 10: Die Berechnung des aktiven Faktors

Die Formel zur Ermittlung des aktiven Faktors lautet somit:

$$\text{aktive Mehrwertschöpfung} = \frac{(\text{EBITA GJ} - \text{P\_Inv GJ}) - (\text{EBITA VJ} - \text{P\_Inv VJ})}{\text{Mh}} \text{ in \%}$$

Diese Rechnung ermöglicht die Bestimmung eines weiteren aussagekräftigen Werts: des Umsetzungsfaktors. Dieser zeigt, wie oft sich die Personalinvestitionen im Ergebnis umsetzen und damit, wie effizient die Erreichung des Ergebnisses war. Denn oftmals ist ein besseres Ergebnis teuer erkauft, wie schon eingangs erwähnt.

Zur Erhebung des Umsetzungsfaktors setzen Sie den bereinigten EBITA ohne Personalinvestitionen ins Verhältnis zu den Personalinvestitionen (Abbildung 11). Je höher der Wert, umso besser: Ein Faktor 7 zeigt beispielsweise an, dass die Personalinvestitionen ein siebenfaches Ergebnis eingespielt haben.

Abbildung 11: Berechnung des Umsetzungsfaktors

Um die Veränderung zum Vorjahr nachzuverfolgen, vergleichen Sie diesen Wert nun wiederum mit dem des Vorjahres (Abbildung 12).

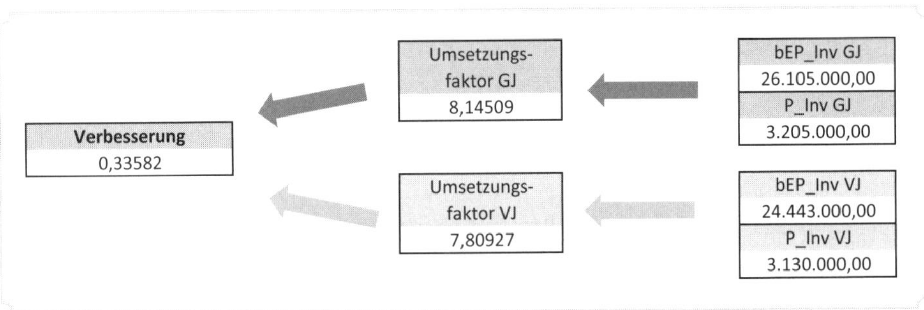

Abbildung 12: Der Veränderung des Umsetzungsfaktors

Die Formel für die Berechnung des Umsetzungsfaktors lautet:

$$\text{Umsetzungsfaktor} = \frac{\text{bEP\_Inv GJ}}{\text{P\_Inv GJ}} \;./.\; \frac{\text{bEP\_Inv VJ}}{\text{P\_Inv VL}}$$

Der zweite Wert, der benötigt wird, um die Wertschöpfung eines menschlichen Miteinanders zu erheben, ist der passive Faktor, der – wie oben schon erwähnt – auf Soft Facts basiert. Er wird aus zwei Kanälen gespeist: aus Werten, die im Unternehmen ohne große Probleme faktisch ermittelt werden können – und aus Werten, zu deren Erhebung es weiterer Daten bedarf: Mitarbeiterzufriedenheit und Kundenzufriedenheit.

Man kann den zweiten Kanal ignorieren, doch geht dies zulasten der Genauigkeit und der Aussagekraft des Ergebnisses. Sehr wichtige Erkenntnisse, die bei der Unternehmensführung helfen, werden damit nicht erfasst. Das ist schade und nicht zu empfehlen.

Die Auswirkungen einer menschlichen Unternehmensführung zeigen sich zum Beispiel – Sie wissen es – an einer geringeren Fluktuation, gesunkenen Krankentagen, einer wachsenden Zahl von Initiativbewerbungen, einer Steigerung der innovativen Ideen. Sollte Ihr Unternehmen noch kein Ideenmanagement eingeführt haben, empfehlen wir Ihnen dieses sehr. Informationen dazu finden Sie unter anderem in der Broschüre *Ideenmanagement für mittelständische Unternehmen* des Wuppertaler Kreises, in Zusammenarbeit mit dem Deutschen Institut für Ideenmanagement und dem Bundesministerium für Wirtschaft, oder im Artikel »Ideen-Management: So sorgen Mitarbeiter für Innovationen« von Kerstin Dämon. Sind für Ihr Unternehmen, für Ihre Branche weitere Bereiche und Veränderungen relevant, dann fügen Sie sie einfach als weitere Posten an dieser Stelle hinzu.

Veränderungen in den gewählten Bereichen lassen sich relativ leicht erheben: durch die Ermittlung der absoluten Zahlen und den Vergleich zum Vorjahr. Ebenso wichtig sind wachsendes Know-how und gesteigerte Effizienz. Beides lässt sich nicht direkt messen, aber über einen kleinen Umweg erfassen: wachsendes Know-how durch die Zahl der Fortbildungstage, Effizienz durch die Zahl der Überstunden – beides wiederum im Vergleich zum Vorjahr.

Um eine Vergleichsbasis zu erhalten, rechnen Sie Veränderungen zum Vorjahr in Prozent um (Abbildung 13)

Fluktuation GJ-VJ in %
-10,00%
Krankheitstage GJ-VJ in %
5,00%
Initiativbewerbungen GJ-VJ in %
-28,00%
Überstunden GJ-VJ in %
-12,00%
umgesetzte Ideen GJ-VJ in %
-3,00%
Fortbildungstage GJ-VJ in %
3,00%

Abbildung 13: Veränderungen zum Vorjahr in Prozent

Da für jede Branche und für jede Firma diese Werte von unterschiedlicher Bedeutung sind, gewichten Sie nun die einzelnen Positionen nach Ihren Maßstäben (Abbildung 14) und berechnen Sie das Ergebnis (Abbildung 15).

Gewichtung	
	Fluktuation GJ-VJ in %
30%	-10,00%
	Krankheitstage GJ-VJ in %
30%	5,00%
	Initiativbewerbungen GJ-VJ in %
8%	-28,00%
	Überstunden GJ-VJ in %
10%	-12,00%
	umgesetzte Ideen GJ-VJ in %
15%	-3,00%
	Fortbildungstage GJ-VJ in %
7%	3,00%
100%	

Abbildung 14: Gewichtung der Ergebnisse

Ergebnis	**Gewichtung**	
		Fluktuation GJ-VJ in %
-3,00%	**30%**	-10,00%
		Krankheitstage GJ-VJ in %
1,50%	**30%**	5,00%
		Initiativbewerbungen GJ-VJ in %
-2,24%	**8%**	-28,00%
		Überstunden GJ-VJ in %
-1,20%	**10%**	-12,00%
		umgesetzte Ideen GJ-VJ in %
-0,45%	**15%**	-3,00%
		Fortbildungstage GJ-VJ in %
0,21%	**7%**	3,00%
-5,18%	**100%**	

Abbildung 15: Das gewichtete Ergebnis

Es fehlen noch die Werte für den passiven Faktor, zu deren Erhebung es weiterer Daten bedarf. Zur Messung der Mitarbeiterzufriedenheit und der Kundenzufriedenheit bieten sich Befragungen mittels anonymisierter Fragebogen an. Da es wiederum um die Entwicklung der Werte geht, benötigt die Erhebung dieser Werte ein wenig Vorlauf: Sie beginnen in einem Jahr mit der Befragung von Mitarbeitern und Kunden und können im Folgejahr die Entwicklung messen.

Unternehmen, die am Wettbewerb »Great Place to Work« teilnehmen, befragen ihre Mitarbeiter bereits regelmäßig. Sie werden bestätigen können, wie sinnvoll und hilfreich das ist. Es reicht natürlich nicht, die Mitarbeiter zu fragen, ob sie zufrieden sind. Jeder Mensch definiert dies anders, jeder braucht anderes dazu. Beispiele, welche Fragen Sie Ihren Mitarbeitern stellen können und wie Sie die Antworten auswerten, finden Sie in Kapitel 9.

Ähnlich verhält es sich mit der Kundenzufriedenheit: Bevor Kunden befragt werden, sollten Sie als Unternehmensleitung sich überlegen, was genau Sie von Ihren Kunden erfahren möchten. Beispiele für Fragen und die Auswertung der Antworten finden Sie ebenfalls in Kapitel 9.

Ebenso sollten Sie festlegen, in welcher Form Mitarbeiter und Kunden ihre Bewertung abgeben: ob als Sternchen (fünf Sternchen für rundum zufrieden, vier für ziemlich zufrieden und so weiter), als Schulnote oder Ähnliches.

Für die Ermittlung des passiven Faktors konzentrieren Sie sich auf die beiden zufriedensten Gruppen, also die Anzahl der Mitarbeiter und Kunden, die fünf oder vier Sternchen beziehungsweise die Schulnoten eins bis zwei (oder Vergleichbares) vergeben. Sie sind Fans des Unternehmens und werden es weiterempfehlen beziehungsweise sich intensiv für es einsetzen. Das sind die Kunden beziehungsweise Mitarbeiter, die Sie weiterbringen.

Nun vergleichen Sie die Zahlen mit denen vom Vorjahr und ermitteln die Veränderung in Prozent (Abbildung 16).

Mitarbeiterzufriedenheit Anzahl mit Note 1-2 GJ-VJ in %	
5%	*)
Kundenzufriedenheit Anzahl mit Note 1-2 GJ-VJ in %	
-1%	*)

*) Hier ist die Abweichung des Verhältnisses von Mitarbeitern mit Note 1-2 zu den Gesamtmitarbeitern zugrunde zu legen.

Abbildung 16: Die Veränderung von Mitarbeiter- und Kundenzufriedenheit im Vergleich zum Vorjahr

Auch diese Ergebnisse werden gewichtet: Da die Zufriedenheit der Mitarbeiter wichtiger ist als die der Kunden – die Mitarbeiter geben ihre Zufriedenheit weiter an die Kunden, nicht umgekehrt –, erhält dieser Wert mehr Gewicht: 60 Prozent (Abbildung 17). Im Anschluss ermitteln Sie das Ergebnis (Abbildung 18).

	Mitarbeiterzufriedenheit Anzahl mit Note 1-2 GJ-VJ in %
60%	5% *)
	Kundenzufriedenheit Anzahl mit Note 1-2 GJ-VJ in %
40%	-1% *)
100%	

*) Hier ist die Abweichung des Verhältnisses von Mitarbeitern mit Note 1-2 zu den Gesamtmitarbeitern zugrunde zu legen.

Abbildung 17: Die Gewichtung von Mitarbeiter- und Kundenzufriedenheit

		Mitarbeiterzufriedenheit Anzahl mit Note 1-2 GJ-VJ in %
3,00%	**60%**	5% *)
		Kundenzufriedenheit Anzahl mit Note 1-2 GJ-VJ in %
-0,40%	**40%**	-1% *)
2,60%	**100%**	

*) Hier ist die Abweichung des Verhältnisses von Mitarbeitern mit Note 1-2 zu den Gesamtmitarbeitern zugrunde zu legen.

Abbildung 18: Das gewichtete Ergebnis

Im Anschluss werden die beiden Werte, auf denen der passive Faktor basiert, addiert – aber ebenfalls in gewichteter Weise: Die Zufriedenheitswerte schlagen mit 70 Prozent zu Buche, weil Zufriedenheit die Grundlage ist (Abbildung 19).

Ergebnis	**Gewichtung**	Ergebnis	**Gewichtung**	
				Fluktuation GJ-VJ in %
		-3,00%	**30%**	-10,00%
				Krankheitstage GJ-VJ in %
		1,50%	**30%**	5,00%
				Initiativbewerbungen GJ-VJ in %
		-2,24%	**8%**	-28,00%
				Überstunden GJ-VJ in %
		-1,20%	**10%**	-12,00%
				umgesetzte Ideen GJ-VJ in %
		-0,45%	**15%**	-3,00%
				Fortbildungstage GJ-VJ in %
		0,21%	**7%**	3,00%
-1,55%	**30%**	-5,18%	**100%**	
				Mitarbeiterzufriedenheit Anzahl mit Note 1-2 GJ-VJ in %
		3,00%	**60%**	5% *)
				Kundenzufriedenheit Anzahl mit Note 1-2 GJ-VJ in %
		-0,40%	**40%**	-1% *)
1,82%	**70%**	2,60%	**100%**	

*) Hier ist die Abweichung des Verhältnisses von Mitarbeitern mit Note 1-2 zu den Gesamtmitarbeitern zugrunde zu legen.

Abbildung 19: Gewichtete Addition der ermittelten Werte

Hieraus ergibt sich der passive Faktor der Wertschöpfung. Abbildung 20 zeigt den gesamten Erhebungsvorgang.

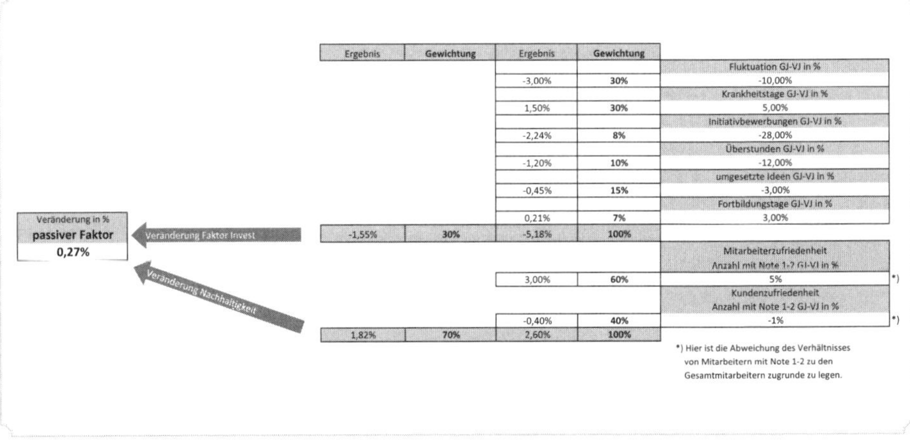

Abbildung 20: Die Ermittlung des passiven Faktors der Wertschöpfung

Die Formel für die Ermittlung lautet:

passive Mehrwertschöpfung =
∑ g(g Ver Fluktation, g Ver Krankentage, g Ver Initiativbewerbung, g Ver Überstunden, g Ver Ideenumsetzung, g Ver Fortbildungstage)
+ g (g Ver Mitarbeiterzufriedenheit+g Ver Kundenzufriedenheit)

Berechnet haben wir nun also:

- die Veränderung des aktiven Faktors in Prozent
- die Veränderungen in Euro
- den Umsetzungsfaktor (Effizienzberechnung)
- die Veränderung des passiven Faktors in Prozent

Abbildung 21 zeigt alle Schritte zusammengenommen als vollständiges Return-on-Investment-Schema (Du-Pont-Kennzahlensystem oder ROI-Baum).

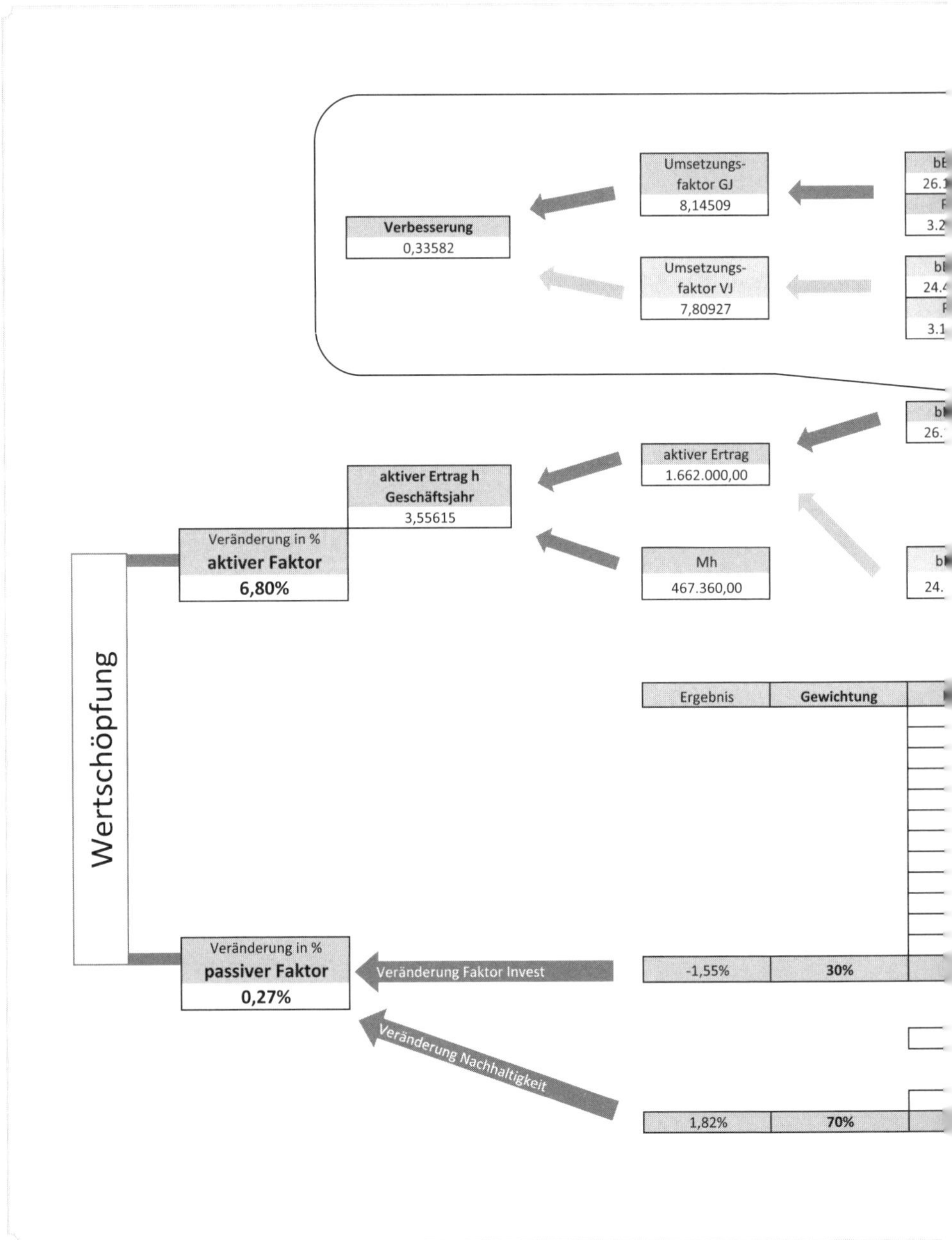

Abbildung 21: Die Berechnung der Wertschöpfung einer menschlichen Unternehmensführung

Geschäftsjahr	Vorjahr
Jahresergebnis	Jahresergebnis
15.142.000,00	13.556.000,00
+	+
Steuern	Steuern
8.008.000,00	7.600.000,00
./.	./.
Zinsergebnis	Zinsergebnis
150.000,00	-12.000,00
+	+
Afa immateriell	Afa immateriell
100.000,00	100.000,00
./.	./.
AO Ergebnis	AO Ergebnis
200.000,00	-45.000,00

EBITA GJ
22.900.000,00

EBITA VJ
21.313.000,00

P_Inv VJ
3.130.000,00

P_Inv GJ
3.205.000,00

Geschäftsjahr	Vorjahr
Personalkosten	Personalkosten
3.000.000,00	3.020.000,00
+	+
Fortbildungskosten	Fortbildungskosten
80.000,00	50.000,00
+	+
Rekrutierungskosten	Rekrutierungskosten
100.000,00	25.000,00
+	+
Teamkosten/Events	Teamkosten/Events
15.000,00	5.000,00
+	+
besond. Maßnahmen, Arbeitsumfeld, Gesundheit	besond. Maßnahmen, Arbeitsumfeld, Gesundheit
10.000,00	30.000,00

Fluktuation GJ-VJ in %	-10,00%
Krankheitstage GJ-VJ in %	5,00%
Initiativbewerbungen GJ-VJ in %	-28,00%
Überstunden GJ-VJ in %	-12,00%
umgesetzte Ideen GJ-VJ in %	-3,00%
Fortbildungstage GJ-VJ in %	3,00%

Mitarbeiterzufriedenheit Anzahl mit Note 1-2 GJ-VJ in %	5% *)
Kundenzufriedenheit Anzahl mit Note 1-2 GJ-VJ in %	-1% *)

*) Hier ist die Abweichung des Verhältnisses von Mitarbeitern mit Note 1-2 zu den Gesamtmitarbeitern zugrunde zu legen.

Die Darstellung der Wertschöpfung als ROI-Baum macht gut erkennbar, welche Werte sich verändert haben und welche Wirkung dies nach sich zieht. So fällt es leichter, geeignete Maßnahmen zu ergreifen, um Menschlichkeit im Unternehmen umzusetzen und es auf diese Weise auf Dauer zu stärken.

Ebenso kann der ROI-Baum auch für die Unternehmenssteuerung neue Erkenntnisse bringen – einfach schon dadurch, dass neue Werte ermittelt und Entwicklungen ersichtlich werden. Aber bitte bedenken Sie: Es wird nur ein Teil der Wirklichkeit so wiedergegeben. Die Realität ist komplexer als Formeln.

Exkurs: Die Saarbrücker Formel

Die sogenannte Saarbrücker Formel ist der Versuch, den Wert des Humankapitals eines Unternehmens in Euro sichtbar zu machen. Entwickelt wurde sie 2006 von Christian Scholz, Professor für Organisation, Personal- und Informationsmanagement an der Universität des Saarlandes in Saarbrücken – daher auch der Name der Formel.

Es geht hierbei nicht um die Bewertung einzelner Mitarbeiter, sondern um die von Beschäftigungsgruppen. Nimmt man die Bewertung aller Beschäftigungsgruppen eines Unternehmens zusammen, erhält man den Wert der Gesamtbelegschaft.

Die Formel lautet:

$$\sum_{i}^{g} \left[\left(FTE_i * l_i * \frac{W_i}{b_i} + PE_i \right) * M_i \right]$$

Die Variablen stehen für:

FTE: »Full-Time Equivalents«, auch: VZÄ: Vollzeitäquivalent; die Zahl der rechnerischen Vollzeitstellen im Unternehmen (zum Beispiel: zwei Halbzeitstellen ergeben eine Vollzeitstelle).

li: Durchschnittsvergütung der Branche; multipliziert mit FTE ergeben sich die Personalkosten.

Wi: Der Zeitraum, über den das Wissen einer Mitarbeitergruppe relevant bleibt – in der IT liegt hier der Wert anders als beispielsweise in der Buchhaltung.

Wi/bi: Dies stellt annäherungsweise die Abschreibung auf das Humankapital dar.
PEi: Der Wert der Personalentwicklungsmaßnahmen; sie werden dem im Bruch Wi/bi ermittelten Wissensverlust gegengerechnet.
Mi: Der Motivationsindex, der sich aus Werten für die Leistungsbereitschaft, die Fluktuation und die Qualität des Arbeitsfeldes zusammensetzt. Mi kann Werte zwischen 0 und 2 annahmen.
Verdienen die Mitarbeiter zum Beispiel durchschnittlich je 25.000 Euro im Jahr und ist ihr Wissen zehn Jahre lang aktuell, ergibt sich bei 15 Jahren Betriebszugehörigkeit ein Wissensverlust in Höhe von 833.333 Euro. Dem wirken die Personalentwicklungsmaßnahmen entgegen: PEi wird deshalb addiert.
Alles zusammen wird gewichtet nach dem Motivationsindex.
Die Saarbrücker Formel ist nicht unumstritten in Aussagekraft und Nutzen, dennoch ist sie durchaus hilfreich, um den Wert eines Unternehmens durch das Humankapital zu ergänzen.
Ein vereinfachtes Beispiel, um zu zeigen, wie die Saarbrücker Formel eingesetzt wird, ist dieses: Wenn in einem Unternehmen aufgrund von Personalmaßnahmen 20 Millionen Euro eingespart werden, dann klingt das zunächst beeindruckend und erfolgreich.
Führen diese Maßnahmen aber dazu, dass das Humankapital um 500 Millionen Euro sinkt und dass Wissen verloren geht, indem erfahrene Mitarbeiter das Unternehmen verlassen, dann ist das Ergebnis ganz anders zu bewerten, besonders unter dem Aspekt der Nachhaltigkeit.
Kurzfristig mag die Jahresbilanz ein besseres Ergebnis aufweisen, doch langfristig besteht die Gefahr, dass das Unternehmen seine Marktstellung verliert beziehungsweise sich nicht weiterentwickeln kann.

Nach der vielen, aber notwendigen Theorie geht es nun in die Praxis: die Umsetzung von Menschlichkeit im Unternehmen.

Best Practice: VEKA AG, Sendenhorst

Die VEKA AG ist weltweit führender Hersteller von Kunststoff-Profilsystemen für Fenster und Türen. Derzeit sind rund 5.200 Mitarbeiter im Unternehmen beschäftigt, davon 1.400 im westfälischen Sendenhorst, dem Stammsitz. In den Sechzigerjahren gegründet, ist die VEKA AG auch heute noch familiengeführt: Elke Hartleif, Personalvorstand, ist die Tochter des Firmengründers, ihr Mann, Andreas Hartleif, der Vorstandsvorsitzende.

Seit Jahrzehnten schon pflegt das Unternehmen eine mitarbeiterorientierte Unternehmenskultur, 2014 wurde es als einer der besten Arbeitgeber Deutschlands ausgezeichnet (Great Place to Work). 84 Prozent der Belegschaft sind überzeugt: Sie haben einen sehr guten Arbeitsplatz bei ihrem Unternehmen.

Ein wichtiger Grund für die hohe Mitarbeiterzufriedenheit ist der herausragende Stellenwert, den die Mitarbeiter- und Nachwuchsförderung bei der VEKA AG einnimmt. Zukunftsorientierte Aus- wie Weiterbildungsprogramme gehören genauso selbstverständlich dazu wie die Förderung des eigenverantwortlichen Handelns und des teamorientierten Arbeitens.

Regelmäßig erhalten Mitarbeiter von ihren Vorgesetzten Feedback und Leistungseinschätzungen. In jährlichen Mitarbeitergesprächen werden Entwicklungsmöglichkeiten ausgelotet und Zielvereinbarungen geschlossen. Eine Förderung und Qualifizierung erfolgt aufgrund der individuellen Stärken. Mitarbeiter können dabei auf interne wie externe Angebote zurückgreifen. Ein berufsbegleitendes Studium oder Weiterbildungen zum Beispiel zum Techniker oder Meister werden finanziell unterstützt.

Im Rahmen der Mitarbeitergespräche erhalten auch die Vorgesetzten eine Rückmeldung über ihr Führungsverhalten durch ihre Mitarbeiter.

Eine Werkschule bietet für jeden Betriebsangehörigen frei zugängliche Fachvorträge an, auch Tagesseminare sind möglich. Ebenso besteht für Mitarbeiter mit internationalem Kontakt das Angebot eines wöchentlichen

Englisch-Gruppentrainings mit einer Muttersprachlerin, dazu kommen weitere Angebote.

In Konfliktsituationen können Vorgesetzte und Mitarbeiter ein Coaching in Anspruch nehmen – sei es in der Gruppe als Workshop, sei es als Einzelsitzung. Die Kosten werden in voller Höhe vom Unternehmen übernommen und die Ergebnisse sind selbstverständlich zu 100 Prozent vertraulich.

Wertschätzung ist ein wichtiges Thema für die VEKA AG. Die Führungskräfte sind deshalb ausdrücklich aufgefordert, direkt anzusprechen, was sie sehen – und die Mitarbeiter zu loben, wahrzunehmen und zu fördern. Dies geschieht unter anderem durch die Übertragung von Verantwortung und neuen, anspruchsvollen Aufgaben an die Mitarbeiter, um diese zu Eigeninitiative und selbstständigem Handeln zu ermuntern.

Darüber hinaus kommt auch die persönliche Seite nicht zu kurz: Es gibt neben Betriebsfesten auch die Feier von Jubiläen, wenn Mitarbeiter 10, 20, 25 Jahre oder länger bei der VEKA AG tätig sind, sie erhalten ein Geschenk zur Hochzeit und zum Geburtstag, eine etwas größere Aufmerksamkeit zum 50. oder 60. Geburtstag. Kostenloses Mineralwasser, bezuschusstes Mittagessen, Fahrtkostenzuschüsse, eine betriebliche Altersvorsorge und weitere Unterstützung für Alltag und Berufsleben kommen hinzu.

Die Wertschätzung reicht über die reine Betriebszugehörigkeit hinaus, so gibt es zum Beispiel den VEKA-Seniorenclub, der den Kontakt zu den pensionierten Mitarbeitern aufrechterhält. Der Club organisiert mehrere Veranstaltungen im Jahr – unter anderem den Besuch von Kunden, Fahrradtouren oder Werksbegehungen –, an denen rund 80 Prozent der ehemaligen Mitarbeiter teilnehmen.

Damit die Mitarbeiterorientierung auch tatsächlich auf die Anliegen der Mitarbeiter ausgerichtet ist, werden alle drei bis fünf Jahre Mitarbeiterbefragungen durchgeführt, in denen die Zufriedenheit der Belegschaft ausgelotet wird, zudem geht es um die Themen Information, Kommunikation, Zusammenarbeit und Führung.

Da die Zufriedenheit am Arbeitsplatz eng damit zusammenhängt, wie die Führung empfunden wird, legt die VEKA AG großen Wert auf die Personalentwicklung ihrer Führungskräfte – und zwar bezogen auf ausnahmslos alle Abteilungen. Sämtliche Führungskräfte werden ungefähr alle zwei Jahre geschult. Dies ist ein verpflichtendes Training, an dem auch die Personalchefin teilnimmt. Angehende Führungskräfte erhalten seit 2015 mit ihrer Beförderung eine persönliche Einführung in die Werte und die Führungsphilosophie der VEKA AG durch den Vorstand Personal, damit sie für ihre neue Position gerüstet sind.

Ganz wesentlich für gute Führung ist ein offener Austausch mit Mitarbeitern und Kollegen, ganz besonders in Situationen, in denen nicht alles rundläuft. Deshalb ist Gesprächsführung in schwierigen Führungssituationen der erste und wichtigste Baustein der Führungskräfteausbildung. Weitere, darauf aufbauende Element sind Konfliktmanagement, betriebliche Suchtprävention, Verantwortung fürs Team, Fördern und Fordern, worin auch das Thema Wertschätzung eingeschlossen ist.

Alle drei Jahre wird eine Potenzialeinschätzung vorgenommen: In Gesprächen zwischen Personalabteilung und den Führungskräften wird ausgelotet, wo sich die einzelnen Mitarbeiter befinden, wie die Entwicklung bisher verlief und in welche Richtung sie künftig gehen soll.

Innerhalb der VEKA AG wird eine offene Kommunikation bevorzugt. Durch flache Hierarchien ist der Kommunikationsweg zwischen Mitarbeiter und Führungskraft kurz und von beiden Seiten begehbar. Auch Frau Hartleif als Personalvorstand sucht bei regelmäßigen Werksbegehungen das Gespräch mit den Mitarbeitern, um den Kontakt nicht zu verlieren.

Zum anderen schließt die offene Kommunikation die weitreichende Information aller Mitarbeiter ein: Sie werden unterrichtet über aktuelle Probleme, Erfolge und Strategien, über Umsätze, Ertragslage und Veränderungen. Dies geschieht über Belegschaftsversammlungen und regelmäßige Abteilungsbesprechungen, zudem gibt es ein Intranet, in dem unter anderem die Mitarbeiterzeitung zu lesen ist, in der über aktuelle betriebliche Themen berichtet wird. Über das Intranet haben alle Mitarbeiter außerdem Zugriff auf ein Dienstleistungsportal, das zum Beispiel über spezielle Angebote für Betriebsangehörige (Unterstützung im Alltag, Sport- und Gesundheitsangebote) informiert.

Die Erfahrung der VEKA AG zeigt: Durch umfassende Information über aktuelle betriebliche Themen werden Konflikte und Missverständnisse minimiert. Dies sorgt für ein entspanntes Betriebsklima.

Aus dem gleichen Grund arbeitet die Geschäftsführung eng mit dem Betriebsrat zusammen. Gemeinsam wurde zum Beispiel ein zwölfstufiges Entlohnungsmodell entwickelt. Stehen Veränderungen an, werden Antworten auf komplexe Fragen gesucht, wendet sich die Unternehmensleitung frühzeitig an den Betriebsrat – unter anderem mit der Frage: »Wie können wir das Thema gemeinsam angehen?« So entsteht die Basis für gemeinsame Lösungen.

Treten dennoch Konflikte auf, was im menschlichen Miteinander unausweichlich ist, werden diese lösungsorientiert bearbeitet. Die Leitfrage hierbei lautet: Wie können wir besser werden? Um Antworten zu finden, werden auch die Mitarbeiter einbezogen, um eine umfassende Sicht auf die entsprechenden Themen und Fragen zu erhalten.

Es klang schon an: Es geht der VEKA AG nicht nur auf der geschäftlichen Ebene um das Wohl ihrer Mitarbeiter, es wird stattdessen ein ganzheitliches Ziel verfolgt. Deshalb spielt die Gesundheit der Mitarbeiter eine wichtige Rolle für das Unternehmen. Der Arbeitskreis Gesundheitsmanagement, bestehend aus sechs Mitarbeiterinnen und Mitarbeitern aus verschiedenen Abteilungen des Unternehmens, organisiert über das Jahr verteilt mehrere Aktionen unter dem Motto »Weil Gesundheit kein Zufall ist«. So kommt ein- bis zweimal eine Masseurin ins Haus, es gibt regelmäßige arbeitsmedizinische Untersuchungen, Impfungen für Auslandseinsätze, aber auch Grippeimpfungen für alle Mitarbeiter. Wer möchte, kann an Walking-, Fahrrad- oder Fußballgruppen teilnehmen oder sich den Lauftreffs anschließen. Zudem werden Veranstaltungen zu aktuellen Themen angeboten, dies reicht von Darmkrebsvorsorge über Suchtprävention (das Ziel ist immer Therapie statt Kündigung) bis zum Thema Schlaganfall, gesunde Füße und Rückenschule. Diese Themen bleiben nicht einfach abstrakt: Bei Ersatz- oder Neuanschaffungen werden zum Beispiel höhenverstellbare Schreibtische gekauft. Dank dieser vielfältigen Maßnahmen ist der Krankenstand bei der VEKA AG auf niedrigem Niveau.

Da das Leben der Mitarbeiter nicht hinter dem Werkstor aufhört, liegt dem Unternehmen die Vereinbarkeit von Familie und Beruf sehr am Herzen. Innerhalb der Verwaltung gibt es darum Gleitzeit – dies zeigt einerseits das Vertrauen, das den Mitarbeitern entgegengebracht wird, und hilft andererseits Eltern in ihren alltäglichen Anforderungen.

Für die Einschulung ihrer Kinder erhalten die Eltern bezahlten Urlaub sowie ein Geschenk fürs Kind; während der Schulferien gibt es Angebote zur Freizeitbetreuung. Da die VEKA AG international aufgestellt ist, haben ältere Kinder die Möglichkeit, über den sogenannten VIP-Exchange andere Länder und Kulturen kennenzulernen.

Für Betreuungsnotfälle steht ein gesondertes Eltern-Kind-Büro bereit: Hier können Kinder bei ihren Eltern bleiben, Hausaufgaben machen oder Ähnliches, während die Eltern ganz entspannt noch eine dringende Aufgabe zu Ende bringen können, da sie ihr Kind gut untergebracht wissen. Eine Win-win-win-Situation: für die Kinder, die Eltern und das Unternehmen.

Aber nicht nur, wenn schon Kinder da sind, unterstützt die VEKA AG ihre Mitarbeiter: Sie setzt schon während der Elternzeit an. Mitarbeiter in der Elternzeit werden vom Unternehmen nicht allein gelassen. Es gibt eine Familienkoordinatorin, die den Kontakt zu ihnen hält, sie zu Veranstaltungen in die Firma einlädt und auf dem neuesten Stand hält. Außerdem haben Mitarbeiter während ihrer Elternzeit die Möglichkeit, an Fortbildungsveranstaltungen teilzunehmen.

Aufgrund der umfassenden Mitarbeiterorientierung ist die Fluktuation bei VEKA AG sehr gering, viele Mitarbeiter sind schon seit Langem im Unternehmen tätig. Dies bringt nun eine ganz eigene Herausforderung mit sich: Rund 200 Mitarbeiter werden in zehn bis fünfzehn Jahren annähernd gleichzeitig in Rente gehen. Dies trifft die Firma nicht unerwartet, da regelmäßig die Altersstruktur der Belegschaft analysiert und die Personalplanung daran ausgerichtet wird. Doch angesichts des demografischen Wandels ist dies keine einfache Aufgabe, vor der sich die VEKA AG nun sieht. Sie sucht deshalb aktiv nach jungen Fachkräften: Der Besuch von Messen, die Möglichkeit von Schülerpraktika, Kooperationen mit Schulen und Hochschulen gehören dazu.

Jungen Menschen eine gute Ausbildung zu bieten ist aber nicht nur wegen der Bevölkerungsentwicklung notwendig, sondern grundsätzlich ein wichtiges Anliegen des Unternehmens. Neben der fachlichen Vermittlung wird Teambildung großgeschrieben. Deshalb werden alle Azubis zu Beginn ihrer Ausbildung zu einem zweitätigen Workshop in einen Kletter- beziehungsweise Hochseilpark eingeladen, dies ist aber nur der Auftakt zu weiteren gemeinsamen Aktionen, um Teamarbeit und Zusammengehörigkeitsgefühl zu stärken. Zudem stehen den Azubis innerhalb der Firma eigene Räumlichkeiten zur Verfügung, dazu kommen besondere Anreize: zum Beispiel die Mitarbeit in abteilungsübergreifenden Projekten oder auch ein Auslandspraktikum in Europa und für besonders erfolgreiche Azubis in den USA.

Die Auswahl der Auszubildenden geschieht über ein Assessment-Center und/oder Vorstellungsgespräch. Sind die Kinder von Mitarbeitern an einer Stelle interessiert, werden sie in jedem Fall zum Auswahlverfahren eingeladen. Es gibt jedoch weder eine Bevorzugung noch einen Familienbonus, Vitamin B hilft nicht. Eingestellt wird strikt aufgrund der Eignung für die entsprechende Stelle.

Das Engagement des Unternehmens bleibt nicht auf die Mitarbeiter allein beschränkt, sondern erstreckt sich darüber hinaus, da Menschlichkeit nicht allein eine Sache für das Wirtschaftsleben darstellt. Die VEKA AG unterstützt Vereine und Schulen vor Ort, engagiert sich für Kultur und Soziales. Die Einnahmen aus der Solaranlage auf dem Dach werden zum Beispiel für Sportvereine und soziale Institutionen zur Verfügung gestellt. Kooperationen mit verschiedenen Schulen stärken den Kontakt zum örtlichen Umfeld.

Teil 3: Die Umsetzung

Kapitel 7: Die Menschlichkeitsbilanz – was ist das?

Wie Sie gesehen haben: Menschlichkeit rechnet sich. In einen wertschätzenden Umgang miteinander zu investieren, in eine offene Kommunikation, in Respekt und Anerkennung, das lohnt sich – und zwar sowohl auf immaterieller wie auf materieller Ebene.

Wenn Sie nun überzeugt sind, dass unser Konzept auch etwas für Ihr Unternehmen ist, denken Sie vielleicht: Alles schön und gut – aber wie setze ich das um? Wo fange ich an? Und wie erkenne ich, ob in unserem Unternehmen die Maßnahmen ergriffen werden, die uns tatsächlich voranbringen?

Die Antwort bietet unsere Menschlichkeitsbilanz. Sie hilft Ihnen, Ihre Vision eines menschlichen Unternehmens zu entwerfen, den Ist-Zustand Ihres Unternehmens zu erfassen, die richtigen Maßnahmen zu entwickeln – und zu überprüfen, ob es sich tatsächlich in die gewünschte Richtung bewegt.

Die Menschlichkeitsbilanz ist inspiriert durch die *Wissensbilanz – Made in Germany* des Arbeitskreises Wissensbilanz, unter anderem unterstützt vom Bundeswirtschaftsministerium und dem Fraunhofer Institut. Dabei handelt es sich um ein Werkzeug, mit dem das intellektuelle Kapital eines Unternehmens erfasst und gezielt gefördert wird. Die *Wissensbilanz – Made in Germany* hat sich inzwischen als Standard im deutschsprachigen Raum etabliert.

Um das menschliche Vermögen in einem Unternehmen zu erfassen und zu steigern, haben wir die Wissensbilanz angepasst, ergänzt und umgeformt. Unsere Menschlichkeitsbilanz besteht aus sieben Schritten:

1. Schritt: Entwicklung eines gemeinsamen Leitbildes, Verständigung auf gemeinsame Leitwerte

2. Schritt: Soll-Zustand definieren (Wie sollen die gemeinsamen Werte im Alltag auf allen Ebenen umgesetzt werden?)
3. Schritt: Ist-Zustand erheben
4. Schritt: Sammlung von Maßnahmen, Identifikation von Stellschrauben, Wirkungszusammenhängen und Indikatoren
5. Schritt: Messen und Auswerten der Ergebnisse
6. Schritt: Erstellung der Menschlichkeitsbilanz
7. Schritt: Da capo! Kontinuierliches Messen und Anpassen der Maßnahmen

Die Menschlichkeitsbilanz hilft Ihnen, aus dem Stadium des »Es wäre so schön, wenn sich etwas ändern würde« ins Tun, in die aktive Umsetzung zu kommen. Wir haben es ja schon erwähnt: Pläne gibt es in allen Unternehmen für die unterschiedlichsten Vorhaben in schier unzählbarerer Menge – woran es in der Wirtschaft grundsätzlich hapert, ist die Umsetzung. Die Menschlichkeitsbilanz unterstützt Sie durch ihren konkreten und handlungsorientierten Ansatz bei Ihrem ersten Schritt.

Ein weiterer Vorteil der Bilanz: Sie macht die schwer zu fassenden Zusammenhänge und Aspekte von Menschlichkeit greifbarer. So werden die tatsächlichen Auswirkungen einer geänderten Unternehmenspraxis sichtbar und verstehbar. Dies hilft unter anderem, den etwas schwierigen Übergang zu überstehen: Wie bei jedem Change-Prozess dauert es eine Weile, bis Ergebnisse sichtbar werden. Da gilt es, Unsicherheiten und Unwägbarkeiten auszuhalten. Die Menschlichkeitsbilanz macht es allen Beteiligten einfacher, realistische Einschätzungen hinsichtlich der zeitlichen Erstreckung und des Umfangs der Veränderungen zu treffen.

Vielleicht haben Sie auch das Gefühl, dass alles nur langsam vorangeht, dass Ihr Unternehmen viel zu kleine Schritte unternimmt und deshalb dem Ziel nicht näher kommt. Auch in diesem Fall gibt Ihnen die Menschlichkeitsbilanz die Gewissheit, dass etwas geschieht, dass Ihr Unternehmen sich bewegt – und das aus vielen kleinen Schritten große Veränderungen resultieren werden: zu ihrer Zeit.

Die Menschlichkeitsbilanz ermöglicht Ihnen, Ihr Unternehmen aus einer ganzheitlichen Perspektive zu betrachten. So werden Aspekte und Zusammenhänge offensichtlich, die zuvor übersehen wurden. Sie zeigt zudem das Potenzial Ihres Unternehmens: die Fähigkeiten Ihrer Mitarbeiter. Das ist ähnlich wie bei einem Eisberg: Oberhalb der Wasseroberfläche ist die

Spitze, in diesem Fall das Management. Im Wasser verborgen jedoch ist die Basis, das, was dem Unternehmen seine Stabilität gibt: die Belegschaft.

Insgesamt ist die Menschlichkeitsbilanz eher für die interne Kommunikation gedacht. Sie kann Ihnen aber durchaus helfen, Ihr Unternehmen strategisch neu und stabiler auszurichten, da sie ja bislang vernachlässigte Aspekte und Vermögen sichtbar und kommunizierbar macht. Und wer weiß, vielleicht findet sie eines fernen Tages sogar Eingang in das offizielle Berichtswesen.

Den Auftakt für die Erstellung der Menschlichkeitsbilanz bildet eine Kick-off-Veranstaltung, auf der Sie als Unternehmensführung die gesamte Belegschaft darüber informieren, was geplant ist und warum es geplant ist. Von Anfang an ist es wichtig, einen wesentlichen Aspekt von Menschlichkeit umzusetzen: die offene Kommunikation. Wie wir schon in Kapitel 2 schrieben: Je klarer Sie sagen, was Sie vorhaben und warum, umso weniger Missverständnisse gibt es, umso weniger Gerüchte kursieren, die womöglich Ängste schüren (»Wer nicht nett genug ist, wird entlassen«, »Wir müssen um jeden Preis Konflikte vermeiden«) und das Vorhaben sabotieren. Je offener Sie sprechen, umso eher werden Sie alle Mitarbeiter und Führungskräfte ins Boot holen – und darum geht es ja letztlich: um ein konstruktives und produktives Miteinander.

Widerstehen Sie der Versuchung, als Unternehmensspitze zu viel vorzugeben. Damit würden Sie Ihrem Unterfangen entgegenarbeiten. Die Unternehmensleitung sollte nicht wie ein Pastor auf der Kanzel stehen und sagen, wie es künftig zu laufen hat. Denn in diesem Fall wird die Belegschaft es lediglich als Sonntagspredigt verstehen: hübsche Worte, die aber keine Verbindlichkeit haben.

Stattdessen geben Sie als Unternehmensführung den Anstoß – und die Erarbeitung des Weges erfolgt gemeinsam mit der gesamten Belegschaft. Auf diese Weise können sich alle in den geplanten Maßnahmen und postulierten Werten wiederfinden. Dies schafft zum einen eine größere Akzeptanz und damit eine höhere Verbindlichkeit des gemeinsam Erarbeiteten. Zum anderen ist so sichergestellt, dass alle eine gemeinsame Sprache finden, wenn es um die Verständigung auf Leitbilder und Umgangsweisen geht. Auf diese Weise wird Missverständnissen und Konflikten vorgebeugt.

In der praktischen Umsetzung bedeutet das nun allerdings nicht, dass die Firma für Wochen still steht, weil alle nur noch an der Menschlichkeitsbilanz arbeiten. Das wäre kontraproduktiv. Ein Team übernimmt stattdessen die Vorbereitung, die Eruierung von Daten, die Auswertung und die Ableitung von Maßnahmen.

Dieses Team sollte alle beteiligten Abteilungen und Hierarchiestufen widerspiegeln, damit es möglichst repräsentativ für das Unternehmen ist. Nur so kann man davon ausgehen, dass alle Arbeitsbereiche und -abläufe tatsächlich einbezogen werden. Gleichzeitig sollten Menschen daran teilhaben, die bei der Belegschaft gut angesehen sind, damit sich alle nicht nur in organisatorischer Hinsicht vertreten fühlen, sondern auch in ihren Interessen, Fragen und Bedürfnissen. Dass die Belegschaft diesem Team in jeglicher Hinsicht vertraut, ist wesentlich für den Erfolg der Menschlichkeitsbilanz. Ebenso sollte natürlich der Betriebsrat vertreten sein.

Ein schöner Nebeneffekt dieser Teamarbeit: Alle Abteilungen kommen auf diese Weise miteinander ins Gespräch – so können ganz unbürokratisch Gräben verkleinert und Konflikte beigelegt werden. Überhaupt wird die Kommunikation zwischen den Abteilungen besser – und allein dadurch verändert sich schon die Stimmung und die Motivation im Unternehmen zum Besseren.

Wurden bestimmte Ergebnisse in Workshops durch das Team erarbeitet, werden diese der gesamten Belegschaft vorgestellt. Diese hat dann die Möglichkeit, die Ergebnisse zu diskutieren und gegebenenfalls nachzujustieren. Manche Datenerhebungen werden auch direkt an die Abteilungen weitergeleitet. Wichtig sind ebenso Mitarbeiter- und Kundenbefragungen.

Ideal ist, wenn der gesamte Prozess für alle einsehbar ist – zum Beispiel durch Bekanntmachung der Ergebnisse im Intranet, an einem Schwarzen Brett, durch einen Newsletter oder Ähnliches. Es geht ja nicht darum, dass im dunklen Kämmerchen etwas ausgebrütet wird, um es dann einem Unternehmen einfach überzustülpen – wie es so oft heutzutage bei strategischen Entscheidungen in Unternehmen läuft.

Nein: Das ganze Unternehmen arbeitet gemeinsam daran, jeden Tag ein wenig menschlicher zu werden, damit sich alle Mitarbeiter wohlfühlen, ihr Potenzial voll entfalten können – und ihre Zufriedenheit an die Kunden weitergeben: durch exzellente Produkte, Dienstleistungen und Service. Deshalb sollte das Menschlichkeitsteam stets den Dialog mit der Belegschaft suchen.

Offenheit spielt nicht nur im Umgang mit der Belegschaft eine große Rolle, sondern auch im Menschlichkeitsteam selbst: Ein offener, authentischer Austausch über Stärken und Schwächen des Unternehmens, über den tatsächlichen Umgang miteinander und mit Kunden ist wesentlich für das Gelingen. Nur so entsteht ein wirklicher Austausch, nur so können die Basis für Transparenz und Vertrauen gelegt werden. Dies fördert Innovationen und verringert unnötige kontraproduktive Konflikte. Das bedeutet nun natürlich nicht, dass gar keine Auseinandersetzungen stattfinden sollen. Im Gegenteil: Diskussionen, der Austausch unterschiedlicher Meinungen, die Darlegung abweichender Standpunkte: Dies ist wünschenswert und positiv und soll gefördert werden, denn respektvolle, lebendige, konstruktive und faire Auseinandersetzungen bringen das Unternehmen voran.

Damit jeder ohne Furcht vor negativen Konsequenzen sprechen kann, aber auch damit jeder ungestört am Prozess mitarbeiten kann, empfiehlt es sich, einen externen Moderator zu engagieren. Er kann die Wogen glätten, wenn die Diskussionen einmal stürmisch werden.

Eine externe Moderation hat auch einen guten Blick für die blinden Flecken, die jedes Unternehmen hat: all die Aspekte, die so selbstverständlich sind, dass niemand mehr bewusst darüber nachdenkt. Damit nichts übersehen wird, damit kein Aspekt unter den Tisch fällt, ist eine externe Moderation, welche die Erstellung der Menschlichkeitsbilanz begleitet, hilfreich und sinnvoll. Und sehr wahrscheinlich kommen so auch neue Ideen und neue Lösungen zustande: Denn wie Albert Einstein schon sagte: »Probleme kann man niemals mit derselben Denkweise lösen, durch die sie entstanden sind.«

In den folgenden Kapiteln stellen wir Ihnen Schritt für Schritt vor, wie Sie eine Menschlichkeitsbilanz für Ihr Unternehmen erstellen, um Ihr Ziel eines wertschätzenden Miteinanders zu erreichen: im Umgang mit sich selbst (Selbstbild, Rollenverständnis), im Umgang mit anderen (Personalführung) und auf der Ebene des unternehmerischen Handelns (Unternehmensführung).

Die Basis all dessen ist der Umgang mit sich selbst. Die bekannte Tatsache, dass nur der, welcher sich selbst führen kann, auch andere führen kann, gilt umso mehr mit Blick auf Menschlichkeit: Nur wer sich selbst wertschätzt, kann andere wertschätzen – und nur wer mit sich selbst menschlich umgeht, kann dies auch mit anderen. Deshalb gilt unser erster Blick Ihnen: der Unternehmensleitung.

Noch ein Wort zur Ansprache: Bislang haben wir Sie als Unternehmensleitung direkt angesprochen. Ab Kapitel 9 umfasst dieses »Sie« das Projektteam der Menschlichkeitsbilanz als Ganzes. Sie als Unternehmensleitung müssen diesem Team nicht zwingend angehören. Um Sie als Leser aber dennoch weiterhin direkt anreden zu können, möchten wir das »Sie« beibehalten.

Kapitel 8: Der Ball in Ihrer Spielhälfte: Alles beginnt bei der Geschäftsführung

»Der Fisch stinkt vom Kopf her« – wir hatten schon darüber gesprochen: Wenn etwas in einem Unternehmen schiefläuft, ist es am sinnvollsten, zunächst einmal in der Führungsetage zu schauen. Hier findet man meist die Ursache.

Das Schöne ist: Es funktioniert genauso gut andersherum. Auch die Gründe für geglückte Prozesse und Vorhaben liegen zu weiten Teilen in der Unternehmensführung. Das gilt für große Konzerne – und umso mehr für kleine und mittlere Unternehmen. Wer eine Firma leitet, hat großen Einfluss auf die Arbeitsprozesse, die Kommunikation und den Umgang miteinander. Wie Sie als Geschäftsführung mit Ihrem Führungsstab und Ihren Mitarbeitern umgehen, das prägt den Ton in der Firma und im Kundenkontakt.

Eine große Verantwortung.

Und auch eine große Chance.

Wenn Sie sich dazu entscheiden, dass Ihr Unternehmen von nun an menschlich geführt werden soll, wenn Sie Respekt und Wertschätzung im Umgang mit Ihren Mitarbeitern, mit Ihren Kunden, mit Ihrer Umgebung und der Gesellschaft fördern wollen, dann liegt der erste Schritt bei Ihnen. Sie übernehmen eine Vorbildfunktion – in allen Ihren Handlungen. Es genügt nicht, Menschlichkeit und Verantwortungsbewusstsein nur zu postulieren. Sie müssen sie auch leben! Denn Sie werden an Ihren Taten gemessen, nicht an Ihren Worten.

Wenn es Ihnen wichtig ist, dass sich die Strukturen und die Ausrichtung Ihres Unternehmens ändern, dann beginnt die Veränderung bei Ihnen: Nur wer menschlich mit sich selbst umgeht, kann menschlich auf andere zugehen.

Menschlichkeit ist keine Pose, die man einnimmt, um andere zu manipulieren, damit sie besser spuren. Menschlichkeit hat ihren Ursprung im Kern eines Menschen: In dem, wie wir sind, wie wir über uns selbst denken, wie wir mit uns selbst umgehen. Von dort nimmt sie ihren Weg in die Gestaltung der Beziehungen zu anderen und in die Leitung des Unternehmens.

Deshalb geht es in diesem Kapitel zunächst um Sie und um Ihre Werte. Nur wenn Sie sich darüber im Klaren sind, können Sie Ihr Unternehmen entsprechend gestalten. Wie wir bereits am Anfang dieses Buches sagten: Authentizität ist ein wesentlicher Aspekt von Menschlichkeit. Wenn bei Ihnen Gräben zwischen Worten und Taten liegen, sind Sie unglaubwürdig. Sie können in diesem Fall noch so sehr wollen, dass Ihr Unternehmen sich einen menschlichen Anstrich gibt: Wenn Sie selbst nicht menschlich handeln, wenn Sie nicht wertschätzend von sich und anderen denken, wird man Sie nicht ernst nehmen.

Authentizität erfordert Mut. Denn wer zeigt, wie er tatsächlich denkt und fühlt, macht sich – im ersten Moment – verletzlich. Doch wer sich traut, zu sich selbst zu stehen, wird belohnt: mit mehr Lebensfreude, mehr Lebendigkeit, mehr Freiräumen im Handeln und im Denken. Und dies bewirkt tiefe Zufriedenheit – mit sich und mit dem eigenen Leben.

Darum geht es im Folgenden zunächst um Ihre Ziele im Leben, Ihre Werte und Wünsche. Außerdem fragen wir, was uns allen im Weg steht, diese umzusetzen. Was blockiert uns? Und warum? Und vor allem: Was können wir gegen unsere Blockaden tun?

Dieses Kapitel kann Sie nur anregen, sich mit sich selbst auseinanderzusetzen. Vielleicht merken Sie, während Sie es lesen, dass Ihnen dies nicht reicht, dass Sie mehr möchten, dass Sie allein nur sehr langsam vorankommen, dass eigentlich mehr drin wäre – in Ihnen, in Ihrem Leben.

Das geht uns allen so – denn um uns zu verstehen und auch um uns zu ändern, brauchen wir Feedback, und nicht nur das: Wir brauchen ehrliches Feedback. Das ist etwas, das Führungskräfte – besonders in den Top-Positionen – nur sehr selten erhalten. Und es ist natürlich auch etwas, das wir uns selbst nicht geben können. Wir stehen uns selbst niemals distanziert genug gegenüber: Meist sind wir zu kritisch mit uns, konzentrieren uns auf unsere Schwächen und Defizite, statt unsere Stärken anzuerkennen. Außerdem haben wir alle blinde Flecken: Aspekte und Winkel unseres Selbst, die wir ausblenden, weil sie uns beunruhigen. Das müssen gar nicht mal die dunklen Seiten unserer Persönlichkeit sein: Manche Menschen fürchten ihre Stärken, haben Angst vor dem Erfolg, zögern, ihre Fähigkeiten anzuerkennen und zu genießen. Vielleicht weil sie den Neid anderer fürchten, vielleicht weil ein solches Eigenlob sie zu Arroganz verführen könnte, vielleicht weil dies hieße, sich einen anderen Job zu suchen, der dem eigenen Potenzial besser entspricht. Die Gründe sind vielfältig. Doch die Folge ist stets dieselbe: eine unterschwellige Unzufriedenheit, eine stete Unsicherheit.

Deshalb legen wir Ihnen ans Herz, diesen Weg nicht vollständig allein zu gehen. Gönnen Sie sich Hilfe, Unterstützung und Feedback. Sei es, dass Sie sich coachen lassen, sei es, dass Sie Kommunikationsseminare oder vergleichbare Fortbildungen besuchen, sei es, dass Sie einem entsprechenden Netzwerk beitreten.

Sich mit den eigenen Zielen und Werten zu befassen ist ein Prozess, der nicht von heute auf morgen abzuschließen ist. Deshalb kann ein Coaching oder eine Fortbildung begleitend zur Umsetzung eines menschlich wertschätzenden Umgangs im Unternehmen sinnvoll sein.

Was ist Ihnen wichtig?

Leben Sie heute das Leben, von dem Sie immer geträumt haben? Sind Sie rundum glücklich und zufrieden? Nur die wenigsten von uns werden diese Fragen mit einem uneingeschränkten Ja beantworten. Meist ist es doch so, dass man denkt: »Eigentlich geht es mir ganz gut – nicht alles ist perfekt, aber so ist es nun einmal. Eigentlich ist es okay.«

Klingt doch eigentlich ganz positiv, oder?

Aber mal ehrlich: Zufriedenheit klingt anders.

In diesem kleinen Wörtchen »eigentlich« steckt eine Menge drin: Unzufriedenheit, unerfüllte Wünsche, Resignation. Der Kommunikationstrainer Uwe Schäfer betont in seinem Buch *Warum »eigentlich«?* vor allem die Unverbindlichkeit, die darin mitschwingt. Man hat sich mit dem arrangiert, was man hat, aber so ganz das Richtige ist es nicht. Aber was wäre »das Richtige«?

Übung: Ideale Träume

Lassen Sie uns für einen Moment die Realität mit all ihren Einschränkungen einmal beiseiteschieben. Bleiben wir ganz bei Ihren Träumen und Wünschen: Wie sähe Ihr *idealer Tag* aus? Was würden Sie tun, wenn Sie sich weder um

Umsatzzahlen noch um Kreditanträge oder Kundenzufriedenheit kümmern müssten?

Nehmen Sie sich ein Blatt Papier, ein Notizbuch, Ihr Tagebuch, wenn Sie eines führen, oder was auch immer Ihnen behagt, und schildern Sie, wie Sie diesen Tag verbringen würden. Wann würde Sie aufstehen? Was würden Sie tun? Und mit wem?

Beschreiben Sie dies möglichst konkret und bildhaft. Am besten so, dass Sie es fast fühlen, wie es wäre, diesen Tag zu durchleben.

Gehen Sie noch einen Schritt weiter: Wie sähe ein *ideales Leben* für Sie aus? Würden Sie wieder in Ihren jetzigen Beruf ergreifen, in der gleichen Branche arbeiten? Oder träumen Sie von einer anderen Tätigkeit, einem anderen Unternehmen? Wer begleitet Sie durch Ihr Leben? Ein Partner, eine Partnerin? Kinder? Enkelkinder?

Schreiben Sie auch hier so konkret und bildhaft wie möglich auf, was Sie sich wünschen. Versuchen Sie dem nachzuspüren, wie dieses ideale Leben sich anfühlen würde.

Lassen Sie sich in beiden Fällen nicht von Zweifeln oder Unsicherheiten einschränken. Denken Sie nicht: »Das ist doch unrealistisch! Ich könnte so ein Leben gar nicht führen, dafür fehlt mir das Geld, dafür fehlen mir diese oder jene Eigenschaften.« Schieben Sie das beiseite. Hier geht es um Ihren Traum – und in Ihrem Traum können und dürfen Sie alles, was Ihnen guttut!

Wenn Sie sich Ihre Träume eines gelungenen Lebens ansehen: Gibt es Werte, die sich darin widerspiegeln? Lässt sich etwas erkennen? Die Sehnsucht nach Freiheit vielleicht? Nach Vertrauen? Verlässlichkeit? Gemeinschaft? Halten Sie diese Werte schriftlich fest.

Weichen Sie bitte nicht aus und behaupten, Geld wäre das Wichtigste. Geld ist immer nur ein Mittel, sich den wichtigsten Wert leisten zu können: Welcher wäre das für Sie? Was würden Sie sich anschaffen und warum? Um Anerkennung zu erhalten? Oder Respekt?

Wie steht es mit Ihrem tatsächlichen Leben? Wann waren Sie das letzte Mal so richtig glücklich und zufrieden? Was war der Auslöser dafür? Können Sie auch hierfür den oder die Werte erkennen, die sich darin wiederfinden? Stolz, etwas erreicht zu haben? Anerkennung durch einen wertvollen Menschen?

Notieren Sie auch dies.

Vielleicht stellen Sie dabei fest, dass Ihnen Wettkampf und Konkurrenz Spaß bringen oder dass es Ihnen wichtiger ist, gemeinsam mit anderen etwas aufzubauen. Das ist okay – es gibt keine richtigen oder falschen Antworten, denn es geht einzig um das, was Ihnen wichtig und von Wert ist!

Identifizieren Sie drei Werte, die Ihnen besonders am Herzen liegen. Vielleicht gibt es mehr, aber lassen Sie uns zunächst bei den drei zentralen bleiben. Wenn Sie sich noch nicht sicher sind, welche Werte Ihrem Leben Sinn geben, oder Schwierigkeiten haben, diese für sich zu erkennen, dann lassen Sie sich Zeit. Es bringt nichts, so etwas übers Knie brechen zu wollen. Stellen Sie sich immer wieder vor, was Sie glücklich und zufrieden machen würde – so werden Sie Ihren Werten langsam auf die Spur kommen. Eine Liste mit Begriffen und Vorschlägen finden Sie unter www.menschlichkeit-rechnet-sich.de.

Übung: Werte leben

Stellen Sie sich vor, Sie würden die drei Werte, die Ihnen besonders am Herzen liegen, in Ihrem täglichen Leben umsetzen – was würde sich für Sie ändern? Wie wäre es, wenn Sie in einer Gemeinschaft geborgen wären? Wie würde Ihr Leben verlaufen, wenn Sie Respekt und Anerkennung erhielten?

Malen Sie sich dies in allen Farben und Nuancen aus, so konkret und bildlich wie nur möglich. Übertreiben Sie gern, lassen Sie sich nicht durch reale Sachzwänge kleinhalten! Gehen Sie vor wie beim Brainstorming: Lassen Sie Ihren Ideen unzensiert freien Lauf. Halten Sie Ihre Vorstellung schriftlich fest.

Wenn Sie diese Werte ohne Abstriche auf Ihr Unternehmen übertragen würden, wie würde sich Ihre Firma ändern? Was würde Ehrlichkeit und Offenheit bewirken? Wenn alle schwelenden Konflikte offen benannt und gelöst werden könnten? Wenn Respekt und Anerkennung den Umgang miteinander bestimmten?

Schildern Sie auch dies für sich so bunt und lebendig wie möglich. Schreiben Sie alles genau auf.

Es ist wichtig, dass Sie Ihre Vorstellungen, Ihre Ziele lebendig und konkret ausmalen – und dass Sie das schriftlich tun. Wenn Sie spüren können, wie es ist, Ihre Ziele erreicht zu haben, wenn Sie emotional angesprochen werden von Ihrem Traum, dann hilft Ihnen dies, Ihre Ziele zu verwirklichen. Denn wenn Sie spüren, wie gut es tun würde, Ihr Leben zu ändern, entsteht ein innerer Sog. Sie sind dann hoch von innen heraus motiviert. Sie wollen Ihr Ziel erreichen – das zieht Sie dem Ergebnis regelrecht entgegen. Da macht sogar der innere Schweinehund mit Freude mit.

Wenn Sie Ihr Ziel schriftlich festhalten, müssen Sie genauer und detaillierter sein, als wenn Sie es sich nur vorstellen. Ihr Ziel wird konkreter und greifbarer. Und für Sie wird es einfacher, zu erkennen, worin der erste Schritt liegt – denn mit dem ersten kleinen Schritt beginnen alle großen Veränderungen. Studien der Harvard University sowie der University of Toronto belegen zudem, dass die schriftliche Fixierung von Zielen zu gedanklicher Klarheit zwingt, die Ziele verbindlicher macht und ihre Umsetzung begünstigt.

Tun Sie sich deshalb diesen Gefallen: Schreiben Sie auf, wie Ihr idealer Tag, Ihr ideales Leben aussähe, notieren Sie, wie es wäre, wenn Sie nach Ihren Werten lebten, halten Sie schriftlich fest, wie sich Ihre Firma entwickeln würde.

Übung: Hindernisse erkennen

Sie wissen nun, wie Sie leben wollen, welche Werte Ihr Leben und Ihr beruflichen Handeln bestimmen sollen. Was also hindert Sie noch, dies umzusetzen?

Vermutlich fallen Ihnen aus dem Stand zahlreiche Gründe ein. Nutzen Sie das: Machen Sie eine Liste mit all den Dingen, die Sie daran hindern, so zu leben und zu handeln, wie Sie es eigentlich wollen. Schreiben Sie sie alle auf.

Nehmen Sie nun ein gesondertes Blatt Papier. Gehen Sie Ihre Hinderungsgründe Punkt für Punkt durch und notieren Sie, was **Sie** tun können, um dieses Hindernis hinter sich zu lassen.

Ihnen fehlt ein Lottogewinn, um Ihre Träume zu verwirklichen? Wie oben schon gesagt: Geld ist immer nur ein Mittel zum Zweck, nie das Ziel an sich. Was ist es, das Sie sich mit Geld kaufen wollen? Anerkennung? Respekt? Freiräume? Was können Sie tun, um Anerkennung oder Respekt zu erhalten oder sich Freiräume zu verschaffen? Und zwar durch Handlungen, nicht durch Geld!

Ihnen fehlen bestimmte Fähigkeiten, um Ihre Ziele zu erreichen? Welche Voraussetzungen können Sie schaffen, um diese Fähigkeiten zu erwerben?

Listen Sie auf, was **Sie** tun können. Schauen Sie nicht auf andere und sagen Sie nicht: Der oder die oder die Verhältnisse sind schuld, dass ich nicht das Leben führe, das ich mir wünsche. Sondern konzentrieren Sie sich auf das, was Sie selbst in der Hand haben.
Vernichten Sie die erste Liste – die mit den Hinderungsgründen. Machen Sie es gern ein wenig symbolisch: Sie könnten die Liste zerreißen oder verbrennen. Dadurch bekommt diese Handlung mehr Gewicht und Sie verabschieden sich von dem, was hemmt.
Nehmen Sie sich nun die zweite Liste vor, diejenige mit den Dingen, die Sie tun können. Lesen Sie diese jeden Morgen, am besten kurz nach dem Aufstehen. Erweitern Sie diese Liste um andere Dinge, die Sie selbst in die Hand nehmen können.

Übung: die Walt-Disney-Methode

Um Ihre Ziele zu konkretisieren und alltagstauglich zu machen, bietet sich auch die Walt-Disney-Methode an. Sie zählt zu den Kreativitätstechniken und geht auf den Kommunikationstrainer Robert Dilts zurück, der über Walt Disney sagte: »… tatsächlich gab es drei Walts: den Träumer, den Realisten und den Miesepeter.«
Ähnlich wie der berühmte Filmproduzent spalten Sie sich hierbei in mehrere Rollen auf. Bewährt haben sich vier Rollen:

- Träumer (Visionär, Ideenlieferant)
- Realist (Umsetzer, Macher)
- Kritiker (Qualitätsmanager, Fragensteller)
- Neutraler (Beobachter, Berater)

Beginnen Sie mit der vierten Position: Nehmen Sie die Rolle eines neutralen Beobachters ein und analysieren Sie Ihr Ziele und deren Umsetzung. Wechseln Sie danach in die nächste Rolle, um nun aus deren Perspektive die Frage der Machbarkeit anzugehen. Schlüpfen Sie so lange in die verschiedenen Rollen, bis Sie ausreichend praktikable Ideen zur Umsetzung Ihrer Ziele haben. Die letzte Position, die Sie einnehmen, ist wieder die des neutralen Beobachters.
Sie können diese Methode auch mit mehreren Personen durchführen – zum Beispiel um Maßnahmen zur Umgestaltung Ihres Unternehmens zu entwickeln. Hierbei nimmt jeder Teilnehmer eine bestimmte Rolle ein und

argumentiert aus ihr heraus. Ist ein gemeinsamer Standpunkt gefunden, werden die Rollen gewechselt und es wird erneut diskutiert.

Wenn Sie Ihr Leben wirklich verändern wollen, dann nehmen Sie sich nicht zu viel auf einmal vor. Sie haben drei Werte identifiziert, an denen Sie Ihr Leben ausrichten wollen – das reicht fürs Erste! Etablieren Sie lieber zunächst nur diese drei Sinnziele in Ihrem Alltag. Wenn Sie zu viel auf einmal wollen, ist die Gefahr zu groß, dass Sie sich verzetteln und am Ende gar nichts tun. Oder sich überfordern, weil Sie alles auf einmal umkrempeln möchten.

Gehen Sie lieber Schritt für Schritt vor – das ist der beste und sicherste Weg zum Ziel. Und belohnen Sie sich, wenn Sie etwas erreicht und umgesetzt haben! Sie haben es sich verdient!

Was steht uns im Weg?

Sie kennen es bestimmt: Sie erkennen, was gut für Sie ist, stellen fest, dass Sie dies unbedingt wollen – und dann machen Sie es einfach. Erkennen, wünschen, umsetzen. Manchmal ist das Leben so schlicht und einfach.

Aber leider nicht immer. Wir alle kennen auch den anderen Fall nur zu gut: Wir wissen, was wir wollen, wir haben ein Ziel und wünschen uns mit allen Fasern unseres Herzens dorthin, wir wissen auch, was wir dafür unternehmen müssen – und doch tun wir es nicht. Wir starten ein paar Versuche und dann versandet alles nach und nach. Denken Sie nur an Ihre letzten Neujahrsvorsätze.

Was ist das in uns, das uns davon abhält, das zu tun, was wir uns doch eigentlich so sehr wünschen?

Da ist es wieder, dieses kleine, aber entscheidende Wörtchen »eigentlich«. Diese unscheinbare, aber effektive Bremse für unser zufriedenes Leben.

Wir alle haben nicht nur Wünsche und Ziele – wir alle tragen auch innere Blockaden mit uns herum. Oftmals sind uns diese gar nicht bewusst und dennoch sind sie äußert wirkungsvoll. Gerade weil wir kaum etwas von ihnen wissen, können wir sie nicht einfach überwinden. Immer wieder scheitern wir an ihnen, weil wir sie nicht recht fassen können.

Stellen Sie sich einmal vor, Sie möchten einen Mitarbeiter nach Köln schicken, damit er dort etwas für Sie erledigt, zum Beispiel ein Projekt abschließt, das Ihnen sehr am Herzen liegt. Sie bereiten alles für Ihren Mitarbeiter vor: Das Firmenauto steht bereit, sein Arbeitsauftrag ist klar. Ihr Mitarbeiter setzt sich hinters Steuer, schnallt sich an, startet den Motor – und bleibt einfach stehen.

Oh, denken Sie, er braucht noch die Wegbeschreibung. Sie fertigen also eine Skizze an: Wo er langfahren muss, welche Autobahn, welche Abfahrt – und wie die Zieladresse genau lautet. Ihr Mitarbeiter bedankt sich – aber er fährt immer noch nicht los.

Hm – vielleicht braucht er Etappenziele? Sie vermerken also auf der Wegbeschreibung markante Punkte, an denen er erkennt, wie viel er schon geschafft hat. Um die Motivation zu erhöhen, empfehlen Sie ihm Raststätten und drücken ihm Gutscheine in die Hand. So kann er sich belohnen für die Zwischenergebnisse. Außerdem stellen Sie ihm in Aussicht, was ihn als Belohnung erwartet, wenn er in Köln ankommt: Der erfolgreiche Projektabschluss wird seine Karriere ordentlich voranbringen.

Ihr Mitarbeiter versichert Ihnen, dass das richtig toll ist. Teilziele und Belohnungen, das Projekt – alles super. Dennoch fährt er nicht los.

Braucht er weitere Tools? Benzin? Fahrunterricht? Müssen Sie ihn anschieben?

Sie geben alles – und doch bleibt Ihr Mitarbeiter einfach stehen.

Schließlich setzen Sie sich mit ihm zusammen und fragen ihn, was denn los ist: Warum fährt er nicht? Fehlt ihm noch etwas? Ist etwas unklar?

Ihr Mitarbeiter druckst ein bisschen herum. Dann räuspert er sich und sagt: »Ich würd ja gern alles tun – aber ich habe Angst vor Köln. Ich habe dort Schlechtes erlebt, und wenn ich jetzt daran denke, dann ist die Angst, dass sich das Schlechte wiederholt, größer als der Wunsch, mit dem Guten, was mich dort erwartet, belohnt zu werden.«

Wenn die Angst vor dem Ziel größer ist als die Belohnung, die dort bereitsteht, dann nützen alle Tools, alle Pläne und Motivationsstrategien nichts. Keine Fortbildung, kein durchdachtes Zeitmanagement kann helfen, wenn die Ursachen im emotionalen Bereich liegen.

Genauso ist es mit unseren Wünschen: Unser Ziel ist toll – aber es macht uns aus irgendeinem Grund unsicher oder weckt alte Ängste. Solange wir diese nicht auflösen, werden wir keinen Schritt vorankommen.

Dies ist kein Grund, sich schlecht zu fühlen oder sich Versagen vorzuwerfen, denn jeder – wirklich absolut jeder Mensch kennt das. Jeder trägt

Ängste und innere Blockaden mit sich, die ihn daran hindern, das zu tun, was er sich am sehnlichsten wünscht. Oft sind sie in unserer frühen Kindheit entstanden, in den allermeisten Fällen haben sie einen guten Grund und haben uns zu einem früheren Zeitpunkt geschützt.

Mitunter verbergen sich hinter unseren Blockaden auch Zielkonflikte: Verschiedene Wünsche und Träume widersprechen einander, schließen sich gegenseitig aus und hemmen so ihre Realisierung. Hinterfragten Sie darum Ihre Ziele auch auf in ihnen liegende Widersprüche und Hemmnisse.

Unsere inneren Blockaden sind wie kleine Handlungsmuster, kleine Programme, die immer ablaufen, ohne dass sie uns bewusst werden: Wir begegnen einer Situation, die uns unbewusst an eine frühere erinnert, die wiederum unser inneres Programm anstößt – und so reagieren wir immer wieder gleich. Wir sind gefangen in Routinen und Denkmustern, die uns überhaupt nicht bewusst sind. Wir fühlen uns ohnmächtig, weil wir gern anders handeln würden, es aber einfach nicht können.

Zu den inneren Blockaden zählen zum Beispiel Glaubenssätze, die unser Denken und Handeln bestimmen. Ebenso beengt es uns, wenn wir uns in unserer Komfortzone zu häuslich eingerichtet haben und wenn wir uns selbst nicht angemessen wertschätzen. Schauen wir uns diese Aspekte im Einzelnen an.

Glaubenssätze – Sicherheit und Gefängnis zugleich

Als Kinder sind wir ganz und gar angewiesen auf unsere Eltern. Sie erklären uns die Welt, sie zeigen uns, wie wir uns in ihr zurechtfinden, und sie sagen uns, wer wir sind. Unsere Eltern vermitteln uns, was gut ist und was schlecht. Wir übernehmen ihre Grundsätze und Lebensprinzipien, bis wir alt genug sind, uns damit auseinanderzusetzen – meist in der Pubertät, wenn alles und jedes hinterfragt wird.

Doch manche Erziehungssätze sind stärker als andere. So haben wir zum Beispiel als Kinder erfahren, dass unsere Eltern uns mehr lieben, wenn wir uns so verhalten, wie sie es sich wünschen. Manches davon ist uns durchaus klar: Wenn wir laut und frech waren oder schlecht in der Schule, wenn wir gegen Regeln verstoßen haben – dann gab es Ärger. Einige dieser Regeln sind uns in Fleisch und Blut übergegangen, ohne dass wir uns dessen wirklich bewusst sind. Wir haben uns den Wünschen unserer Eltern angepasst. Denn als Kinder sind wir abhängig von der Liebe unserer

Eltern, ohne sie wären wir nicht überlebensfähig. Deshalb tun wir alles, um uns diese Zuneigung zu sichern. Auf diese Weise geben uns diese Regeln Sicherheit: Solange wir uns so verhalten, kann uns nichts geschehen, unsere Eltern lieben uns, bleiben bei uns und werden gut für uns sorgen.

Auf diese Weise wachsen wir auf mit Grundsätzen, die unsere Sicht auf das Leben prägen. Eine ältere Verwandte war zum Beispiel der festen Überzeugung, man dürfe einen Hut nicht auf einem Bett ablegen. Eigentlich eine Nebensächlichkeit. Als die ältere Dame jedoch im Krankenhaus lag, deponierte einer ihrer Besucher mangels Garderobe seinen Hut kurzerhand ans Fußende ihres Bettes. Sie registrierte dies mit einem Unwillen, der sich immer weiter steigerte. Sie wurde richtig ungehalten und verlangte lautstark und heftig, dass sofort und auf der Stelle der Hut da weggenommen wird. Alle beruhigenden Worte halfen nichts, sie war außer sich. Erst als der Hut auf einem Stuhl abgelegt wurde, löste sich langsam ihre Empörung auf. Und nun erst konnten wir der Frage nachgehen, was genau sie so aufgeregt hatte – ein Hut auf einem Bett, das ist ja nun kein Verbrechen. Die ältere Dame wusste zunächst auch nicht, was sie derart in Rage gebracht hatte, nur dass es diesen festen Grundsatz gab: kein Hut auf dem Bett. Erst nach einer ganzen Weile kam sie drauf: Es war eine alte Regel aus ihrer Kindheit, als Kopfläuse gar nicht so selten waren. Und damit sich dieses Ungeziefer nicht ausbreitete, wurden Hüte irgendwo deponiert, nur nicht auf dem Bett. Eine Regel, die früher sinnvoll war, doch heute nicht mehr nötig ist. Deshalb muss man sie nicht mehr befolgen

Tief verankerte Glaubenssätze finden sich bei jedem Menschen. Die einen denken, sie müssen perfekt sein, um geliebt zu werden; andere gehen davon aus, dass nur eine stille Pflichterfüllung ihnen Zuneigung einbringt; wieder andere haben Angst, ihre Meinung und ihre Bedürfnisse zu artikulieren: Bloß nicht anecken!

Manche Glaubenssätze sind durchaus sinnvoll: Ziele zu verfolgen oder Schwache zu unterstützen gehört zu den Grundpfeilern unseres gesellschaftlichen Lebens. Ein gewisses Maß an Ehrgeiz spornt uns an, eine wertschätzende Grundhaltung gegenüber anderen hilft uns in jeder sozialen Situation. Doch andere Glaubenssätze engen uns ein und hindern uns daran, glücklich und zufrieden zu werden, weil sie uns unterschwellig sabotieren.

Vielleicht hat jemand als Kind gelernt, immer still zu sein und bloß nicht die eigene Meinung zu sagen (vielleicht kennen Sie noch den entsetzlichen Spruch: »Kinder mit 'nem Willen kriegen was auf die Brillen« beziehungsweise: »Kinder, die was wollen, kriegen was auf die Bollen«) – im Erwachsenenleben hindert ihn dies aber, selbstbewusst im Beruf aufzutreten. Gerät er an eine Chefin, die von ihren Mitarbeitern erwartet, dass diese ihren Standpunkt behaupten – die zum Beispiel eine offene Debattenkultur pflegt, um in der Diskussion die beste Lösung für anstehende Projekte zu finden –, dann wird der Mitarbeiter in innere Konflikte gestürzt: Denn einerseits möchte er den Anforderungen entsprechen – andererseits ist ihm durch seine Kindheitserfahrungen genau dies nicht möglich. Vermutlich kommen ein unterdrückter Neid und ein stummer Groll auf die Kollegen hinzu, die dies ohne innere Gewissensbisse können. Vielleicht verurteilt er sie wegen ihrer inneren Freiheit, vielleicht empfindet er sie als impertinent, unhöflich und frech. So wachsen Missverständnisse und Konflikte. Mit Fortbildungen und Kommunikationsseminaren ist diesem Mitarbeiter eher nicht geholfen, denn sein Glaubenssatz – still sein, nicht die eigene Meinung sagen – wird ihn immer wieder sabotieren.

So oder so ähnlich geht es uns allen. Wir alle tragen Überzeugungen mit uns, die unser Leben bestimmen. Die einen denken, sie müssen immer pünktlich sein, und erwarten dies auch von anderen; andere sind überzeugt, sie könnten sich nicht verändern; wieder andere glauben, sie dürfen nicht im Mittelpunkt stehen.

Sie erkennen Glaubenssätze immer daran, dass Sie sich sagen: »Das kann ich nicht«, »Das darf ich nicht«, »Das steht mir nicht zu«.

Allerdings fällt es uns wesentlich leichter, diese Überzeugungen bei anderen zu identifizieren. Bei anderen bemerken wir, wie ihre Glaubenssätze sie einengen und in Unzufriedenheit gefangen halten. Ganz anders bei uns selbst, denn wir haben an dieser Stelle einen blinden Fleck – schließlich sind wir ja überzeugt, dass wir das Richtige tun!

Gibt es etwas, das Sie unbedingt erreichen wollen – und doch hält Sie etwas immer wieder davon ab? Etwas, das Sie nicht so richtig greifen und erklären können? Dann ist es vielleicht ein Glaubenssatz.

Das Gute ist: Als Erwachsene können wir diese Glaubenssätze hinter uns lassen. Wir können sie hinterfragen, darüber nachdenken, ob sie noch sinnvoll und hilfreich sind – und wenn wir das verneinen, können wir sie loslassen. Das nicht so Gute: Es ist nicht ganz einfach, ihnen auf die Spur zu kommen und ihnen entgegenzuarbeiten.

Übung: Glaubenssätze erkennen

Ein erster Hinweis auf einen Glaubenssatz ist Wut: Was macht Sie wütend? Welches Verhalten stört Sie bei anderen so sehr, dass Sie ein inneres Brodeln verspüren? Mit der Antwort haben Sie schon eine erste Spur zu Ihren Glaubenssätzen.
Es macht Sie fuchsig, wenn ein parkendes Auto zwei Stellplätze blockiert? Dann sind Sie vielleicht mit dem Glaubenssatz aufgewachsen, dass Sie auf gar keinen Fall im Weg stehen dürfen, dass Sie immer und überall darauf achten müssen, dass Sie nicht stören, keine Umstände verursachen, andere nicht einschränken.

Schreiben Sie auf, was Sie zornig macht, welches Verhalten Sie so richtig auf die Palme bringt. Können Sie dahinter etwas entdecken, das Sie sich selbst verbieten?
Wenn Ihnen das gelingt, können Sie beginnen, aktiv dagegen vorzugehen.

Sie ertragen es nicht, wenn sich jemand laut und fröhlich in den Vordergrund drängt? Vielleicht wurden Sie als Kind angehalten, immer fein still zu sein und anderen den Vortritt zu lassen. Erlauben Sie sich heute, lauter zu werden, einen Witz zu erzählen, sodass andere mit Ihnen lachen, singen Sie laut und schief vor sich hin. Nehmen Sie sich nach und nach mehr Raum und Platz.
Sie stört das schlecht parkende Auto? Streuen Sie ein bisschen Sand ins Getriebe, bereiten Sie anderen ein paar Umstände: Melden Sie im Restaurant Sonderwünsche an, bitten Sie Kollegen, Mitarbeiter oder Familienmitglieder um Gefallen. Nur kleine, harmlose Dinge, die Ihnen aber zeigen, dass es nicht schlimm ist, wenn man sich mal nicht perfekt an alle Regeln hält.
Zugegeben: Es ist schwierig, die eigenen Glaubenssätze zu erkennen und zu hinterfragen. Es wird sehr viel einfacher, wenn Sie sich dafür Unterstützung suchen, beispielsweise einen Coach. Er ist mit dieser Thematik vertraut und kann Ihnen effektiv helfen.
Und glauben Sie uns, es lohnt sich, den eigenen Sabotageakten auf die Spur zu kommen. Je mehr unnötige Glaubenssätze Sie ablegen, umso leichter fällt Ihnen das Leben.

Wenn es an der eigenen Wertschätzung hapert

Vielleicht denken Sie sich aber auch: Was soll der ganze Stress? Warum soll ich mich verändern, warum soll ich Dingen nachlaufen, die ich sowieso nicht erreichen kann? Vielleicht finden Sie Ihr Leben soweit ganz okay, unter den gegebenen Umständen alles in allem gar nicht so schlecht. Manchmal kommen unbestimmte Sehnsüchte auf, die Sie jedoch als Kinderei und Albernheiten abtun.

Ein paar Jahre geht das ganz gut. Doch nach und nach spüren Sie, dass Ihnen etwas fehlt. Dass die Lebensfreude nachlässt. Der graue Alltag ist allgegenwärtig, so richtige Highlights, denen Sie entgegenfiebern, gibt es nicht mehr. Und Ihnen fällt auf, dass Ihr Handlungsradius immer kleiner wird. Früher haben Sie sich für unterschiedliche Dinge interessiert – nach und nach wurde Ihnen das jedoch gleichgültiger. Neues erleben, andere Erfahrungen machen – nichts für Sie. Sie haben es doch ganz bequem zu Hause.

Sie haben es sich häuslich eingerichtet in Ihrer Komfortzone. Erinnern Sie sich, was wir in Kapitel 2 dazu gesagt haben? Eine Weile bietet die Komfortzone Sicherheit und Ruhe – doch je länger Sie in ihr verharren, umso enger und beengender wird sie. Sie verlieren Ihre Lebenslust und Ihren Mut. Die Unzufriedenheit wächst – und mit ihr die Ohnmacht, denn Sie wissen nicht, was Sie dagegen tun sollen. Manche reagieren darauf, indem sie mehr arbeiten, um das vage negative Gefühl nicht zu spüren, andere greifen zu Alkohol oder anderen Drogen. Sie verdrängen lieber ihre Situation, als sie zu verändern.

Hinter diesem Rückzug in das Gefängnis des Stillstands kann ein geringes Selbstwertgefühl stecken, das Gefühl: »Ich bin es nicht wert, dass ich ein anderes Leben führe.« Nur selten ist uns dieser Gedankengang bewusst. In den allermeisten Fällen werden wir sagen, natürlich sind wir ein liebenswerter Mensch – und übertönen so die kleine Stimme in uns, die das infrage stellt, die nölt und meckert und uns klein macht. Und doch ist diese kleine Stimme äußerst machtvoll.

Wer sich selbst nicht wertschätzt, wer sich selbst nicht für einen Menschen hält, der Gutes in seinem Leben geschaffen hat, auf das er stolz sein kann, der fühlt sich als Opfer: als Opfer der Umstände, als Opfer anderer Menschen. Er sieht in sich jemanden, der gescheitert ist – aber schuld daran sind die anderen. Man selbst ist arm, klein und hilflos. Wer sich in der Opferrolle eingerichtet hat, lehnt jede Verantwortung für das eigene Handeln ab. Wozu auch: Man selbst kann nichts ändern, denn die anderen lassen einen ja nicht.

Wer sich selbst nicht wertschätzt, wird auch andere nicht wertschätzen. Im Gegenteil: Wer sich klein fühlt, wertet andere ab, um sich selbst aufzuwerten. Ein solcher Mensch ist als Kollege sehr unangenehm. Als Führungskraft ist er mehr als schwierig, denn er hat keine Führungskompetenz. Und als Geschäftsführung ist er fatal: Bestimmen Abwertung und Schuldzuschreibungen das Klima eines Unternehmens, ist sein Scheitern programmiert.

Deshalb ist es für Führungskräfte unabdingbar, sich mit der eigenen Wertschätzung auseinanderzusetzen. Wer mit sich selbst im Reinen ist, wer sich und seine Fähigkeiten anerkennt und wertschätzt, wer Verantwortung für das eigene Handeln übernimmt, verfügt über eine innere Freiheit – und diese erst befähigt dazu, menschlich und respektvoll mit anderen umzugehen. Denn nur wer sich selbst führen kann, kann auch andere führen. Ein gesunder Selbstwert ist wesentlich für Führungskräfte.

Nun haben wir aber alle unsere Dellen und Verletzungen. Wir alle zweifeln mitunter an unseren Fähigkeiten. Das Gute jedoch ist, wir können daran arbeiten und lernen, uns selbst mehr Wertschätzung entgegenzubringen. Das heißt nicht, dass wir in eine unkritische Selbstüberschätzung verfallen. Sondern es bedeutet, dass wir uns in unseren Stärken und Schwächen erkennen, uns annehmen, wie wir sind – und das Beste daraus machen.

Wer sich selbst schätzt, wer weiß, was er kann, und stolz auf sich ist, wer weiß, wo die eigenen Grenzen liegen und wann er Hilfe braucht, der kann authentisch agieren. Wer mit sich selbst im Reinen ist, braucht keine Fassade. Eine Fassade aufrechtzuerhalten kostet viel Kraft, weil man ja immer darauf achten muss, der Rolle zu entsprechen. Wer dass ablegt und ganz entspannt er selbst sein kann, hat viel mehr Zeit und Energie, das Leben zu genießen.

Das ist doch auch ein schönes Ziel im Leben.

Übung: Worauf sind Sie stolz?

Nehmen Sie ein Blatt Papier zur Hand und schreiben Sie auf: Was haben Sie beruflich und privat erreicht, was Sie so richtig stolz macht?
Notieren Sie mindestens fünf Punkte. Wählen Sie Dinge, die Sie sich selbst erarbeitet haben. Vielleicht haben Sie ein schwieriges Projekt bewältigt?

Einen wertvollen Kunden akquiriert? Ihr Unternehmen stabil aufgestellt? Eine schwere Krise gemeistert? Eine persönliche Grenze überwunden? Ein lang ersehntes Ziel erreicht?
Hören Sie erst auf, über Ihre Erfolge nachzudenken, wenn Sie fünf Punkte beisammen haben.
Wiederholen Sie diese Übung von Zeit zu Zeit, um die positiven Erinnerungen zu vertiefen.

Exkurs: Schuld oder Verantwortung?

Ob man nach Verantwortung oder Schuld fragt, macht einen großen Unterschied. Wer den Verantwortlichen für ein Ereignis sucht, möchte Antworten und Lösungen finden. Das ist konstruktiv und wertet die entsprechende Person auf: Sie besitzt die Fähigkeit, das Blatt zu wenden.
Ganz anders, wer den Schuldigen ausmachen will, denn hierbei geht es darum, aus einer moralischen Perspektive heraus zu bestrafen. Die Zuweisung von Schuld ist destruktiv und stuft das Gegenüber ab, da der entstandene Schaden im Fokus steht.

Hindernisse überwinden

Wir haben uns angesehen, was wir uns vom Leben wünschen und was uns daran hindert, dies zu erreichen. Schauen wir als Nächstes, was wir tun können, um unsere Grenzen und Hemmnisse hinter uns zu lassen. Wir können an dieser Stelle nur Anregungen geben. Warum bei einem Menschen Wunsch und Tat auseinanderfallen, warum jemand sich selbst sabotiert und einengt – dafür gibt es die unterschiedlichsten Ursachen. Sie stellen fest, dass Sie sich selbst unnötig Steine in den Weg legen, aber können nichts dagegen tun, so sehr Sie sich das auch wünschen.

Unsere folgenden Ausführungen sind darum eher ein Angebot von Hintergrundwissen und eine Anregung, einmal anders über sich selbst nachzudenken – weniger eine Handreichung zur Problemlösung.

Routinen aufbrechen

In den meisten Fällen ist es doch so: Es gibt einen Reiz – und sofort reagieren wir. Ein Mitarbeiter macht einen Fehler – und wir werden wütend. Ein großer Auftrag mit kniffligen Herausforderungen wird uns angeboten – und wir denken: »Das schaffe ich nie!« Wir werden kritisiert – und sofort rufen wir: »Das stimmt so nicht!«

Wir alle neigen dazu, auf bestimmte Reize, Fragen, Probleme mit der immer gleichen Antwort zu reagieren. Eine Reaktionsweise hat sich bewährt, also wird sie beibehalten. Sie kennen das sicherlich von sich selbst und von anderen. »Das wurde schon immer so gemacht, das wird auch weiterhin so gemacht« gilt für Unternehmen wie für Menschen.

Auch unsere Glaubenssätze funken uns dazwischen: Einmal getriggert, laufen unsere Verhaltens- und Denkmuster in den immer gleichen Bahnen.

Doch Umstände verändern sich und benötigen andere Antworten. Und unsere Reaktionsweise war schon immer nicht sehr hilfreich. Neu und anders, der Situation angemessen zu begegnen – das würde helfen. Denn immer mehr desselben ändert nichts, wenn genau dieses »Dasselbe« unser Problem ist. Oder wie der Kommunikationsexperte Paul Watzlawick einmal gesagt hat: »Hinter diesen beiden einfachen Wörtern, mehr desselben, verbirgt sich eines der erfolgreichsten und wirkungsvollsten Katastrophenrezepte, das sich auf unserem Planeten im Laufe der Jahrmillionen herausgebildet und zum Aussterben ganzer Gattungen geführt hat.«

Was notwendig ist, ist ein neues Denken, ein anderer Weg. Unser Verhalten und unsere Denkmuster sind nur veränderbar, wenn wir aus den üblichen Routinen ausbrechen und unsere Handlungen bewusst steuern. Erinnern Sie sich an Viktor Frankl? Wir haben ihn in Kapitel 1 bereits erwähnt. Er prägte – in Anlehnung an den Philosophen Friedrich Nietzsche – den wichtigen Satz: »Zwischen Reiz und Reaktion liegt ein Raum. In diesem Raum liegt unsere Macht zur Wahl unserer Reaktion. In unserer Reaktion liegen unsere Entwicklung und unsere Freiheit.«

Frankl, Psychiater und Neurologe aus Wien, Begründer der Logotherapie und der Existenzanalyse, wurde 1942 ins Ghetto Theresienstadt deportiert, bis 1945 war er in verschiedenen Konzentrationslagern inhaftiert. Seine Erfahrungen hat er in seinem Buch *... trotzdem Ja zum Leben sagen: Ein Psychologe erlebt das Konzentrationslager* festgehalten. Zentral war für ihn die Erfahrung, dass es selbst unter den unmenschlichsten Bedingungen möglich ist, einen Sinn im Leben zu finden und das Leben trotz aller Widrigkeiten selbst zu gestalten. Dies drückt er mit seinem berühmt gewordenen Satz aus.

Wir sind in unseren Reaktionen nicht ausgeliefert, wir können uns entscheiden, wie wir reagieren wollen – und jenen Raum zwischen Reiz und Reaktion nutzen. Nicht auf Autopilot schalten, sondern ganz bewusst wählen, was wir als Nächstes tun. Das gibt uns Handlungsfreiheit – und innere Freiheit, die notwendig ist, um uns selbst zu steuern.

Der erste Schritt ist, dass wir uns bewusst machen, wann wir automatisch, wie ferngesteuert reagieren. Im zweiten Schritt halten wir inne, sagen uns innerlich entschieden »Stopp«. Wenn Sie möchten, können Sie sich auch ein rotes Stoppschild vorstellen. Im Anschluss überlegen wir, welche Möglichkeiten uns nun offenstehen: Wie wollen wir reagieren?

Das ist zunächst ungewohnt und fühlt sich seltsam an. Es ist vielleicht vergleichbar mit einer Autofahrt: Es kommt ein Impuls, Sie springen ins Auto und fahren über die Autobahn von A nach B. Ganz automatisch, ohne drüber nachzudenken – Sie machen das sogar, wenn Sie eigentlich gar nicht nach B, sondern nach C wollen. Wenn Sie nun aber schon am Anfang sich sagen: »Stopp! Nicht sofort ins Auto«, dann können Sie überlegen, welche anderen Optionen Sie haben. Vielleicht ist eine Route über Landstraßen viel sinnvoller. Oder Sie nehmen den Zug, das Fahrrad, oder Sie gehen zu Fuß und schlagen einen eigenen Pfad durchs Unterholz. Je nach Situation entscheiden Sie, was angemessen ist: Welcher Weg und welches Transportmittel ist am geeignetsten, um mein Ziel zu erreichen?

Anfangs mag das alles langwierig und seltsam erscheinen, doch schon bald werden Sie erkennen, dass Sie viel mehr Freiheiten haben und viel eher das erreichen, was Sie tatsächlich wollen. Sie werden mehr Selbstbestimmung erleben – ein wirklich gutes Gefühl.

Ihnen fällt es sehr schwer, aus Routinen auszubrechen? Obwohl Sie spüren, dass Ihnen diese Automatismen nicht guttun? Einem unserer Coachees ging es ähnlich. Er fühlte sich gefangen, wie gelähmt und wusste nicht, wie er sich daraus befreien sollte. Hinzu kam eine große Angst vor Veränderungen – und das Wissen, dass es so, wie es war, nicht weitergehen konnte. Eine Zwickmühle: Er stand zwischen der Angst, bei Veränderungen die Kontrolle zu verlieren, und der Angst, zwischen den Routinen bewegungsunfähig zu versinken.

Wir schlugen ihm darum Folgendes vor: Einmal am Tag sollte er etwas anders machen als sonst. Gemeinsam entwarfen wir einen selbst gebastelten Würfel, bei dem jede Seite für eine andere Aktion stand: die Zeitung von hinten nach vorn lesen, einen anderen Weg zur Arbeit wählen – Kleinigkeiten, die nicht viel Zeit kosteten. Morgens sollte er würfeln, im Laufe des Tages seine gewählte Aktion durchführen und sich abends dafür belohnen.

Unser Coachee war zunächst sehr skeptisch, ließ sich aber darauf ein. Schon nach einer Woche rief er uns an: »Wissen Sie, ich hab das ja für eine alberne Spielerei gehalten, die nichts bringen wird. Aber inzwischen spüre ich, dass sich da etwas in mir verändert, dass ich etwas mehr Luft habe, dass etwas in Bewegung gekommen ist.«

Selbst dieses kleine Spiel kann bewirken, dass wir mehr Freiraum und Selbstbestimmung erfahren. Unser Coachee gewann auf diese Weise seine Selbststeuerung zurück: Er begann – erst langsam, dann immer entschiedener –, seine Routinen zu erkennen und abzustreifen, sodass er immer besser und angemessener auf die unterschiedlichsten Situationen reagieren konnte. Dies gab ihm Selbstsicherheit und Lebensfreude zurück.

Die vier Seiten einer Botschaft

Routinen aufbrechen und Denkmuster ändern können wir auch, indem wir anders hinhören. Der Kommunikationswissenschaftler Friedemann Schulz von Thun entwickelte das bekannte Vier-Ohren-Modell: Jeder Satz, den wir sagen, jede Botschaft, die wir verbal senden, hat – so Schulz von Thun – vier Seiten beziehungsweise Aspekte: den Sachinhalt, einen Appell, eine Aussage über die Beziehung zum Zuhörer und eine Selbstoffenbarung.

Der Sachinhalt ist klar: Das ist die informative Seite einer Nachricht. Jede Botschaft enthält aber auch einen Appell: etwas, das der Sendende vom Empfänger erwartet. Zudem steckt in jeder Aussage auch etwas vom Sendenden: der Selbstoffenbarungsaspekt, der Sprechende sagt etwas über sich selbst aus. Der vierte Aspekt bezieht sich auf die Beziehung zwischen den Kommunizierenden: Der Sender drückt aus, wie er zu seinem Gegenüber steht und was er von ihm hält

Ein bekanntes Beispiel soll die vier Seiten einer Botschaft verdeutlichen: Zwei Menschen fahren gemeinsam in einem Auto. Der Beifahrer sagt: »Du, da vorn ist grün.« Der Sachinhalt ist unstrittig: eine grüne Ampel. Der Appell an den Fahrer mag lauten: »Gib Gas!« Auf der Selbstoffenbarungsseite steht die Mitteilung: »Ich habe es eilig!« Auf der Beziehungsebene sendet der Sprechende: »Du brauchst meine Hilfestellung!«

Sie kennen das sicherlich: Wenn wir etwas sagen, geht es in den seltensten Fällen allein um die Sachinformation. Immer möchten wir noch anderes damit erreichen: uns selbst erklären, den anderen von etwas überzeugen, das Verhältnis zum Gegenüber verdeutlichen.

Leider sind unsere Botschaften selten so eindeutig wie im Beispiel. Die vier Aspekte sind eng miteinander verschlungen und vielleicht ist uns mitunter auch selbst gar nicht so klar, was wir eigentlich sagen wollen. Erschwerend kommt hinzu, dass nicht nur der Sender, also der Sprechende, mit einer Nachricht unterschiedliche Aspekte ausdrückt – auch der Empfänger, also der Zuhörende, hört sozusagen mit vier Ohren: dem Sachinhaltsohr, dem Beziehungsohr, dem Appellohr und dem Selbstoffenbarungsohr.

Leider unterscheiden sich das Gesendete und das Empfangene oft erheblich. So mag für den Sender zum Beispiel die Selbstoffenbarung im Mittelpunkt stehen: »Ich hab es eilig«, doch der Empfänger hört mit dem Beziehungsohr: »Du bist auf meine Hilfestellung angewiesen« –, fühlt sich bevormundet und reagiert patzig: »Fährst du oder fahr ich?«

Kommt Ihnen das bekannt vor? Viele unserer alltäglichen Unterhaltungen verlaufen so. Wir sagen das eine, unser Gegenüber hört das andere. Wenn Sie Kinder in der Pubertät haben, fallen Ihnen vermutlich sehr, sehr viele Beispiele ein.

Jeder von uns hat ein Ohr, mit dem er bevorzugt hört. Bei manchen ist es das Appellohr: Sie hören aus jedem Satz eine Aufforderung heraus, etwas zu tun oder etwas zu lassen. Andere wiederum neigen zum Beziehungsohr: Jede ankommende Botschaft wird verstanden als Auf- oder Abwertung.

Um aus unseren gewohnten Denkmustern und Verhaltensweisen herauszukommen, ist es äußert hilfreich, sich einmal bewusst zu machen, auf welchen Aspekt einer Botschaft wir uns konzentrieren: Hören wir stets Beziehungsdefinitionen? Oder fühlen wir uns immer aufgefordert? Oder konzentrieren wir uns meist auf unser Gegenüber? Wenn wir nun versuchen, uns auf einen anderen Aspekt zu konzentrieren, kann sich unsere Reaktionsweise völlig verschieben.

Übung: Die Ohren aktivieren

Versuchen Sie einmal, einen ganzen Tag lang sich auf die Selbstoffenbarungsebene bei anderen zu konzentrieren: Was sagt Ihr Gegenüber über sich aus? Freiwillig und bewusst ebenso wie unbewusst. Wer etwas sagt,

möchte sich in einem bestimmten Licht darstellen – doch nicht immer gelingt das. Oft zeigen andere durch ihre Botschaften Seiten von sich, die ihnen selbst gar nicht bewusst sind.
Hören Sie einmal ausschließlich darauf. Sie werden sich wundern, wie sich Ihre Reaktionsweise verändert.
Sagt zum Beispiel jemand: »Immer muss ich alles organisieren!«, dann hören Sie keinen Appell oder keine Anklage heraus, sondern achten Sie auf die implizite Ich-Botschaft: »Ich fühle mich überfordert!«
Fassen Sie am Ende des Tages für sich zusammen: Wie haben Sie sich gefühlt? Hat sich Ihr Blick auf Ihre Mitmenschen verändert? Haben Sie etwas Neues über Ihre Mitarbeiter oder Ihre Familienmitglieder erfahren?

Konzentrieren Sie sich in der darauffolgenden Woche einen Tag lang auf die Appellebene: Achten Sie auf das, was andere von Ihnen wollen. Sollen Sie von einer Haltung überzeugt oder zu einer Handlung überredet werden? Wird an Ihr Mitgefühl oder Ihr Verantwortungsgefühl appelliert?
Ziehen Sie auch am Ende dieses Tages ein Fazit: Welche Appelle haben Sie erreicht? Wie ging es Ihnen damit? Wollten Sie sofort darauf reagieren? Haben Sie etwas Neues über sich gelernt? Oder über einen Mitmenschen?

In der Woche darauf ist dann die Beziehungsebene dran: Was sagt Ihr Gesprächspartner implizit, wie er zu Ihnen steht und was er über Sie denkt? Welche »Du-« beziehungsweise »Wir-Botschaft« steckt darin?
Fassen Sie wiederum am Ende des Tages Ihre Eindrücke zusammen.

In der vierten Woche achten Sie einen Tag lang ausschließlich auf den Sachinhalt. Kümmern Sie sich nicht um Untertöne oder Andeutungen: Allein die Sachaussage ist für Sie einen Tag lang entscheidend.
Notieren Sie auch nach diesem Tag, was Sie gefühlt und erfahren haben.

Wenn Sie auf die verschiedenen Aspekte achten, müssen Sie gar nicht unbedingt darauf reagieren: Sie müssen keinem Appell nachkommen, Sie müssen auch nicht die Beziehungsdefinitionen eines Gesprächspartners übernehmen. In dieser Übung geht es zunächst einfach darum, anders zu hören. So lernen Sie Ihre Mitmenschen, Ihre Mitarbeiter und Familienangehörigen und vor allem sich selbst besser kennen und verstehen.

Das innere Team

Ein weiteres Persönlichkeitsmodell von Friedemann Schulz von Thun, das unser Verständnis von uns selbst und von anderen erweitert und verändert, ist das sogenannte innere Team. Sie kennen bestimmt folgende Situation: Jemand bitte Sie um Hilfe – und Sie reagieren mit gemischten Gefühlen. Ein Teil von Ihnen möchte sofort beispringen, denn anderen zu helfen ist wichtig und gibt zudem ein gutes Gefühl. Ein anderer Teil von Ihnen aber fühlt sich ausgenutzt: Sie fürchten, Sie geben und geben und werden nie etwas zurückbekommen. Ein dritter Teil in Ihnen ist vielleicht wütend oder enttäuscht, dass Ihr Gegenüber schon wieder nicht allein zurechtkommt.

Wir alle haben diese Situation so oder so ähnlich schon mehrfach erlebt. Mitunter sagen wir dann »Ja, ich helfe gern« – und ärgern uns später über uns selbst. Oder wir verweigern unsere Hilfe und werden von einem schlechten Gewissen geplagt. Vermutlich tauchen noch viele weitere Gefühle auf, egal wie wir uns entscheiden.

Friedemann Schulz von Thun nennt diese verschiedenen Stimmen, die sich da in uns zu Wort melden, unser inneres Team. Jedes Teammitglied steht für einen Aspekt in uns. Damit ist keine Aufspaltung der Persönlichkeit gemeint. Das innere Team ist vielmehr eine Metapher für unsere widerstreitenden Gefühle, Bedürfnisse und Überzeugungen.

Teamleiter ist das übergeordnete Ich. Es hat das letzte Wort, wenn es darum geht, nach außen hin auf eine Situation zu reagieren.

Der Begriff Team ist sehr gut gewählt, denn jedes Teammitglied, jeder Aspekt in uns, nimmt eine Aufgabe wahr und ist zuständig für einen bestimmten Bereich – auch die Aspekte in uns, die wir nicht so gern mögen. Wenn für Sie zum Beispiel Hilfsbereitschaft einen hohen Stellenwert hat, dann sind Sie vielleicht erschreckt von sich selbst, wenn etwas in Ihnen sagt: »Nö, ich will nicht helfen! Der soll das mal schön alleine machen.« Das steht Ihren Überzeugungen entgegen – und dennoch empfinden Sie so.

Manche Menschen versuchen, diese Seite in sich zu unterdrücken, doch das geht nicht lange gut. Vielleicht kennen Sie Menschen, die immer gern helfen, sich regelrecht »ein Bein ausreißen«, um für andere da zu sein – und am Ende dann völlig ausgelaugt sind oder sich beschweren, dass ihnen nie jemand hilft, dass jeder sie nur ausnutzt. Jedes Gefühl in uns, jede Seite, jeder Aspekt hat eine Aufgabe und einen Sinn. Wird ein Aspekt verdrängt, reagiert er wie jedes Teammitglied: mit Aufmüpfigkeit oder gar Sabotage.

Schulz von Thun gibt in seinem Buch *Miteinander reden: Das »innere Team« und situationsgerechte Kommunikation* (der dritte Band seiner Reihe *Miteinander reden*) ein anschauliches Beispiel für die Rollenverteilung in uns: Eine Studentin wird von einem Kommilitonen gefragt: »Könnte ich mal deine Mitschriften aus dem Seminar für mich kopieren?« Eine Stimme in ihr, die »Hilfsbereite«, will sofort sagen: »Ja, klar!« Eine andere Stimme, die »auf sich selbst Bedachte«, reagiert abwehrend: »Nein, meins! Der soll doch selbst das Seminar besuchen und nicht mich ausnutzen!« Beide Stimmen, so unterschiedlich sie auch sind, wollen nur eins: das Beste für die Studentin, ihre Teamchefin. Die »auf sich selbst Bedachte« möchte sie schützen (die Unterlagen sind selbst erarbeitet, da steckt viel Mühe drin), die »Hilfsbereite« möchte für ein gutes Gefühl sorgen (Helfen ist wichtig).

Hinter jeder Stimme im inneren Team steht ein Gefühl, ein Bedürfnis, eine Wertvorstellung. Sie alle haben ihre Berechtigung. Manche Stimmen sind laut, andere leise, einige melden sich sofort zu Wort, andere erst später. Ihrer gemeinsames Ziel ist, das Beste für die gesamte Person, die Teamchefin, den Teamchef, erreichen. Aber über den Weg dorthin sind sie sich nicht immer einig. Was wir dann spüren, ist Ambivalenz und innere Zerrissenheit.

Kennen Sie vielleicht das Theaterstück *Der gute Mensch von Sezuan* von Bertold Brecht? Dort geht es um ein ganz ähnliches Thema, nur sind die unterschiedlichen Aspekte dort ins Außen verlagert: Die junge Shen Te versucht, allen Menschen in ihrer Umgebung zu helfen, dabei reibt sie sich selbst auf, gibt ein Vermögen aus und verschuldet sich deshalb. Um dem einen Riegel vorzuschieben, tritt sie selbst als ihr »böser Cousin« Shui Ta auf. Der reagiert mit Härte und Ablehnung auf Hilfsanfragen, damit Shen Te genug Geld, Nahrung und Kraft für ihr eigenes Leben bleiben. Beide Rollen haben ihre Berechtigung und ihren Sinn, beide wollen das Beste für Shen Te – aber auf unterschiedlichem Weg. Brecht bietet in seinem Stück keine Lösung für dieses Dilemma – es endet mit den bekannten Worten: »Wir stehen selbst enttäuscht und sehn betroffen / Den Vorhang zu und alle Fragen offen. […] / Verehrtes Publikum, los, such dir selbst den Schluss! / Es muss ein guter da sein, muss, muss, muss!«

Unser inneres Drama muss zum Glück nicht so enden: Friedemann Schulz von Thun zeigt verschiedene Strategien, wie durch innere Teamsitzungen Lösungen gefunden werden können, mit der unsere verschiedenen Aspekte recht zufrieden leben können. Diese hier nun auszuführen, würde leider viel zu weit gehen. Für uns ist es zunächst wichtig, festzuhalten: Wir reagieren auf bestimmte Situationen mit gemischten Gefühlen – und jedes Gefühl hat seinen Sinn und sollte anerkannt werden. Wir sollten nicht die Aspekte in uns unterdrücken, die uns nicht gefallen, sondern ihnen Gehör schenken – ohne nun gleich nach ihrem Willen zu handeln.

Was für uns gilt, gilt auch für unsere Mitmenschen: Auch sie werden von den unterschiedlichsten Gefühlen, Bedürfnissen und Überzeugungen bestimmt. Manches Zögern, manche Widersprüchlichkeit lässt sich durch den Widerstreit der inneren Teammitglieder erklären.

Übung: Das Team kennenlernen

Wenn Sie eine innere Ambivalenz spüren, nehmen Sie sich Zeit dafür. Schreiben Sie auf, welche unterschiedlichen Impulse Sie verspüren. Wie lautet die Botschaft Ihrer inneren Stimmen? Können Sie die jeweiligen Absichten der unterschiedlichen Teammitglieder erkennen? Will eine Seite Sie schützen, eine andere motivieren? Geht es bei einem Aspekt darum, Neues zu erfahren, Hindernisse zu überwinden? Spüren Sie auch Angst?

Wenn Sie Botschaft und Absicht identifizieren können, geben Sie Ihren Teammitgliedern passende Bezeichnungen – vielleicht »die Hilfsbereite«, der »Abenteuerlustige« – oder Namen – sprechende wie »Opa Griesgram« oder vielleicht nach Figuren aus Kunst und Literatur: »Don Juan« oder Ähnliches.

Vielleicht können Sie Ihren inneren Stimmen auch Symbole zuordnen, Schulz von Thun schlägt zum Beispiel ein Paragrafenzeichen für die Seite in uns vor, die auf die Vereinbarung und strikte Einhaltung von Verträgen pocht – der »Jurist«.

Achten Sie darauf, dass Sie keine abwertenden Namen oder Bilder wählen: Sagen Sie nicht »die Egoistin« zu der Seite in Ihnen, die darauf bedacht ist, Sie vor dem Zugriff anderer zu schützen. Nennen Sie sie lieber »die auf sich selbst Bedachte«. Auch dies ist ein wichtiger Wert und ein wertvoller Aspekt Ihrer Person.

Sie lernen sich auf diese Weise besser kennen und schenken den unterschiedlichen Bedürfnissen in Ihnen Beachtung. Das mag noch keine großen inneren Konflikte auflösen – doch so manche kleine Ambivalenz wird verständlicher. Und Sie finden vielleicht einen Kompromiss, mit dem Ihre inneren Teammitglieder leben können: »Okay, ich helfe dem Kollegen –

aber nur unter der Bedingung, dass er auch etwas für mich tut.« So sind Sie mit sich selbst im Reinen.

Es ist Ihre Entscheidung!

Wenn Sie sich mit Ihren Werten und Zielen beschäftigen, wenn Sie Ihre Verhaltens- und Denkmuster aufbrechen, dann setzen Sie eine Dynamik in Gang: Schon bald werden Sie merken, dass Sie sich anders fühlen – lebendiger vielleicht, kreativer, freier. Haben wir mehr innere Freiräume und wertschätzen unsere Erfolge, dann leben wir selbstbestimmter. Das wirkt sich positiv auf unsere Lebensqualität aus: Wir fühlen uns wohler mit uns selbst.

Jede Veränderung in uns bewirkt auch eine Veränderung im Umgang mit anderen: Sind wir mit uns selbst zufrieden, dann strahlt das auf unsere Beziehungen aus. Sind wir innerlich gelöster, können wir anderen entspannter und selbstsicherer begegnen. Wir kommunizieren mit ihnen auf Augenhöhe, wir können andere Meinungen stehen lassen, müssen andere nicht zwingend überzeugen. Das verändert das Beziehungsgeflecht, innerhalb dessen wir uns bewegen.

Was im Freundeskreis und innerhalb der Familie meist ganz problemlos ist, kann im Berufsleben zu völlig neuen Erfahrungen führen. Wenn wir Mitarbeitern mit Respekt und Anerkennung begegnen, werden die Hierarchien flacher. Das ist eine tolle und motivierende Erfahrung für die Belegschaft: mehr Mitbestimmung, mehr Selbstverantwortung. Aber für Sie als Unternehmensführung bedeutet es auch, dass Sie Ihre gewohnte Machtposition aufgeben.

Für die einen wird das ein Gefühl der Befreiung mit sich bringen, das sie voll und ganz genießen. Andere aber werden sich verunsichert fühlen und nicht mehr wissen, wie sie ihre Rolle als Führungskraft ausfüllen sollen. Wenn Sie Ihr Unternehmen nach den Prinzipien von Menschlichkeit führen, dann ist Ihr Wort von nun an nicht mehr Gesetz: Sie haben nicht mehr in jedem Fall recht, sondern müssen andere von Ihrer Meinung überzeugen. In Diskussionen wird Ihnen widersprochen; statt Ihres Vorschlags wird der eines anderen befolgt.

Wenn Sie Ihre Rolle als Führungskraft künftig anders verstehen und sich als Unterstützung für Ihre Mitarbeiter sehen, dann heißt das auch, dass Sie sich mit Direktiven zurückhalten. Sie lassen anderen den Freiraum, den diese für ihre Projekte brauchen. Sie stellen den Rahmen und die Unterstützung bereit, damit Ihre Mitarbeiter selbstbestimmt eine passende Lösung finden können (siehe das Unterkapitel »Führung neu denken« in Kapitel 3).

Was wir damit sagen wollen: Es ist ein großer Zuwachs an Lebensqualität, ein Unternehmen menschlich zu führen. Es bedeutet aber auch eine Änderung der eigenen Rolle – weniger Machtfülle, andere Verantwortlichkeiten. Wenn Sie sich dafür entscheiden, Ihr Unternehmen zu einem menschlichen zu machen, dann sollten Sie sich deshalb über die Konsequenzen im Klaren sein. Nicht nur das Unternehmen, auch Sie und Ihre Rolle als Geschäftsführung verändert sich – und mitunter werden Sie überrascht sein, auf welche Weise dies geschieht und wohin es sich entwickelt.

Übrigens sollten nicht nur Sie als Unternehmensleitung diese Entscheidung bewusst treffen: Auch Ihre Führungskräfte sollten wissen, worauf sie sich da einlassen. Und Sie ahnen es sicher: Auch für Ihren Führungsstab ist eine Auseinandersetzung mit den eigenen Zielen und Werten unerlässlich. Gute Führungskräfte, die den menschlichen Kurs des Unternehmens mittragen und voranbringen, sollten – wie die Unternehmensleitung – ein stabiles Selbstwertgefühl und innere Handlungsfreiheit mitbringen. Denn nur wer sich selbst steuern kann, kann auch andere führen. Deshalb legen wir Ihnen ans Herz: Überzeugen Sie Ihren Führungsstab davon, sich coachen zu lassen. Dies kommt allen zugute.

Best Practice: Josef Beermann GmbH & Co. KG, Hörstel

Die Firma Beermann ist mittlerweile in der dritten Generation inhabergeführt. 1947 wurde sie vom Ehepaar Josef und Irmgard Beermann in Riesenbeck gegründet. Zunächst stand der Verkauf von Leuchten und elektrischen Kleingeräten im Mittelpunkt, später spezialisierte sich das Unternehmen auf Elektro- und Wasserversorgungsanlagen. Die heutigen Schwerpunkte liegen in den Bereichen Elektrotechnik, Sanitär-, Heizungs- und Klimatechnik, Bauklempnerei, Kabel- und Rohrleitungsbau sowie im Bereich der erneuerbaren Energien.

Zum Stammunternehmen kamen im Laufe der Zeit mehrere Niederlassungen an verschiedenen Standorten hinzu, die sich auf Bohrtechnik und Kabel-, Gas- und Rohrleitungsbau konzentrieren.

Auf die Firmengründer folgte im Jahr 1992 der Sohn Ewald Beermann als Geschäftsführer. Mittlerweile sind auch seine Tochter Melanie Rößner und sein Sohn Steffen Beermann in der Unternehmensleitung tätig. Die Beermann Gruppe hat heute rund 400 Mitarbeiter, darunter 40 Auszubildende.

Das Motto des Unternehmens lautet »… alles im grünen Bereich« – das bezieht sich nicht nur auf die nachhaltige Umwelttechnik, der sich die Unternehmensgruppe Beermann verschrieben hat, sondern auch auf den Umgang miteinander innerhalb des Unternehmens und auf die Übernahme gesellschaftlicher Verantwortung. Im Frühling 2016 wurde ihr der »Taktstock des münsterländischen Mittelstandes« verliehen. Diese erstmals vergebene Auszeichnung erhalten Unternehmen, die sich durch exzellente Leistungen auf dem Feld des sozialen Engagements im Rahmen nachhaltiger Unternehmenskultur hervorgehoben haben, verliehen vom Bundesverband mittelständischer Wirtschaft, Kreisverband Steinfurt und Nordwestmünsterland. In der Laudatio hob Karl-Josef Laumann, Staatssekretär im Bundesministerium für Gesundheit, besonders die Orientierung am Menschen im unternehmergeführten Betrieb hervor.

Diese Orientierung am Menschen wird bei Beermann tagtäglich großgeschrieben: Alle zwei bis drei Jahre finden Befragungen zur Mitarbeiterzufriedenheit statt. Themen sind unter anderem das Image des Unternehmens, die Arbeitsbedingungen, das Verhältnis zu Kollegen und Vorgesetzten, das Weiterbildungsmanagement, die Kommunikation im Unternehmen sowie die angebotenen Veranstaltungen. Zudem können die Mitarbeiterinnen und Mitarbeiter selbst Verbesserungsvorschläge einbringen.

Die Erhebungsbogen wurden intern durch eine besonders ausgebildete Mitarbeiterin erstellt, sodass sie auf die Firmensituation passgenau zugeschnitten und damit sehr aussagekräftig sind. Für die größeren Zeitabstände hat sich die Geschäftsführung entschieden, um den angestoßenen Veränderungen ausreichend Raum zu geben, Wirkung zu entfalten.

Zusätzlich finden mindestens einmal pro Jahr Mitarbeitergespräche mit den direkten Vorgesetzten statt. Auch hierfür wurde intern ein Gesprächsleitfaden entwickelt, um den Gegebenheiten vor Ort gerecht zu werden. Besprochen wird neben vielem anderen, ob die Mitarbeiter in der richtigen Position eingesetzt sind. Fehlende Kompetenzen werden durch Weiterbildungen ergänzt. Dies gilt über die Hierarchien hinweg: Hat eine Projektleitung Schwierigkeiten mit den Führungsanforderungen oder der Kommunikation, erhält sie die entsprechende persönliche und/oder fachliche Unterstützung, um ihren Aufgaben gerecht werden zu können.

Wenn die individuellen Fähig- und Fertigkeiten und die Arbeitsstelle aber so gar nicht zusammenpassen wollen, wird intern auch schon mal umbesetzt – natürlich in enger Absprache mit allen Betroffenen –, da es wesentlich gesünder für die Mitarbeiter wie für das Unternehmen ist, wenn die Aufgaben dem Menschen und nicht der Mensch den Aufgaben anpasst wird.

Für die Geschäftsleitung hängt der Unternehmenserfolg eng mit Menschlichkeit und sozialem Engagement zusammen. Jeder Einsatz, jede Unterstützung, jedes Gespräch auf Augenhöhe – ob innerhalb des Unternehmens oder außerhalb mit Kunden, Partnern oder anderen Organisationen – hat immer einen Mehrwert. Ein Miteinander und ein Füreinander bringt immer Erfolg, davon ist die Familie Beermann überzeugt. Deshalb werden die Mitarbeiter in vielen Bereichen durch das Unternehmen unterstützt – auch über das Fachliche hinaus bei schwierigen persönlichen und/oder familiären Lebenslagen, beispielsweise mit einer Schuldnerberatung, einer Unterstützung bei Suchtproblemen und vielem mehr.

Ein Konzept, das aufgeht: Die Mitarbeiter fühlen sich sehr wohl, die Personalfluktuation ist gering. Dies ist ganz im Sinne der Geschäftsleitung, deren Ziel ist, die Mitarbeiter für das Unternehmen zu begeistern. »Zufriedene Mitarbeiter, die gern bei der Firma Beermann arbeiten und dies auch anderen erzählen, sind immer ein Gewinn für uns«, so Melanie Rößner.

Kommunikation ist ein wichtiges Thema für die Firma Beermann. Diese wird auf unterschiedliche Weise gefördert. So gibt es beispielsweise ein »Grünes Brett« – ganz im Sinne des Firmenmottos. Es wird von einem Mitarbeiter der Personalabteilung gepflegt und aktualisiert. Hier werden zum Beispiel neue Kollegen vorgestellt, mit Name und Foto, Tätigkeit und Abteilung, aber auch Berichte über betriebliche Veranstaltungen, zu freiwilligen Seminaren und zu gemeinsamen Sportaktivitäten. Neben dem Brett ist eine gelbe Ideenbox platziert. Hier können alle Mitarbeiter Ideen, Anregungen oder auch Kritik einwerfen. Durch die Box steht es jedem frei, sich anonym oder namentlich zu Wort zu melden. Die Ideenbox wird regelmäßig geleert und ihr Inhalt direkt an die Geschäftsleitung zur Sichtung und Bearbeitung gebracht.

Auch auf digitalem Weg wird die Belegschaft mit Nachrichten versorgt: So gibt es neben dem Beermann-Newsletter seit Neuestem auch einen WhatsApp-Newsletter. Beide stellen neue Mitarbeiter vor, informieren über anstehende Veranstaltungen und Seminare, berichten von betrieblichen Aktionen und den aktuellen Firmenneuigkeiten.

Da Kommunikation ein wesentliches Führungsinstrument ist, wird diese stetig verbessert. So gibt es feste Meetings der Bereichsleiter, deren Protokolle beziehungsweise relevante Informationen und Ergebnisse an die jeweils betroffenen Bereiche weitergeleitet werden. Die Projektleiter wurden über ein Jahr hinweg in sechs verschiedenen Modulen fortgebildet. Diese umfassten die effektive Gestaltung von Mitarbeitergesprächen und Kundenorientierung, Projektmanagement, Grundlagen der Mitarbeiterführung, Kommunikation und Kooperation, Zeitmanagement und Stressprävention sowie Grundlagen des Projektmanagements. Die Module wurden inhaltlich an die Bedürfnisse der Projektleiter und des Unternehmens angepasst, um punktgenau unterstützen zu können. Auch die Unternehmensspitze bildet sich kontinuierlich fort. So gibt es regelmäßige Klausurtagungen in Form von Workshops, an denen die Geschäftsleitung und die Bereichsleitungen gemeinsam teilnehmen. Moderiert durch einen externen Dienstleister werden hierbei Themen wie beispielsweise Führung angegangen.

Da Kommunikation ohne ein Miteinander nicht denkbar ist, gibt es bei Beermann verschiedene Sportangebote: So nimmt das Unternehmen jährlich mit mehreren Teams am Riesenbecker Triathlon teil. Zur Vorbereitung gibt es einmal wöchentlich ein gemeinsames Training. Innerhalb der Teams werden die Aufgaben aufgeteilt: Ein Teilnehmer schwimmt, einer läuft, der dritte fährt Rad. Inzwischen ist Beermann regelmäßig mit mehreren Teams beim Triathlon vertreten.

Radfahren nimmt überhaupt einen wichtigen Stellenwert im Unternehmen ein. Im Rahmen der sogenannten Radfahraktion werden die Mitarbeiter ermuntert, mit dem Rad zur Arbeit zu fahren. Für die dabei geleisteten Kilometer werden je nach Länge des Arbeitsweges Punkte vergeben. Am Ende des Jahres erhalten die Punktsieger kleine Präsente wie beispielsweise Gutscheine für Massagen oder einen Brunch.

Die Radfahraktion ordnet sich ein in das betriebliche Gesundheitsmanagement, dessen Angebote allen Mitarbeitern zur Verfügung stehen. So gibt es eine Rückenschule mit einem Sportlehrer, der auf Wunsch auch an den jeweiligen Arbeitsplatz kommt, um konkrete Hilfestellungen geben und passgenaue Übungen empfehlen zu können. Außerdem gibt es eine Ernährungsberatung, die auch familiäre Aspekte einbezieht – beispielsweise das Thema Pausenbrot – oder auf den Zusammenhang von Sport und Ernährung eingeht. Ebenso wird ein Lauftreff mit Trainer angeboten.

Gemeinsam mit Krankenkassen wurde unter anderem ein Gesundheitstag im Unternehmen organisiert. Neben Vorträgen zu Themen wie Fitness, Herzgesundheit und Prävention von Gefäßverkalkung konnten die Mitarbeiter die Kraft ihrer Rücken- und Bauchmuskulatur messen lassen, wurden im Umgang mit Stress beraten und vieles mehr.

Aber nicht nur das gemeinsame Arbeiten und Sporttreiben ist wichtig – auch Feste haben ihren Platz. So veranstaltet Beermann alle zwei Jahre eine große Betriebsfeier. Diese beginnt bereits am Nachmittag: Der steht ganz im Zeichen der Familien. Für die Kinder der Mitarbeiter werden zahlreiche Mitmachaktionen angeboten. Abends gibt es Musik, Tanz und zünftiges Essen.

Wie schon erwähnt, hört die Menschlichkeit für die Firma Beermann nicht hinter dem Betriebsgelände auf. Gesellschaftliches Engagement ist für die Familie Beermann eine Selbstverständlichkeit. So unterstützt das

Unternehmen Sportvereine, gemeinnützige Vereine und Organisationen vor Ort. Eine Sporthalle im Ort trägt den Namen »Grüne Halle«, die Tartanbahn und der Kunstrasenplatz im Stadion sind ebenfalls grün – eben »...alles im grünen Bereich«.

Mitarbeitern steht ein jährliches Budget für ehrenamtliche Tätigkeiten zur Verfügung. Dieses wird nicht unbedingt ausgezahlt, sondern kann auch in Form von Freistellung von der Arbeit oder durch andere Arten von Unterstützung erteilt werden.

Darüber hinaus engagiert sich die Beermann Gruppe dafür, Beschäftigungsangebote für Flüchtlinge zu schaffen, sponsert viele Vereine, Einrichtungen und Veranstaltungen, unterstützt das Kinderkulturprogramm der Stadt Hörstel sowie das Zirkusprojekt der Grundschulen in Riesenbeck. Ein weiteres Anliegen ist, Solarenergie für Familien in Afrika nutzbar zu machen, sodass auch in abgelegenen Gebieten die Stromversorgung gewährleistet wird. Zudem unterstützt das Unternehmen das Projekt »Schule gegen Rassismus«. Bei Beermann ist man sich einig: Gemeinsam sowie mit offenen Augen und Ohren für die Mitmenschen kann jedes Unternehmen etwas beitragen für ein starkes Miteinander.

Kapitel 9: Wie steht es um die Menschlichkeit? Von der Kick-off-Veranstaltung bis zur Erfassung des Ist-Zustands

Ist der Prozess der Persönlichkeitsentwicklung in der Führungsetage angestoßen, kann es losgehen: die Umsetzung von Menschlichkeit im Unternehmen. Die Menschlichkeitsbilanz unterstützt Sie bei diesem Vorhaben. Wie schon in Kapitel 7 beschrieben, ist ein wenig Vorbereitung notwendig.

Bevor es richtig losgeht

Zwar sollten die Leitwerte, die für ein menschliches Unternehmen verbindlich sind, am besten unter Einbeziehung der gesamten Belegschaft erstellt werden, doch der Anstoß, der den Stein ins Rollen bringt, ist die Richtungsangabe durch die Geschäftsführung. Wo möchten Sie mit Ihrem Unternehmen hin? Wie soll Ihr Unternehmen in vier, fünf Jahren aufgestellt sein?

Sie müssen an dieser Stelle kein ausgefeiltes Mission Statement entwerfen. Es reicht, wenn Sie Ihre Idee skizzieren können – und dies so einfach und prägnant wie möglich. Erinnern Sie sich an den Unternehmer aus Kapitel 4, der als Ziel seines Unternehmens einen »Flow-Kreis« nannte? Eine ziemlich abstrakte Idee, die niemand nachvollziehen konnte.

Machen Sie es anders und besser. Es reicht, wenn Sie in drei, vier Sätzen schildern können, wohin die Reise gehen soll. Vielleicht so: »Wir wollen ein Unternehmen werden, das für seine Menschlichkeit bekannt ist – menschlich im Umgang untereinander, im Umgang mit Kunden und Lieferanten, im Umgang mit der Umwelt und der Gesellschaft. Die Mitarbeiter sollen sich wohlfühlen und ebenso gern wie engagiert für das Unternehmen arbeiten.« Legen Sie auch fest, ob dies für das ganze Unternehmen gelten soll oder ob Sie vielleicht zunächst nur eine Abteilung oder eine Filiale umgestalten möchten. Wir gehen im Folgenden davon aus, dass das gesamte Unternehmen menschlicher werden soll. Entscheiden Sie sich dafür, zunächst nur einzelne Bereiche zu verändern, sollten Sie die folgenden Schritte entsprechend anpassen.

Eine Angabe der Marschrichtung durch die Unternehmensführung ist wichtig, denn sonst weiß ja niemand, was warum geschehen soll. Sie geben damit den Rahmen vor, innerhalb dessen sich das Unternehmen entwickeln wird – eine der zentralen Aufgaben der Unternehmensführung. Nachjustierungen, Ergänzungen und Konkretisierungen ergeben sich im weiteren Prozess.

Gehen Sie am besten von Anfang an sehr offen mit Ihrem Anliegen um. Damit zeigen Sie zum einen, dass es Ihnen ernst ist mit einem menschlichen Umgang miteinander, und zum anderen verwirklichen Sie bereits zwei wesentliche Aspekte: Transparenz und Authentizität. Wenn Sie das Team zusammenstellen, das die Menschlichkeitsbilanz erstellt, informieren Sie deshalb Ihre Belegschaft frühzeitig, worum es geht. Auch hier ist noch nicht notwendig, dass Sie ein fertiges Konzept oder Ähnliches haben, denn dies wird ja gemeinsam mit allen erarbeitet. Doch teilen Sie beispielsweise in einer Rundmail oder einem Newsletter mit, dass Sie das Unternehmen menschlicher machen wollen und dafür ein Projektteam benötigen, das in den nächsten Tagen zusammengestellt werden wird. Benachrichtigen Sie auch den Betriebsrat so früh wie möglich. So beugen Sie Gerüchten und Missverständnissen vor.

In Kapitel 7 wurde es bereits angesprochen: Für die Erstellung der Menschlichkeitsbilanz benötigen Sie ein Projektteam, das stellvertretend für die Belegschaft Maßnahmen entwickelt und misst. Es sollte so repräsentativ besetzt sein wie nur möglich: Mitarbeiter und Führungskräfte aus allen beteiligten Abteilungen sollten vertreten sein. Wichtig ist auch, dass Kollegen aus dem operativen Bereich dabei sind. Es geht in späteren Schritten darum, die Ziele auf alle Prozesse innerhalb des Unternehmens herunterzubrechen, dafür ist eine möglichst ganzheitliche Sicht auf die Firma und die Arbeitsschritte nötig – eine Perspektive, die zum Beispiel Führungskräfte allein nicht (mehr) haben.

Zudem steht das Team in den Augen der Belegschaft für das Projekt Menschlichkeit. Nur wenn sich das gesamte Unternehmen in diesem Team wiederfinden kann, ist eine Umsetzung der geplanten Maßnahmen möglich. Die Mitarbeiter sollten darauf vertrauen können, dass die Teammitglieder die Interessen der gesamten Belegschaft vertreten, nicht nur die einzelner Gruppen. Deshalb ist es wichtig, die Personen ins Team zu berufen, die innerhalb des Unternehmens gut angesehen sind und als vertrauenswürdig gelten. Das hilft außerdem, die Akzeptanz der geplanten Maßnahmen innerhalb der Firma zu erhöhen.

Um die Arbeit effizient zu gestalten, ist ein Projektleiter unentbehrlich. Er koordiniert die verschiedenen Aufgaben, moderiert Meetings und bereitet die Workshops des Menschlichkeitsteams vor. Wir empfehlen Ihnen hierfür einen externen Berater. Manche Themen müssen vertraulich behandelt werden, da ist es für Mitarbeiter und Führungskräfte einfacher, sich einem unbeteiligten Dritten zu öffnen, als sein Herz womöglich der eigenen Chefin auszuschütten.

Den Auftakt des Prozesses bildet eine Kick-off-Veranstaltung, auf der Sie als Geschäftsführung die gesamte Belegschaft darüber informieren, was geplant ist. Seien Sie so konkret, wie es zu diesem Zeitpunkt möglich ist. Erklären Sie das Warum und das Was. Skizzieren Sie Ihr Ziel und stellen Sie das Projektteam vor. Vielleicht können Sie zu diesem Zeitpunkt noch nicht alle überzeugen, dass die Menschlichkeitsbilanz eine gute Idee ist, aber das ist an dieser Stelle auch noch nicht notwendig. Die letzten Skeptiker erreichen Sie vermutlich erst, wenn sich Erfolge deutlich abzeichnen. Aber indem Sie heute schon offen und ehrlich über Ihre Absichten und Ziele sprechen, bereiten Sie den Boden und legen das Saatkorn für das Gelingen: ein menschliches Unternehmen.

Erster Schritt: die Entwicklung gemeinsamer Leitwerte

Die erste Aufgabe des Menschlichkeitsteams ist die Zusammenstellung der Leitwerte, die das Unternehmen für sich als verbindlich ansieht. Hierbei wird, wie schon mehrfach angesprochen, die gesamte Belegschaft einbezogen. Dies geschieht am besten über eine Mitarbeiterbefragung. Fragen Sie Ihre Mitarbeiter direkt: »Welche Werte sind Ihnen wichtig? Welche Werte sollte das Unternehmen als Leitwerte postulieren?«

Gestalten Sie diese Umfrage anonymisiert, sodass sich jeder ohne Scheu äußern kann. Bewährt hat sich eine Mischung aus gegebenen Vorschlägen und eigenen Ergänzungen: Umfasst die Belegschaft 300 Personen, kommen im schlechtesten Fall 300 verschiedene Werte zusammen – daraus ein gemeinsames Leitbild zu entwickeln ist unmöglich. Deutlich praktikabler ist es, wenn das Projektteam rund 40 bis 50 Werte zusammenstellt, die dem übergeordneten Ziel, der Menschlichkeit, entsprechen. Aus dieser Liste können die Mitarbeiter dann drei bis fünf Werte wählen, die ihnen am Herzen liegen und die das Unternehmen sich auf seine Fahnen schreiben sollte. Zusätzlich zu den vorgeschlagenen Werten sollten unbedingt eigene Vorschläge gemacht werden können: Alle Mitarbeiter sollten sich aktiv beteiligen an der Zusammenstellung der Werte. Je mehr sie von sich im späteren Leitbild wiedererkennen, umso größer ist die Motivation, die gemeinsamen Werte zu verwirklichen. Eine Liste mit möglichen Werten finden Sie unter www.menschlichkeit-rechnet-sich.de.

Sind alle Antworten beim Projektteam eingegangen, ist dessen nächste Aufgabe die Auswertung der Antworten und eine Zusammenstellung der wichtigsten Werte. Am effizientesten ist es – bei diesem Schritt wie auch bei weiteren –, wenn einzelne Aufgaben wie diese innerhalb des Teams delegiert oder von der Moderation übernommen werden, besonders wenn es um die Vorbereitung und Organisation von Aufgaben geht.

Konzentrieren Sie sich bei der Auswertung auf die drei Werte, die am häufigsten genannt werden. Es ist wie bei der Persönlichkeitsentwicklung in Kapitel 8: Werden zu viele Werte als wichtig erachtet, ist die Gefahr groß, dass sich das Unternehmen verzettelt. So kann keine klare Kontur entstehen. Zudem sind in vielen Werten andere implizit enthalten, sodass auch sie in das Leitbild des Unternehmens flankierend einfließen: Ehrlichkeit und Transparenz umfassen zum Beispiel Authentizität, Respekt ist ohne Anerkennung nicht vorstellbar.

Das Ergebnis wird zunächst im Rahmen eines Workshops des Menschlichkeitsteams aufbereitet, erörtert und ergänzt und anschließend der Belegschaft mitgeteilt und zur Diskussion gestellt. Dies ist ein guter Moment für das Projektteam, den besten Weg festzulegen, wie mit dem gesamten Unternehmen kommuniziert werden sollte. Auf welche Weise das geschieht, hängt sicherlich von der Größe Ihres Unternehmens und den Gegebenheiten ab: Für manche Firmen mag ein Newsletter die beste Möglichkeit sein, für andere eine eigene Seite im Intranet, wieder andere mögen ein Schwarzes Brett oder eine kontinuierliche Berichterstattung in der Firmenzeitung vorziehen.

Welcher Weg auch immer für Ihr Unternehmen der geeignetste ist: Wichtig ist, dass die Ergebnisse und der Diskussionsstand des Projektteams von nun an für alle offen einsehbar sind. Die Menschlichkeitsbilanz geht jeden Mitarbeiter an. Um Vertrauen in die Arbeit des Projektteams zu fassen, sollten alle das Gefühl haben, ihnen wird nichts vorenthalten. So vermeiden Sie Gerüchte und Verunsicherungen.

Zweiter Schritt: die Vision des menschlichen Unternehmens

Damit es nicht allein bei der Postulierung von Werten bleibt, werden die abstrakten Ideen nun mit konkretem Inhalt gefüllt. Was bedeutet es im Alltag, dass zum Beispiel Ehrlichkeit, Respekt und Wertschätzung das Miteinander prägen sollen? Wie soll künftig die Kommunikation mit Kunden und Lieferanten verlaufen, wenn das Unternehmen auf Transparenz setzt? Was heißt Respekt in Meetings, bei Neueinstellungen und Entlassungen?

Die Werte sind von nun an die verbindlichen Leitlinien in jeglicher Unternehmenssituation. Sie müssen deshalb auf jede Alltagssituation heruntergebrochen werden. Dies ist Aufgabe des Projektteams, deshalb ist es auch so wichtig, dass das Projektteam möglichst repräsentativ besetzt ist. Nur so kann das Unternehmen in seiner Gesamtheit erfasst werden. Fragen, die speziell die einzelnen Abteilungen betreffen, sollten an diese weitergegeben werden, sodass alle wichtigen Arbeitsabläufe und Routinen berücksichtigt werden. Im Projektteam laufen alle Ergebnisse schließlich wieder zusammen.

Denken Sie wirklich an alle Ebenen und alle Bereiche – und bedenken Sie auch Konflikte: Was bedeutet Menschlichkeit, wenn ein Kunde sich beschwert? Wie geht man respektvoll miteinander um, wenn es gravierende Meinungsunterschiede gibt? Wie reagiert eine Führungskraft, wenn während eines sensiblen Mitarbeitergesprächs ihr Handy klingelt? Hilfe und Anregungen bietet hierfür zum Beispiel die gewaltfreie Kommunikation nach Marshall B. Rosenberg (siehe Kapitel 2).

Auch die Geschäftsleitung ist gefragt, denn neben dem innerbetrieblichem Klima geht es hierbei auch um die strategische Ausrichtung: Was bedeutet Menschlichkeit für die eigene Stellung im Markt? Gibt es Projekte, Auftraggeber oder Branchen, die nicht mehr mit den Werten des Unternehmens vereinbar sind? Gibt es Zulieferer, die im Widerspruch zu den Leitwerten agieren? Muss sich das Unternehmen vielleicht gar von Produkten beziehungsweise Dienstleistungen verabschieden?

Die Ergebnisse sollten wiederum für alle einsehbar sein. Stellen Sie sie innerhalb der Belegschaft zur Diskussion, um sie bei berechtigten Einwänden zu korrigieren. Vielleicht kommen auf diese Weise auch Aspekte hinzu, die bislang übersehen wurden.

Diese Vision eines menschlichen Unternehmens, dessen Betriebsabläufe und Verfahren an den gemeinsamen Werten ausgerichtet sind, stellt den Soll-Zustand dar. Dies ist das Ziel, zu dessen Erreichung in Schritt vier entsprechende Maßnahmen entwickelt werden.

Aus den erarbeiteten Leitlinien erstellt das Menschlichkeitsteam gemeinsam mit der Geschäftsführung das Leitbild des Unternehmens. Fixieren Sie dieses unbedingt schriftlich und veröffentlichen Sie es. Es dient zur Orientierung in schweren wie in guten Zeiten. Das gemeinsam erarbeitete Leitbild ist so etwas wie das Grundgesetz des Unternehmens, auf das sich von nun an alle berufen können.

Damit es nicht bei schönen Worten bleibt, ist es notwendig, dass die Werte im Unternehmen gelebt und die Leitlinien im Umgang miteinander konsequent angewendet werden – ohne Ausnahme von der operativen Ebene bis hin zur Geschäftsführung.

Was aber, wenn jemand gegen die gemeinsamen Werte verstößt? Konsequenz bedeutet, dass Verbindlichkeit auch tatsächlich als verbindlich verstanden wird: Verletzungen der gemeinsamen Leitwerte müssen in angemessener Form geahndet werden. Auch dies ist Aufgabe des Projektteams: In Abstimmung mit der Unternehmensleitung und der Belegschaft festzulegen, was geschieht, wenn gegen das Unternehmensgrundgesetz verstoßen wird – natürlich in einer offenen Diskussion und für jeden einsehbar.

Dritter Schritt: der Ist-Zustand des Unternehmens

Nun ist klar, wohin die Reise geht. Was noch fehlt, ist die Analyse des Startpunktes. Deshalb geht es in diesem dritten Schritt darum, den aktuellen Zustand des Unternehmens und der Unternehmenskultur zu bestimmen, und zwar unter dem Blickwinkel der gemeinsam erarbeiteten Werte.

Es beginnt mit der Frage: Was machen wir hier eigentlich? Wie ist das Geschäftsmodell des Unternehmens? Welche Ziele verfolgt es? Auf welchen Märkten ist es etabliert?

Solche Fragen scheinen banal und die Antworten offensichtlich. Das Menschlichkeitsteam sollte sich dennoch auf jeden Fall Zeit dafür nehmen. Erinnern Sie sich an unsere Überlegungen aus Kapitel 4, als es darum ging, den Sinn und die Werte einer Steuerkanzlei zu beschreiben? Ziel einer solchen Kanzlei ist ja nicht nur die Bilanzerstellung, sondern – wie wir beschrieben haben – den Mandanten ungeliebte Aufgaben abzunehmen und sie zu beraten, wie sie ihr Unternehmen besser aufstellen können, und dies nicht nur in steuerlicher beziehungsweise finanzieller Hinsicht. Es geht nicht allein um Zahlen, sondern um Unterstützung – und damit letztlich auch um das Gefühl von Sicherheit.

Nehmen Sie die Frage »Was machen wir hier eigentlich?« als Ausgangspunkt für das weitaus größere Thema: »Was macht uns aus? Was würde fehlen, wenn wir nicht mehr auf dem Markt wären?«

Fragen Sie also:

- Welche Produkte beziehungsweise Dienstleistungen bieten wir an?
- Auf welchen Märkten sind wir vertreten?
- Was unterscheidet uns von unserer Konkurrenz? Welche Alleinstellungsmerkmale haben wir?
- Wie haben wir diese Alleinstellungsmerkmale entwickelt?
- Was bieten wir zusätzlich zu unseren Produkten beziehungsweise Dienstleistungen? Sicherheit? Vertrauen? Problemlösung? Anderes?
- Welchen Nutzen bieten wir unseren Kunden?

Erstellen Sie auf diese Weise ein knappes, aber markantes Profil des Unternehmens, das auch seine Geschichte und seine Entwicklung berücksichtigt. Am sinnvollsten ist es, wenn dieses Profil durch das Team vorbereitet wird. Ziehen Sie zur Beantwortung der Fragen die vorhandenen Unterlagen des Unternehmens heran und interviewen Sie jeden, der Ihnen weiterhelfen kann.

Das vorläufige Profil sollte im Rahmen eines Workshops des Projektteams diskutiert und ergänzt werden, bevor es der Belegschaft vorgestellt wird. Wie stets gilt auch hier: Stellen Sie die Ergebnisse innerhalb der Belegschaft zur Diskussion und justieren Sie sie gegebenenfalls nach.

Je nach Branche und Größe Ihres Unternehmens und je nach Ihrer Zielvision mit Ihren Leitwerten wird die Erhebung des Ist-Zustandes unterschiedlich ausfallen. Doch bei allen Unterschieden: Den Stand der Unternehmenskultur, der Mitarbeiterzufriedenheit, der Kundenorientierung sowie der Kundenzufriedenheit sollten Sie auf jeden Fall hinterfragen.

Unternehmenskultur

Wie menschlich ist Ihr Unternehmen? Wie sind der Umgangston und das Unternehmensklima? Tragen Sie zur Beantwortung Informationen zum Beispiel zu folgenden Fragen zusammen:

- Welche Kommunikationswege gibt es (E-Mail, Intranet, regelmäßige Meetings etc.)? Welche werden für welche Anlässe genutzt?
- Welche Konflikte gibt es aktuell? Wie viele sind es? Wie lange dauert ihre Bearbeitung?
- Wonach werden die Gehälter der Mitarbeiter bemessen? Gibt es Leistungsanreize? Wenn ja: Wonach richten sich diese?
- Was wird getan, damit die Mitarbeiter sich wohlfühlen?
- Gibt es gemeinsame Feste, Aktivitäten oder Ähnliches?
- Werden individuelle oder gemeinschaftliche Ergebnisse betont?
- Welche Fort- und Weiterbildungsangebote stehen den Mitarbeitern offen? Weiß die Belegschaft von den Angeboten?
- Gibt es nicht nur fachliche Bildungsangebote, sondern auch solche aus dem Bereich der Persönlichkeitsentwicklung? Weiß die Belegschaft auch hiervon?

Passen Sie diese Fragen auf Ihre Belange an und ergänzen Sie sie. Gehen Sie dabei die Themen am besten prozessorientiert an, das liefert eindeutigere Ergebnisse. Fragen Sie also nicht: »Wie viele Mitarbeiter fühlen sich wertgeschätzt?«, sondern lieber: »Wie viel Zeit wird in die Lösung von Konflikten (mit Kunden, mit Kollegen, mit Vorgesetzten) investiert?« Aus prozessorientierten Fragestellungen lassen sich in einem Folgeschritt effektiver Maßnahmen zur Verbesserung ableiten.

Mitarbeiterzufriedenheit

Überprüfen Sie Ihre Ergebnisse zur Unternehmenskultur durch eine Befragung der Mitarbeiter: Wie viele Konflikte gibt es aus deren Sicht? Von welchen Fort- und Weiterbildungsmaßnahmen wissen sie? Werden aus Sicht der Belegschaft die Leistungen Einzelner oder der Abteilungen/ Projektteams betont?

Für größere Unternehmen sind anonymisierte Fragebogen oftmals das effizienteste Vorgehen. Diese bieten sich ebenfalls an, um den Stand der Zufriedenheit der Mitarbeiter mit dem Unternehmen, ihrer Arbeit und der Unternehmenskultur zu erheben.

Da für jeden jedoch andere Dinge bedeutsam sind, sollten Sie jeweils berücksichtigen, was dem Befragten besonders am Herzen liegt. Eine Anregung dafür finden Sie in Abbildung 22.

Fragebogen

Rubrik 1
Bitte bewerten Sie nachfolgende Bedingungen im Hinblick auf Ihren Arbeitsplatz. Überlegen Sie, wie wichtig die einzelnen Bedingungen für Sie persönlich sind, um mit Ihrem Arbeitsplatz zufrieden zu sein.

Vergeben Sie bitte die Noten **1 bis 6**. Die **1** steht für »sehr wichtig«, die **6** für »überhaupt nicht wichtig«.

Rubrik 2
Bitte überprüfen Sie Ihren Arbeitsplatz, inwieweit die Bedingungen erfüllt sind.

Vergeben Sie bitte die Noten **1 bis 6**. Die **1** steht für »absolut erfüllt«, die **6** für »überhaupt nicht erfüllt«.

Bedingungen	Rubrik 1	Rubrik 2
1. gute Arbeitsbedingungen (Büro, Arbeitsmittel)		
2. eigene Stärken einsetzen können		
3. Sicherheit		
4. Abwechslung am Arbeitsplatz		
5. Perspektiven für die Zukunft		
6. soziale Kontakte, Teamarbeit		
7. Höhe des Lohns/ Gehalts		
8. Einfluss auf die Gestaltung des Arbeitsplatzes		
9. Anerkennung / Lob		
10. Unterstützung durch den Vorgesetzten		
11. Ziel und Anforderung des Arbeitsplatzes kennen		
12. Fairness		
13. Informationen über die Entwicklung der Firma		

(Die Erhebung wird anonym ausgewertet)

Abbildung 22: Mitarbeiterumfrage zur Zufriedenheit

Wie Sie die Fragebögen im Anschluss auswerten können, erfahren Sie unter www.menschlichkeit-rechnet-sich.de.

Fragen zum Umgang miteinander, zur Zufriedenheit und zur Unternehmenskultur, die in einen Fragebogen mit offenen Antworten gestellt werden können, sind zum Beispiel:

- Wie arbeiten und kommunizieren die Abteilungen miteinander?
- Wer hat im Unternehmen die schwerste Stellung?
- Welche Verbesserungen würden Sie für Ihre Abteilung/das Unternehmen/die Kommunikation untereinander vorschlagen?
- Wie motiviert sind Ihrer Meinung nach Ihre Kolleginnen und Kollegen?
- Was müsste die Firma unternehmen, damit die Mitarbeiter insgesamt zufriedener und motivierter wären?
- Kennen Sie die Unternehmensziele der Geschäftsführung?
- Wie werden Konflikte innerhalb der Abteilungen/mit anderen Abteilungen/mit Vorgesetzten/mit Kunden gelöst?
- Gibt es ungeschriebene Gesetze/Regeln?
- Wonach werden Ihrer Meinung nach die Gehälter bemessen?

Auch das Verhalten der Führungskräfte und deren Kommunikation mit den Mitarbeitern sollte hinterfragt werden, zum Beispiel in dieser Form:

- Wie beurteilen Sie die Führungskompetenz Ihrer/Ihres Vorgesetzten?
- Ist Ihre/Ihr Vorgesetzte/r für Sie stets ansprechbar? Können Sie Probleme mit ihr/ihm besprechen?
- Hört Ihre/Ihr Vorgesetzte/r Ihnen wirklich zu?
- Haben Sie Vertrauen zu Ihrer/Ihrem Vorgesetzten?
- Welche Konflikte bestehen zwischen Mitarbeitern und Vorgesetzen? Wie werden sie gelöst?
- Kann Ihre/Ihr Vorgesetzte/r gut delegieren?
- Lässt Ihre/Ihr Vorsetzte/r Ihnen den Freiraum, eine Aufgabe auf Ihre eigene Art zu lösen?
- Unterstützt Ihre/Ihr Vorgesetzte/r Sie bei Projekten, Karriereplänen und/oder Konflikten mit Dritten?

Ebenso wichtig ist das Verhältnis der Mitarbeiterinnen und Mitarbeiter untereinander. Mögliche Fragen:

- Wie ist die Zusammenarbeit innerhalb der Abteilung?
- Welche Konflikte gibt es untereinander? Wie werden sie angegangen?
- Wie ist die Zusammenarbeit mit anderen Abteilungen? Welche Reibungspunkte bestehen? Wie wird damit umgegangen?
- Gibt es Fälle von Mobbing?
- Gibt es firmeninterne Veranstaltungen (Feste, Fortbildungen), bei denen Sie in Kontakt mit anderen Mitarbeiterinnen und Mitarbeitern kommen?
- Treffen Sie sich außerhalb Ihrer Arbeitszeit mit Kolleginnen und Kollegen?

Fragen Sie auch nach der vermuteten Außenwahrnehmung, zum Beispiel:

- Was glauben Sie, wie nehmen Kunden das Unternehmen wahr?
- Wie könnte das Image des Unternehmens aus Ihrer Sicht verbessert werden?
- Was wird für die Kunden getan?
- Was schätzen Kunden am Unternehmen aus Ihrer Sicht am meisten?

Passen Sie die Fragen für Ihr Unternehmen, Ihre Ziele, Ihre Branche an. Weitere Anregungen finden Sie unter www.menschlichkeit-rechnet-sich.de. Unternehmen, die sich am Wettbewerb »Great Place to Work« beteiligen, sind an diesem Punkt im Vorteil, da sie regelmäßig Mitarbeiterbefragungen organisieren.

Ihre Fragebogen sollten auf jeden Fall anonymisiert werden, sonst können Sie nicht mit ehrlichen Antworten rechnen, besonders wenn es um heikle Themen geht. Aber ohne Offenheit und Ehrlichkeit ist eine solche Mitarbeiterumfrage sinnlos. Deshalb ist es für kleinere Unternehmen oftmals sinnvoller, Mitarbeiterbefragungen durch externe Berater durchführen zu lassen, die sich einer strikten Neutralität verschreiben und die Antworten vertraulich behandeln.

Ein Vorteil ist dabei, dass die Gespräche nicht anhand von festgelegten Fragebogen, sondern mit Coaching-Elementen geführt werden können. Bei Befragungen anhand von Listen ist der Interviewte in seinen Antworten oft etwas eingeschränkt, ein freies Gespräch mit Coaching-Anteilen kann helfen, Aspekte – beispielsweise Konflikte oder Potenziale von Unternehmen, Abteilungen und Personen – aufzudecken, die bislang nicht thematisiert wurden. So können auch Gefühle zur Sprache kommen, die durch ein vorstrukturiertes Interview verloren gehen würden. Zudem fällt es den meisten Menschen leichter, in einem Gespräch gegenüber einer fremden, neutralen Person offener zu sein als beim Ausfüllen von Fragebogen oder im Mitarbeitergespräch mit der oder dem Vorgesetzten.

Um den Ist-Zustand der Mitarbeiterzufriedenheit zu erheben, können ebenfalls ergänzend klassische Kennzahlen wie der Umsatz pro Mitarbeiter herangezogen werden. Hierbei sollten nicht nur die Mitarbeiter aus dem operativen Bereich berücksichtigt werden, sondern alle. Entsprechend sollten Sie den Faktor Vollzeitäquivalent, die Zahl der rechnerischen Vollzeitstellen im Unternehmen (siehe Kapitel 6), wählen. Dies gibt einen Hinweis auf die Produktivität und somit auf die Motivation innerhalb des Unternehmens Solche Kennzahlen sind allerdings nur zusätzlich und flankierend sinnvoll, wenn es um Mitarbeiterzufriedenheit geht, denn in Zahlen lassen sich Emotionen nur in den seltensten Fällen ausdrücken.

Kundenorientierung

Nahezu jedes Unternehmen nimmt gern für sich in Anspruch, kundenorientiert zu sein – aber stimmt das überhaupt? Definieren Sie deshalb innerhalb des Projektteams aus Sicht aller Abteilungen und aller Hierarchieebenen, was Kundenorientierung in Ihrer Branche und angesichts Ihrer Produkte beziehungsweise Dienstleistungen tatsächlich bedeutet.

Hinterfragen Sie im Anschluss, ob Ihr Unternehmen diesen Ansprüchen tatsächlich entspricht. Fragen Sie zum Beispiel auch:

- Welchen Nutzen bieten wir unseren Kunden?
- Was wird für die Kundenzufriedenheit getan?
- Wie lange dauert es, bis eine Kundenbeschwerde abschließend bearbeitet ist?
- Können Produkte oder Dienstleistungen an die speziellen Bedürfnisse von Kunden angepasst werden? Oder gibt es Standardantworten?
- Falls es individuelle Anpassungen gibt: Wie lange dauert es, bis diese abschließend umgesetzt werden?
- Wer nimmt Kundenanfragen an – und wer erarbeitet die Lösungen für Anfragen? Wie verlaufen die Kommunikationswege hierfür?

- Welche Entscheidungsbefugnisse haben die Mitarbeiter im Kundenservice? Können sie damit direkt auf Kundenanfragen/Kundenbeschwerden reagieren?
- Können auf diese Weise Probleme des Kunden gelöst werden?

Passen und ergänzen Sie diese Fragen nach Ihren Gegebenheiten. Befragen Sie alle entsprechenden Mitarbeiter vom Kundenservice bis hin zur Geschäftsleitung, um den tatsächlichen Ist-Zustand ermitteln zu können, denn gerade in puncto Kundenorientierung klaffen Idee und Realität oftmals auseinander.

Kundenzufriedenheit

Zufriedene Mitarbeiter garantieren zufriedene Kunden – aber das gilt auch andersherum: Der Grad an Kundenzufriedenheit sagt einiges über das Betriebsklima und -image aus. Um zu verstehen, inwieweit Ihr Unternehmen bereits Ihren Zielvorstellungen entspricht beziehungsweise wie weit es davon entfernt ist, ist eine Erhebung der Kundenzufriedenheit unerlässlich.

Es gibt verschiedene Methoden dafür. Sie kennen es sicherlich selbst: In manchen Geschäften können Sie auf einem Display neben der Kasse eingeben, wie zufrieden Sie mit dem Service waren, andere Unternehmen schicken Kundenanfragen per E-Mail, Verkehrsbetriebe setzen oft auf Fahrgastbefragungen vor Ort.

Die allgemeine Frage »Wie zufrieden sind Sie?« hilft Ihnen nicht weiter. Wie bei den Mitarbeiterbefragungen gilt: Für jeden ist etwas anderes von Gewicht. Der eine Kunde schätzt Ihre freundliche Kommunikation, eine andere Kundin die hochwertigen Produkte oder Dienstleistungen, für Dritte ist es der Preis, der die Zufriedenheit ausmacht. Auch hier gilt es, Bedeutung und Grad der Zufriedenheit miteinander abzustimmen wie bei der Mitarbeiterbefragung.

Zudem bieten sich möglichst konkrete Fragen an. Fragen Sie also zum Beispiel:

- Haben Sie unsere Produkte/Dienstleistungen schon einmal weiterempfohlen?

- Wie oft kaufen Sie unsere Produkte/nehmen unsere Dienstleistungen in Anspruch? [Bieten Sie Ihren Kunden eine Auswahlmöglichkeit, um die Antwort zu konkretisieren.]
- Welchen Nutzen haben unsere Produkte/Dienstleistungen für Sie?
- Was schätzen Sie an unseren Produkten/unseren Dienstleistungen besonders?
- Wie bewerten Sie die Qualität unserer Produkte/Dienstleistungen?
- Wie beurteilen Sie das Preis-Leistungs-Verhältnis unserer Produkte/Dienstleistungen?
- Wie müssten unsere Produkte/Dienstleistungen beschaffen sein, damit Sie unser Fan werden?
- Wie beurteilen Sie die Freundlichkeit unseres Kundenservices?

Je nach Branche und Unternehmen werden Sie Ihre Kunden per E-Mail, Brief oder direkt ansprechen. Wählen Sie das Medium, das am besten zu Ihnen passt.

Achten Sie aber auch darauf, dass Sie Ihre Kundinnen und Kunden nicht überfahren oder mit Fragen überhäufen. Inzwischen gibt es Kundenbefragungen in so großer Zahl und in den unterschiedlichsten Ausprägungen, dass manche Kunden bereits unwillig auf Fragen nach ihrer Zufriedenheit reagieren. Finden Sie also eine möglichst unaufdringliche Form, die Ihre Kundenorientierung widerspiegelt. Konzentrieren Sie sich zum Beispiel auf zwei Fragen: »Würden Sie uns weiterempfehlen? Wenn nicht: Warum nicht?«

Zusammenführung der Ergebnisse

Die Ergebnisse sollten wie zuvor im Rahmen eines Workshops im Menschlichkeitsteam zusammengetragen und ausgewertet werden. Da es sich um Themen handelt, welche die Belegschaft ganz besonders angehen, sollten Sie die Daten sehr transparent handhaben.

Teilen Sie die Ergebnisse der gesamten Belegschaft mit und stellen Sie sie zur Diskussion. Ergänzen und korrigieren Sie sie bei berechtigten Einwänden.

Kapitel 10: Vom Ist zum Ziel – menschliche Maßnahmen ableiten und umsetzen

Wenn Sie die Vision, die in Schritt eins entwickelt wurde, mit dem Ist-Zustand aus Schritt drei abgleichen, tun sich vermutlich mehrere Lücken auf – in manchen Bereichen größere, in anderen kleinere. Dies sind die Baustellen, an denen das Unternehmen, koordiniert durch das Menschlichkeitsteam, in Zukunft arbeiten wird.

Verfallen Sie nun jedoch nicht in blinden Aktionismus! Es ist nicht nötig, dass alle Baustellen auf einmal angegangen werden. Deutlich effizienter ist, die wichtigsten Themen und Stellschrauben zu identifizieren, um dann entsprechende Maßnahmen abzuleiten und umzusetzen. Oftmals erledigen sich dadurch auch verschiedene andere Baustellen quasi von allein. Setzen Sie dort an, wo Sie mit dem geringsten Aufwand – sei es Zeit oder Geld – den größten Entwicklungsschritt Richtung Menschlichkeit machen können.

Um die Veränderungen messen und greifbar machen zu können, benötigen Sie zudem aussagekräftige Indikatoren. Diese Aspekte sind Bestandteile des vierten Schritts der Menschlichkeitsbilanz, um den es in diesem Kapitel geht.

Vierter Schritt: Maßnahmen, Stellschrauben, Wirkungszusammenhänge und Indikatoren

Wir haben es schon mehrfach gesagt und können gar nicht müde werden, es zu betonen: Ein menschliches Unternehmen beginnt beim menschlichen Umgang mit den Mitarbeitern. Deren Zufriedenheit zu steigern und damit ihre emotionale Verbundenheit zum Unternehmen, sollte das oberste Ziel sein. Mitarbeiter, die sich wertgeschätzt und anerkannt fühlen, die sich sicher sind, am richtigen Ort in der richtigen Position zu arbeiten, die einen Sinn in ihrer Arbeit finden – solche Mitarbeiter werden sich für das Unternehmen, für die Dienstleistungen und Produkte und für die Kunden engagieren und respektvoll miteinander umgehen. Dies rechnet sich auf der immateriellen Ebene ebenso wie auf der materiellen.

Deshalb sollte erste Priorität sein, die Mitarbeiterzufriedenheit zu steigern. Dies ist über verschiedene Bereiche möglich: durch Maßnahmen für die Arbeitssituation der Mitarbeiter, durch Maßnahmen für eine bessere Führungskultur und durch Maßnahmen für eine bessere Arbeitsatmosphäre.

Die Kundenzufriedenheit wird proportional zur Mitarbeiterzufriedenheit steigen, dennoch ist es natürlich sinnvoll, auch in diesem Bereich zusätzlich gezielte Maßnahmen zu ergreifen. Ein weiterer Aspekt, den Sie beachten sollten, ist das Image des Unternehmens in der Gesellschaft. Auch das wird sich mit wachsender Mitarbeiter- und Kundenzufriedenheit stetig verbessern. Ergänzend sollten Sie Maßnahmen, Investitionen oder Initiativen ins Auge fassen, die für Menschlichkeit im näheren und weiteren Umfeld Ihres Unternehmens sorgen. Sie zeigen so, dass Sie die gemeinsamen Leitwerte tatsächlich leben und dass dies nicht am Firmentor endet.

Je nach Branche Ihres Unternehmens und je nach den Leitwerten, die Sie als Firma erarbeitet haben, werden Sie weitere Arbeitsbereiche für sich entdecken.

Maßnahmen zur Verbesserung der Arbeitssituation

Hand aufs Herz: Was sagt die Mitarbeiterbefragung in Sachen Zufriedenheit aus – und wie groß ist der Unterschied zur gemeinsamen Vision? Sie sollten im Projektteam unbedingt ehrlich mit der Kluft zwischen Wunsch und Wirklichkeit umgehen. Sammeln Sie Ideen für Maßnahmen, die helfen, die Lücke zu schließen.

Wir haben schon in Kapitel 2 und 3 Vorschläge für ein wertschätzendes Miteinander gemacht, sie reichen von freundlichen Gesten (siehe Kapitel 2 Toolbox: Freundliche Gesten) bis zur Förderung des unternehmerischen Denkens (siehe Kapitel 3 Toolbox: Unternehmerisches Denken). Weitere mögliche Maßnahmen sind:

- eine moderne, ergonomische und aufgabenadäquate Ausstattung des Arbeitsplatzes – im Grunde eine Selbstverständlichkeit
- regelmäßige Mitarbeitergespräche (siehe hierzu auch Kapitel 2 Toolbox: Handreichungen für Mitarbeitergespräche), in denen berufliche Ziele zwischen Mitarbeitern und Vorgesetzten gemeinsam definiert werden
- eine Potenzialanalyse der Stärken der Mitarbeiter, damit diese genau dort eingesetzt werden, wo sie ihre Fähigkeiten am besten entfalten können (siehe hierzu das Unterkapitel »Stärken stärken« in Kapitel 2)
- Kreativräume, die allen für Rückzug oder Austausch offenstehen
- eigentlich eine Selbstverständlichkeit: die Möglichkeit zur beruflichen Weiterbildung unter Berücksichtigung der individuellen Fähigkeiten (Seminare, Workshops, Coaching)
- ein festes Budget für jeden Mitarbeiter zur persönlichen Weiterentwicklung, das für fachfremde Themen reserviert ist

Eine Win-win-Situation entsteht, wenn Mitarbeiter dafür gewonnen werden können, ihr Fachwissen an junge Kollegen weiterzugeben. Dies kann zum Beispiel in Form von Vorträgen geschehen oder dadurch, dass erfahrene Fachkräfte neuen Mitarbeitern als Mentoren oder Business-Pate an die Seite gestellt werden. Sowohl die unerfahrenen als auch die eingearbeiteten Kräfte werden sich dadurch wertgeschätzt fühlen. Außerdem verfügt ja jedes Unternehmen über einen großen Pool an Fachwissen und speziellen Fertigkeiten. Wenn dieser Schatz gehoben und allen zugänglich gemacht werden kann, profitiert das Unternehmen als Ganzes.

Eine gute Möglichkeit ist auch, Mitarbeiter für einen bestimmten Zeitraum in anderen Abteilungen hospitieren zu lassen. So wächst zum einen ein besseres Verständnis für die unterschiedlichen Arbeitsabläufe, wodurch Betriebsprozesse optimiert und Konflikte abgebaut werden können; zudem wird die innerbetriebliche Kommunikation verbessert und die Transparenz gefördert. Zum anderen können die hospitierenden Kollegen auch feststellen, ob sich in einer anderen Abteilung nicht ein Arbeitsplatz findet, der besser ihren Fähigkeiten entspricht als ihr derzeitiger. Dies sollte nicht nur neuen Mitarbeitern möglich sein, sondern auch bereits etablierten. Eine neue Sichtweise, eine neue Perspektive bringt immer frischen Wind ins Denken und Handeln – für jeden Beteiligten ein Gewinn!

Aus den Antworten der Belegschaft auf die Mitarbeiterumfrage lassen sich bestimmt weitere Themen und Maßnahmen ableiten.

Sammeln Sie diese zunächst im Menschlichkeitsteam.

Maßnahmen zur Verbesserung der Führungskultur

Wie schon in Kapitel 3 unter der Überschrift »Führung neu denken« und in Kapitel 9 angesprochen: In einem menschlichen Unternehmen ändern sich die Aufgabe und der Schwerpunkt von Führung. Die Führungskraft ist nun nicht mehr Takt- und Richtungsgeberin, sondern unterstützt ihr Team, ihre Abteilung beziehungsweise ihren Bereich im Hintergrund. Sie ist gewissermaßen die Servicestelle für ihr gesamtes Team. Wichtig ist, dass sich Managerinnen und Manager ausreichend Zeit für ihre Teammitglieder nehmen, persönlich mit ihnen sprechen und sie je nach ihren individuellen Fähigkeiten fördern, um das Team als Ganzes weiterzuentwickeln. Hierzu müssen die Kommunikationsgewohnheiten überdacht werden, der Umgang mit Konflikten verändert sich und jede Führungskraft gibt Macht ab. Dazu muss man bewusst bereit sein. Außerdem erfordert diese veränderte Form der Führung Selbstdisziplin und Konsequenz.

Sinnvolle Maßnahmen zur Verbesserung der Führungskultur sind zum Beispiel regelmäßige Weiterbildung in den Themen Kommunikation und Konfliktlösung (siehe auch in Kapitel 2 unter der Überschrift »Konflikte und ihre Lösungen«). Außerdem sollte jede Führungskraft darin geschult werden, richtig zu delegieren: nicht nur die langweilige Zuarbeit, sondern Verantwortung. Mitarbeiter können zum Beispiel zur Probe für gewisse Zeiträume Aufgaben ihrer Vorgesetzten übernehmen – so sehen beide Seiten, wie sie damit zurechtkommen. Je nach den Fähigkeiten des Mitarbeiters und je nachdem, wie gut eine Führungskraft abgeben kann, ist ein mehrstufiger Prozess sinnvoll: Nach einem festgelegten Zeitraum wird die Aufgabe in gemeinsamer Absprache erweitert oder eingeschränkt. Entstandene Fehler werden offen und lösungsorientiert angegangen (siehe Kapitel 2, Abschnitt »Richtig gute Teamarbeit«).

Ein Perspektivwechsel ist auch in die andere Richtung immer wieder sinnvoll: Führungskräfte sollten von Zeit zu Zeit in den Abteilungen mitarbeiten, um die Arbeitszusammenhänge, die Stimmung und die Anforderungen stets gegenwärtig zu haben.

Bei der Neueinstellung von Führungskräften sollte unbedingt darauf geachtet werden, dass diese den Wertekanon des Unternehmens teilen und auch leben.

Wie weit liegen in Ihrem Unternehmen Vision und Realität in puncto Führungsqualität auseinander? Was sagen die Mitarbeiter zu ihren Führungskräften: Sind sie zufrieden mit ihnen? Werden die Mitarbeitergespräche offen und respektvoll geführt (siehe Kapitel 2, Abschnitt »Stärken stärken«)? Nimmt sich die Führungsriege ausreichend Zeit dafür und hört aktiv zu? Ist die Potenzialentwicklung Thema der Gespräche?

Sammeln Sie im Menschlichkeitsteam Maßnahmen, welche die Führungskultur verbessern können.

Maßnahmen zur Verbesserung der Arbeitsatmosphäre

Unter diesen Punkt fallen zahlreiche Aspekte. Einige haben wir bereits angesprochen, andere ergeben sich aus Ihrer Ermittlung des Ist-Zustandes.

- Zur Stärkung des Wir-Gefühls und der Verbundenheit zum Unternehmen leisten gemeinsame Unternehmungen und Feste einen großen Beitrag. Dies wird unterstützt durch eine möglichst direkte Kommunikation zwischen den Akteuren (Rückbau von bürokratischen Hürden). Solche Veranstaltungen sollten aber nicht aus reinem Pflichtbewusstsein durchgeführt werden, denn dann hat niemand Spaß daran. Finden Sie die Form, die zu Ihrem Unternehmen am besten passt.
- Frisches Obst in den Büros, Bereitstellung von Wasser und Kaffee sind freundliche Gesten, die eine große Wirkung haben, ebenso wie zum Beispiel frische Blumen in Besprechungszimmern.
- Dass auch das Firmengebäude von Zeit zu Zeit einer Renovierung bedarf, um eine freundliche Arbeitsatmosphäre zu unterstützen, versteht sich von selbst.
- Sie haben an den Firmenporträts in diesem Buch gesehen, dass Gesundheits- und Fitnessangebote – von Rückenschulungen über Massage bis zur Laufgruppe – die Belegschaft darin unterstützt, gesund zu bleiben.
- Zu den Selbstverständlichkeiten sollte gehören, dass Mitarbeiter fair und angemessen bezahlt werden. Zusätzlich sind Anreize wie Gewinnbeteiligungen oder Ähnliches denkbar.
- Ist die Arbeitsbelastung dauerhaft sehr hoch, sollten neue Kollegen eingestellt werden. Wer hier am falschen Ende spart – nämlich indem die vorhandene Belegschaft über lange Zeiträume unter hohem Druck und bis zum Belastungsanschlag arbeitet –, zahlt am Ende drauf: Innere Kündigung, Burnout, hohe Mitarbeiterfluktuation kosten in der Regel mehr als ein weiterer Kollege.

- Die Ersetzung von Zeiterfassungssystemen durch Vertrauenszeit schafft im wahrsten Sinne des Wortes Vertrauen und führt zu einem entspannteren Umgang zwischen den (flachen) Hierarchiestufen.
- Unterstützung bei der Kinderbetreuung durch einen Betriebskindergarten oder Hilfe in belastenden privaten Lebenssituationen dank Kinderbüros und individueller Arbeitszeitmodelle ist nicht nur wertschätzend, sondern hilft Mitarbeitern mit Familie (also dem größten Teil der Belegschaft), sich auf die Arbeit zu konzentrieren.

Etablieren Sie eine Kultur des »Tuns« im Unternehmen: Indem Dinge ausprobiert werden können, entstehen Freiräume für Innovationen. Diese gedeihen am besten in einem Umfeld von Vertrauen. Wer ausprobiert, muss auch Fehler machen dürfen. Wir sprachen bereits in Kapitel 5 darüber: Eine offene Fehlerkultur fördert das wichtige unternehmerische Denken von Mitarbeitern. Richten Sie zum Beispiel Fehler-Workshops ein: Indem offen über Patzer, grobe Schnitzer und wirkliche Fehlleistungen gesprochen wird, lernen alle Teilnehmer, diese zu vermeiden. Eine gemeinsame Suche nach Lösungen ist erfolgversprechender als das Brüten im abgeschlossenen Kämmerchen, weil das Wissen aller einfließen kann. Dass die Gespräche ohne Schuldzuweisungen und lösungsorientiert geführt werden, versteht sich von selbst. Ein zusätzlicher Effekt von Fehler-Workshops: Sie sind ein Training für den respektvollen Umgang miteinander in den Fällen, in denen nicht alles eitel Sonnenschein ist.

Eine vertrauensvolle Kultur des Tuns wird auch gefördert, indem den Mitarbeitern pro Woche ein bis zwei Stunden für eigene Projekte zugestanden wird: vielleicht, um an der Verbesserung von Betriebsabläufen zu arbeiten, an der Entwicklung neuer Produkte beziehungsweise Dienstleistungen, an den Kommunikationswegen oder anderem. Wichtig ist nur, dass die Mitarbeiter dieses Projekt selbst wählen, sich mit ihm eng verbunden fühlen. Auch dies steigert das unternehmerische Denken (siehe auch den Abschnitt »Richtig gute Teamarbeit« in Kapitel 2).

In diesen Bereich fällt ein weiteres Thema, über das wir bereits gesprochen haben: der offene Umgang mit Unternehmenszahlen (siehe Kapitel 2, Unterkapitel »Transparenz statt Flurfunk«). Ein Klima des Vertrauens entwickelt sich nur, wenn die Geschäftsführung den Anfang macht. Je nach Branche und Konkurrenzumfeld wird die Offenlegung von Daten anders ausfallen. Es muss ja auch nicht alles auf den Tisch gelegt werden, aber die Mitarbeiter sollten zumindest wissen, wofür sie arbeiten und welche betriebswirtschaftlichen Effekte sich aus ihrem Tun ergeben.

Offenheit und Vertrauen, ein gutes Arbeitsklima, das auf Respekt und Wertschätzung basiert, ist für ein Unternehmen unschätzbar. Um dies zu gewährleisten, gehört ein wichtiger Schritt dazu: die konsequente Trennung von Fach- wie von Führungskräften, welche die verbindlichen Werte des Unternehmens nicht leben.

Machen Sie es im Menschlichkeitsteam wie zuvor: Sammeln Sie Ideen für Maßnahmen. Neben den eben genannten ergeben sich mit Sicherheit weitere aus Ihrer Erhebung des Ist- und des Soll-Zustands.

Maßnahmen zur Steigerung der Kundenzufriedenheit

Wie oben schon gesagt: Die Kundenzufriedenheit wird proportional zur Mitarbeiterzufriedenheit steigen. Dennoch ist es natürlich sinnvoll, flankierend gezielte Maßnahmen zu ergreifen.

Bieten Sie Ihren Kunden zum Beispiel Leistungen gratis an, denn wer gibt, der bekommt zurück.

- Bedanken Sie sich nach dem Abschluss eines Geschäftes mit einem Brief, der keine Werbung enthält, sondern nur dazu dient, Ihren Dank auszudrücken. Wer nach einem Geschäft noch an den Kunden denkt, bleibt in Erinnerung.
- Entwickeln Sie einen Newsletter, der ohne Werbung auskommt, dafür aber Informationen bietet, die für Ihre Kunden interessant und hilfreich sein könnte.
- Helfen Sie Ihren Kunden, ihr Business zu verbessern. Achten Sie darauf, dass tatsächlich die Interessen Ihrer Kunden im Vordergrund stehen – und nicht Ihre Produkte oder Dienstleistungen.

Viele weitere Ideen ergeben sich sicherlich aus Ihrer Kundenbefragung. Zudem sollten Sie überlegen, ob und auf welche Weise die Produkte beziehungsweise Dienstleistungen optimiert und wie die Kundenservices verbessert werden können.

Maßnahmen zur Verbesserung des Images

innerhalb der Gesellschaft

Ein guter Ruf wird in Zukunft ausschlaggebend sein, ob ein Unternehmen qualifizierte und engagierte Fachkräfte an sich binden kann. Auch hier gilt: Je besser ein Unternehmen mit seinen Mitarbeitern umgeht, umso besser wird sein Image sein – aber nichts ist so gut, dass man es nicht noch gezielt steigern könnte.

Sammeln Sie Projekte und Ideen, wie Ihr Unternehmen öffentlich auftreten kann – was passt zu Ihren Produkten und Dienstleistungen? Für welches Thema steht das Unternehmen? An dieser Stelle erkennen Sie spätestens, dass es sich ausgezahlt hat, dass Sie in Schritt drei der Menschlichkeitsbilanz der Frage nachgegangen sind: »Was machen wir hier eigentlich?«, denn so können Sie überzeugende und glaubwürdige Projekte und Maßnahmen entwickeln, die Ihrem Unternehmen entsprechen. Betriebe, die in der Sportbranche tätig sind, können zum Beispiel Sportvereine oder Wettbewerbe in ihrem direkten Umfeld fördern (aber nicht über Werbung, sondern karitativ), IT-Firmen können sich für die verbesserte Anbindung der Kommune ans schnelle Datennetz einsetzen.

Welche Themen bewegen die Gesellschaft – vor Ort, überregional, bundesweit oder gar europaweit – und wie kann sich das Unternehmen dazu positionieren? Durch Hilfe für Flüchtlinge? Durch Aktionen gegen Fremdenfeindlichkeit und Hass?

Sammeln Sie wie zuvor Ideen und Stichpunkte für Maßnahmen.

Die wichtigsten Stellschrauben identifizieren

Sie dürften im Menschlichkeitsteam nun eine ganze Reihe von Maßnahmen zusammengetragen haben – vermutlich viel zu viele, um sie alle auf einmal umzusetzen. Aber das ist auch gar nicht notwendig. Konzentrieren Sie sich zunächst auf die Maßnahmen, welche die größte Wirkung entfalten.

Welche aber sind das? Von Unternehmen zu Unternehmen, von Branche zu Branche variiert dies. Um die effektivsten Stellschrauben für Ihr Unternehmen zu identifizieren, bietet sich eine Wirkungsmatrix an. Stellen Sie Ziele und entsprechende Maßnahmen in ein Verhältnis zueinander und bewerten Sie die möglichen Auswirkungen von »0 = keine Wirkung« bis »3 = große Wirkung«. Abbildung 23 zeigt, wie dies aussehen kann, ein weiteres Beispiel finden Sie auch auf www.menschlichkeit-rechnet-sich.de. Bedenken Sie dabei: Je überzeugter Sie von einem Thema sind, umso wirkungsvoller ist das Ergebnis. Gehen Sie nie Maßnahmen an, nur um »etwas zu tun«. Setzen Sie sich für Projekte ein, hinter denen Sie voll und ganz stehen. Lassen Sie sich im Menschlichkeitsteam deshalb Zeit, um ausreichend zu diskutieren. Die Maßnahmen, die den größten Effekt versprechen, sollten als Erstes angegangen werden.

	gesteigerte Motivation der MA	höhere MA-Zufriedenheit	unternehmerisches Denken der MA	Summe
helle, freundliche Räume	1	1	0	**2**
gut ausgestattete Arbeitsplätze	2	2	1	**5**
Transparenz	2	1	3	**6**
mehr Eigenverantwortung	3	3	3	**9**
Vertrauensarbeitszeit	2	3	1	**6**
Potenzialanalyse	3	3	3	**9**

0 = keine Wirkung
1 = geringe Wirkung
2 = mäßige Wirkung
3 = große Wirkung

Abbildung 23: Wirkungsmatrix

Denken Sie auch an mögliche Wirkungszusammenhänge: Manche Maßnahmen verstärken sich gegenseitig oder haben Effekte auf verschiedene Ziele. So bewirkt ein wertschätzender Umgang der Führungskräfte mit den Mitarbeitern einen wertschätzenden Umgang dieser miteinander und mit den Kunden. So verbessert sich das Arbeitsklima, die Mitarbeiter werden zufriedener, ihre Motivation und die emotionale Bindung zum Unternehmen wachsen und die Kundenzufriedenheit steigt. Einfache Ursache, große Wirkung.

Stellen Sie auf diese Weise die erfolgversprechendsten Maßnahmen zusammen.

Aussagekräftige Indikatoren festlegen

Die Wirkung von menschlichen Maßnahmen zu prognostizieren ist das eine – wichtig ist aber auch, sie zu messen. Denn nur so können wir feststellen, ob wir auf dem richtigen Weg sind und unsere Projekte tatsächlich greifen oder ob wir lieber etwas anderes ausprobieren sollten.

Wir brauchen also Indikatoren, mit deren Hilfe wir die Veränderungen objektiv erfassen können. Eine Reihe von ihnen haben wir bereits im Laufe des Buches genannt:

- Die Fluktuationsrate lässt Rückschlüsse auf die Zufriedenheit und die emotionale Bindung der Mitarbeiter zu.
- Die Anzahl der Krankmeldungen verweist neben der Motivation der Belegschaft ebenfalls auf die Zufriedenheit.
- Die Zahl der eingehenden Initiativbewerbungen ist ein Indikator für die Außenwirkung des Unternehmens.
- Der Umsatz pro Mitarbeiter hängt zusammen mit Engagement und Motivation der Belegschaft.
- Die Zahl der internen wie externen Konflikte und die Dauer ihrer Bearbeitung sagen etwas über die Zufriedenheit der Mitarbeiter und die der Kunden, über die Lösungsorientierung und die kommunikative Kompetenz der Belegschaft.
- Die Zahl der Innovationen, Produkte und/oder Patente zeigt, ob eine entspannte und kreativitätsfördernde Arbeitsatmosphäre herrscht.

Auch die Zahl von Neukunden, der Deckungsbeitrag pro Projekt, die Zahl der Reklamationen, wie oft und in welcher Weise das Unternehmen in lokalen oder überregionalen Medien erwähnt wird und ob Bewerbungen aufgrund von Empfehlungen von Mitgliedern der Belegschaft eingehen, sind aussagekräftige Indikatoren für den menschlichen Zustand des Unternehmens.

Es versteht sich: Die reinen Zahlen sagen zunächst noch nichts, auf ihre Veränderung zum Positiven oder Negativen kommt es an. Die entsprechenden Kennzahlen müssen also in genau definierten Abständen erhoben werden. Manche Maßnahmen greifen sofort, manche Auswirkungen lassen länger auf sich warten. Bedenken Sie dies und versehen Sie jede Maßnahme mit einem entsprechenden Zeithorizont. Führen Sie zum Beispiel ein vierstufiges Modell ein: Stufe eins = Wirkung sofort, Stufe zwei = kurzfristig (Wirkung in maximal 12 Monaten), Stufe drei = mittelfristig (Wirkung in maximal 24 Monaten), Stufe vier = langfristig (Wirkung nach mindestens 24 Monaten). Lösen Sie sich von der Idee, dass Ergebnisse unbedingt innerhalb eines Jahres nachzuweisen sein müssen. Menschlichkeit lässt sich nicht forcieren und in Jahresschubladen pressen. Geben Sie den Maßnahmen Zeit, wirklich zu greifen – und Sie werden überrascht sein, was sich daraus entwickelt!

Wir haben hier bei weitem noch nicht alle Indikatoren genannt, die die Menschlichkeit eines Unternehmens anzeigen. Sehen Sie unsere Vorschläge als Anregungen und finden Sie die Wirkfaktoren und Indikatoren, die für Ihr Unternehmen passend sind!

Auf die Plätze! – Fertig! – Los!!

Wählen Sie im Rahmen eines Workshops des Menschlichkeitsteams die Maßnahmen aus, die Ihr Unternehmen am effektivsten unterstützen, die gemeinsamen Werte und die Zielvision zu verwirklichen. Konzentrieren Sie sich zunächst auf diese. Legen Sie Verantwortlichkeiten und Stichtage fest. Benennen Sie Ziele und Ressourcen, Kennzahlen und Intervalle. Die Checkliste am Ende dieses Kapitels unterstützt Sie dabei.

Bevor es dann mit der Umsetzung so richtig losgeht: Stellen Sie die Maßnahmen der Belegschaft vor – und stellen Sie sie zur Diskussion. Bessern Sie bei berechtigten Einwänden nach. Beziehen Sie so viele Menschen wie möglich ein, damit die Maßnahmen die volle Unterstützung aus allen Bereichen und Hierarchieebenen des Unternehmens erfahren.

Und wenn dies geschehen ist, ist es endlich so weit: Legen Sie los! Machen Sie Ihr Unternehmen menschlicher! Verwirklichen Sie die gemeinsamen Ziele, leben Sie die gemeinsamen Werte!

Sie werden sehen: Es lohnt sich!

Checkliste für menschliche Maßnahmen

Leiten Sie aus der Kluft zwischen Ist- und Soll-Zustand Maßnahmen ab, die Ihr Unternehmen unterstützen, das gewünschte Ziel zu erreichen.
Bevor Sie an die Umsetzung gehen, legen Sie Folgendes schriftlich und damit verbindlich fest:

- ○ **Maßnahme:** Was genau soll getan werden?
- ○ **Ziele:** Welche konkreten Ziele werden mit dieser Maßnahme verfolgt?
- ○ **Verantwortlichkeiten:** Wer übernimmt welche Aufgabe?
- ○ **Ressourcen, Tools:** Was ist vorhanden, was fehlt, um die Maßnahmen umzusetzen?
- ○ **Investition:** Was genau kostet es (Zeit, Geld etc.) Wann ist die Investition fällig?
- ○ **Zeithorizont:** Wie lange dauert es, bis Ergebnisse sichtbar sind?
- ○ **Kennzahlen:** Anhand welcher Indikatoren wird die Veränderung gemessen?
- ○ **Intervall:** In welchen Zeitabständen wird die Veränderung gemessen?
- ○ **Startpunkt:** Wann genau wird mit der Umsetzung begonnen?

Auf unserer Internetseite www.menschlichkeit-rechnet-sich.de finden Sie Listen, Muster und weitere Handreichungen zum Download.

Best Practice: Sparda Bank, München

»Die gesamte wirtschaftliche Tätigkeit dient dem Gemeinwohl.« Ein Satz, der angesichts der weltweiten Finanzkrise und des modernen Turbokapitalismus ungewohnt und wie aus einer anderen Zeit klingt. Er ist aber kein Überbleibsel aus den Jahrzehnten des real existierenden Sozialismus, sondern der 151. Artikel der Verfassung des Freistaates Bayern. Ähnliche Prämissen finden sich in weiteren deutschen Verfassungen, aber sie sind weitgehend aus dem Bewusstsein gerutscht und haben an Bedeutung verloren.

Nicht so jedoch für die Sparda-Bank München. Sie stellt das Gemeinwohl an die erste Stelle. Gegründet 1930 als Genossenschaft durch 33 Eisenbahner, die in finanziellen Fragen einander solidarisch beistehen wollten, war von Anfang an klar, dass es der Bank um mehr geht als um den finanziellen Gewinn. Als genossenschaftliche Organisation liegt ihr Unternehmenszweck bis heute allein darin, zum Wohl der Mitglieder tätig zu sein und wirtschaftliche Vorteile für sie zu erreichen. Dieser Auftrag ist in Paragraf 1 des Genossenschaftsgesetztes festgehalten.

Heute ist die Sparda-Bank München mit rund 270.000 Mitgliedern die größte und mitgliedsstärkste Genossenschaftsbank Bayerns. Sie verfügt über 48 Filialen, beschäftigt rund 740 Mitarbeiterinnen und Mitarbeiter und hat eine Bilanzsumme von cirka 6,7 Milliarden Euro. Es gibt bundesweit elf weitere Sparda-Banken, die alle rechtlich selbstständig sind. Alle zwölf sind im Verband der Sparda-Banken e. V. organisiert.

Die regional in Oberbayern tätige Genossenschaftsbank unterscheidet sich in vielerlei Hinsicht von anderen Finanzinstituten. Sie setzt bewusst und nachdrücklich auf Solidarität statt Profitgier. Aggressive und gesellschaftsschädigende Spekulationen verbieten sich bereits durch die Verpflichtung aufs Gemeinwohl. Aber die Sparda-Bank geht deutlich weiter: Bereits seit 2012 erhalten die Berater der Bank keine Prämien oder

Provisionen aus Produktabschlüssen und seit Ende 2012 veröffentlicht sie ihre Eigenanlagen auf ihrer Homepage. Eine Transparenz, die im Finanzsektor nicht so schnell ihresgleichen findet.

Helmut Lind, Vorstandschef der Sparda-Bank München, ist überzeugt: »Die Zukunft gehört dem Miteinander und nicht dem Gegeneinander.« Deshalb ist das Handeln der Bank und ihrer Mitarbeiter an Leitwerten orientiert: Zuverlässigkeit, Nachhaltigkeit, Freundlichkeit, Fairness, Wertschätzung, Loyalität und eben: Transparenz. Diese Werteorientierung ist für Helmut Lind kein Trend oder Managementkonzept, sondern eine Haltung: »Es geht darum, Wirtschaft neu zu denken und ein völlig neues Bewusstsein in die Wirtschaft zu tragen.«

Konsequenterweise engagiert sich die Sparda-Bank deshalb seit 2011 als Pionierunternehmen für die Gemeinwohl-Ökonomie, übrigens als einzige Bank Deutschlands. Die Gemeinwohl-Ökonomie ist ein Wirtschaftssystem, das auf gemeinwohlfördernden Werten aufgebaut ist. Sie versucht, einen dritten Weg zwischen Kapitalismus und Kommunismus zu finden. Ihr liegen die Werte zugrunde, die auch zwischenmenschliche Beziehungen gelingen lassen: Vertrauen, Wertschätzung, Kooperation, Solidarität. Sie basiert auf Nachhaltigkeit, Fairness und Demokratie. Unter dem Eindruck der Weltfinanzkrise von mehreren Unternehmern und dem österreichischen Wirtschaftsvordenker Christian Felber entwickelt, erfährt die Gemeinwohl-Ökonomie heute prominente Unterstützung. Der Europäische Wirtschafts- und Sozialausschuss (EWSA) lobt dieses Konzept als »ein Instrument zum Aufbau eines widerstandsfähigen Sozial- und Wirtschaftssystems, das der europäischen Zivilgesellschaft Schutz und Entwicklungsmöglichkeiten bieten kann«, heißt es in einer Erklärung des Ausschusses, der dafür plädiert, das Konzept sowohl in den europäischen also auch in die einzelstaatlichen Rechtsrahmen zu integrieren.

Die Ausrichtung der Wirtschaft an humanitären Werten bedeutet unter anderem, dass der Erfolg eines Unternehmens nicht mehr allein anhand der Finanzkennzahlen gemessen werden kann. Deshalb wurde das Modell der Gemeinwohl-Ökonomie entwickelt. Mit der Gemeinwohl-Bilanz werden Werte wie Menschenwürde, Solidarität, ökologische Nachhaltigkeit, soziale Gerechtigkeit, demokratische Mitbestimmung und Transparenz abgefragt. Ihr Ziel ist eine nachvollziehbare und glaubwürdige Darlegung, was ein Unternehmen für das Gemeinwohl tut. Durch die Gemeinwohl-Bilanz wird unternehmerischer Erfolg neu und anders definiert: Nicht mehr die Vermehrung von Geldkapital ist das oberste Ziel des Wirtschaftens, sondern ein gutes Leben für alle, für die Menschen ebenso wie für die Umwelt.

Mittlerweile erstellen rund 250 Unternehmen eine Gemeinwohl-Bilanz und veröffentlichen sie freiwillig. Die Sparda-Bank München hat dies 2015 zum dritten Mal getan, ihre Gemeinwohl-Bilanz ist über die Website der Bank einsehbar.

Die konsequente Ausrichtung am Gemeinwohl spiegelt sich in allen Bereichen der Bank. Ihre Vision und ihr Ziel ist ganz dem Gründungsgedanken der Genossenschaften verpflichtet, den Einzelnen zu stärken und ihm die Möglichkeit zu geben, sich und sein Leben voll zu entfalten: eine Gesellschaft, in der alle Menschen ihre Berufung nach ihren Talenten leben können und auf diese Weise engagiert, erfolgreich und zufrieden sind.

Die Sparda-Bank lebt darum eine Kultur der Achtsamkeit, in der die Stärken der Mitarbeiter gefördert und entfaltet werden – und nicht der Mensch auf seine Nützlichkeit reduziert wird. Die Mitarbeiter sind das Herzstück der Bank, ihre Talente und Stärken sind das Vermögen und die Grundlage des gemeinsamen Erfolgs. Ziel ist, dass die Mitarbeiter fühlen: »Diese Bank, dieses Unternehmen ist mehr als einfach nur ein Job: Hier finde ich ein Stück Familie, ein Stück Entwicklung der eigenen Persönlichkeit und echte authentische Beziehungen anstelle von Small Talk«, so Helmut Lind.

Ausdruck findet dieses Ziel in der konsequenten Stärkenorientierung der Sparda-Bank München, die als grundlegendes Konzept 2008 eingeführt wurde. Im Zentrum steht, den Mitarbeitern ihre Potenziale bewusst zu machen, diese zu wertschätzen sowie zu fördern und dabei zugleich eine hohe Schnittmenge zu den Aufgaben des Unternehmens zu finden.

Stärken stärken – das ist eigentlich keine neue Idee. Dennoch sind die meisten Personalentwicklungskonzepte in erster Linie auf die Beseitigung von Defiziten ausgerichtet. Aber durch dieses Vorgehen wird der Mensch den Arbeitsanforderungen angepasst – auf Dauer keine gesunde Haltung.

Bei der Stärkenorientierung liegt der Fokus auf dem Menschen. Für die Mitarbeiter war dies anfangs eine ganz neue Erfahrung, so Helmut Lind. »Die Beschäftigung mit den eigenen Talenten macht Spaß, motiviert und fördert das Selbstbewusstsein. Die Mitarbeiter fühlen sich beachtet, wertgeschätzt und angenommen«, erklärt er.

Die Sparda-Bank München zieht zum Erkennen der Stärken den Clifton-StrengthsFinder des Gallup-Instituts heran. Mit Einführung des Konzepts erhielt jeder im Unternehmen das Buch *Entdecken Sie Ihre Stärken jetzt* von Marcus Buckingham und Donald Clifton sowie den Zugang zum Stärkentest im Internet. In einem nachfolgenden Workshop wurde das Ergebnis vertieft und verfeinert. Die Teilnahme am Workshop war absolut freiwillig.

Das Stärkenprofil hat sich zudem als hervorragendes Instrument der Teamentwicklung erwiesen: Teams werden bei der Sparda-Bank München unter Berücksichtigung der jeweiligen Talente besetzt. Besonders gute Erfahrung hat die Bank mit heterogenen Teams gemacht, in denen sich die Mitglieder gegenseitig ergänzen. Unterschiede werden hierbei als positiv und als Bereicherung empfunden.

Die konsequente Stärkenorientierung hat den Umgang untereinander und auch mit sich selbst verändert: Führungskräfte wie Mitarbeiter begegnen einander reflektierter und übernehmen mehr Selbstverantwortung. Die Mitarbeiter erkennen zum Beispiel selbst, wenn sie für bestimmte Aufgaben ungeeignet sind – und gemeinsam mit der Führungskraft und der Unternehmensentwicklung wird dann nach neuen, passenderen Einsatzmöglichkeiten gesucht.

Eine solche Stärkenorientierung erfordert eine Unternehmenskultur, in der Vertrauen, Wertschätzung und Bewusstheit über alle Hierarchieebenen hinweg möglich sind und gefördert werden, eine Kultur der Achtsamkeit, in welcher der Mensch im Vordergrund steht.

Weil sie ein wesentlicher Bestandteil der Unternehmenskultur ist, spielt die Stärkenorientierung auch bei Neueinstellungen eine wichtige Rolle. Externe Bewerber werden ermuntert, sich schon vor dem Vorstellungsgespräch mit den eigenen Stärken, Talenten und Werten auseinanderzusetzen, sodass beide Seiten sicher sein können, dass reflektierte Menschen ins Unternehmen kommen, die gut in die bewusste Kultur der Achtsamkeit passen.

Um die Aufgaben innerhalb der Teams nach den individuellen Fähigkeiten zu verteilen, wurde die Idee der »Energiebilanz« entwickelt: In Workshops werden alle energiefördernden und -fressenden Tätigkeiten der Teammitglieder identifiziert und nach Lösungen gesucht – zum Beispiel durch Umverteilung. Über Aufgaben, die keiner gern übernimmt, entscheidet das Team gemeinsam. Die Erfahrung zeigt: Je mehr Einfluss die Mitarbeiter auf die Gestaltung ihrer Aufgaben haben, umso kompromissbereiter sind sie. Übrigens nimmt an den Energiebilanz-Workshops auch die Führungskraft teil und legt ebenfalls ihre Energiespender wie Energiefresser offen.

Zudem hat die Sparda-Bank München das Förderkonzept STark! (Stärken und Talente ausbauen, realisieren, konkretisieren) entwickelt, eine Seminarreihe, die seit 2009 regelmäßig angeboten wird. 2011 gab es in diesem Rahmen zum Beispiel einen »Orientierungsworkshop Führung«, in dem Mitarbeiterinnen und Mitarbeiter ausloten konnten, ob sie über Führungspotenzial verfügen, unabhängige Experten gaben ihnen dazu Feedback. Im Jahr 2014 konnten Mitarbeiter – auch mit Unterstützung ihres Lebenspartners – zusätzlich selbst Workshops anbieten, die auch Außerfachliches umfassten, zum Beispiel Tanzkurse oder Entspannungstechniken. Dieses Förderkonzept führt den Gedanken konsequent fort, vorhandene Ressourcen und Potenziale zu fördern.

Dass die Belegschaft sich aktiv einbringt, hat bei der Sparda-Bank München Tradition und entspricht auch dem Genossenschaftsgedanken. Schon vor Einführung des Stärkenkonzepts bildeten sich eigenständig Mitarbeiterteams heraus – zum Beispiel die Initiative »Öko Logisch!«, das heutige Umweltteam der Bank, das im Laufe der Jahre konkrete Umweltschutzmaßnahmen angeregt und umgesetzt hat. Die Initiative »pro vital« kümmert sich um die Gesundheit und Fitness der Belegschaft; und das Mitarbeiterteam »ELFI« widmet sich Eltern- und Familienthemen in der Bank. Es hat wichtige Impulse für zahlreiche Mitarbeiterangebote gegeben. Das Ergebnis: Das Audit berufundfamilie zertifizierte die Sparda-Bank München als familienfreundlichen Arbeitgeber.

Nicht nur die Mitarbeiter haben die Möglichkeit zur Weiterbildung, auch die Führungskräfte werden geschult – zum Beispiel im Umgang mit der Stärkenorientierung, mit ihren Möglichkeiten und Grenzen. Zudem gibt es Seminare zur Kommunikation und zur Persönlichkeitsentwicklung, um aus einschränkenden Sicht- und Denkweisen herauszutreten. Hierzu gehört unter anderem auch die Vermittlung von Meditationstechniken. Wurden diese Seminare zunächst nur für die Führungskräfte angeboten, stehen sie mittlerweile allen Mitarbeitern offen.

Die positiven Erfahrungen mit der konsequenten Orientierung an Stärken und Talenten führten zu weiteren strategischen Schritten. Im Juli 2011 übernahm die Sparda-Bank die NaturTalent Stiftung, eine gemeinnützige GmbH, die seit 2005 vorwiegend in Baden-Württemberg agierte. Mithilfe der sogenannten Talentschmieden werden Schülerinnen und Schüler rechtzeitig vor Schulabschluss talentorientiert bei der Berufs- oder Studienwahl unterstützt. Die NaturTalent Beratung GmbH begleitet und hilft Organisationen bei der Implementierung einer stärkenorientierten

Kultur. Je nach Ausgangslage und Bedarf setzen die Lösungen zur Stärkenentfaltung bei Auszubildenden, Führungskräften oder aber bei einzelnen Teams beziehungsweise Organisationsbereichen an.

Dahinter steht die Überzeugung, dass Unternehmen künftige Herausforderungen nur bewältigen können, wenn sie die Vielfalt der Potenziale ihrer Mitarbeiter fördern und die kollektive Intelligenz nutzen. Helmut Lind bekräftigt: »Gelebte Demokratie bedeutet für uns als Genossenschaft vor allem eins: den Mut, gesellschaftlichen Mangel zu beheben und sich für einen Wandel der Gesellschaft einzusetzen.«

Die öffentliche Resonanz zeigt, das die Sparda-Bank München auf einem guten Weg ist: 2016 wurde sie zum zehnten Mal in Folge ausgezeichnet im Wettbewerb »Deutschlands bester Arbeitgeber« in der Kategorie 501 bis 2.000 Mitarbeiter; 2016 nahm sie zum zweiten Mal den dritten Platz ein im neuen Wettbewerb »Bayerns bester Arbeitgeber« (Kategorie 501 bis 1.000 Mitarbeiter). Zudem erhielt sie 2015 den HCC Sonderpreis Humanpotenzialförderndes Personalmanagement – mit diesem Preis werden Unternehmen geehrt, die auf eine nachhaltige und werteorientierte Personalführung setzen. Außerdem wurde sie im Herbst 2015 bei einer repräsentativen Kundenbefragung in puncto Gesamtzufriedenheit von ihren Kunden mit der Note 1,5 bewertet.

Kapitel 11: Sind wir schon da?

Die kommende Zeit wird spannend und aufregend, denn nun werden die menschlichen Maßnahmen in Ihrem Unternehmen umgesetzt. Alle Beteiligten machen neue Erfahrungen, gewinnen einen neuen Blick für die unterschiedlichsten Aspekte und entwickeln sich weiter.

Um festzustellen, ob sich Ihr Unternehmen auch tatsächlich in die gewünschte Richtung bewegt, werden in fest definierten Abständen Kennzahlen erhoben, um die Menschlichkeitsbilanz fertigzustellen und weiterzuentwickeln. Danach geht es weiter: Falls nötig, werden Maßnahmen nachjustiert, neue Bereiche in die Bilanz aufgenommen – und Schritt für Schritt nähern Sie sich Ihrem Wunschunternehmen.

Fünfter Schritt: Messen und Auswerten der Ergebnisse

Im vierten Schritt der Menschlichkeitsbilanz haben Sie unter anderem festgelegt, wann mit den ersten Ergebnissen zu rechnen ist. Das bestimmt den Rhythmus, in dem Sie messen, ob sich die Kennzahlen verändert haben. Erstellen Sie zum ersten Mal eine Menschlichkeitsbilanz, sollten Sie Ihrem Unternehmen ausreichend Zeit geben, sich weiterzuentwickeln.

Sie können zum Beispiel nach einem halben Jahr Zwischenergebnisse erheben – etwa ob sich der Krankenstand oder die Zahl der Konflikte verändert hat. Dies kann aber nur ein vorläufiger Trend sein, der mit Vorsicht zu genießen ist. Belastbare Ergebnisse erhalten Sie frühestens nach einem Jahr, in manchen Bereichen sogar erst später. Ein Unternehmen ist wie ein Ozeanriese: Wenn Sie einen neuen Kurs einschlagen, dann braucht es eine Weile, manchmal sogar mehrere Seemeilen, bis sich die Richtung spürbar ändert. Ebenso benötigen Entwicklungen auf der menschlichen Ebene ihre Zeit, um auf Dauer zu greifen.

Erheben Sie zum festgelegten Stichtag alle messbaren Ergebnisse: Führen Sie eine erneute Mitarbeiterbefragung zur Arbeitssituation, zur Zufriedenheit am Arbeitsplatz, zur Führungsqualität und zu weiteren Themen durch, tragen Sie die entsprechenden Daten zu Krankenstand, Personalfluktuation und allen anderen Indikatoren zusammen.

Im Rahmen eines Workshops des Menschlichkeitsteams führen Sie nun die Ergebnisse zusammen. Halten Sie dabei fest:

- Welche Maßnahmen wurden umgesetzt?
- Gab es Hindernisse bei der Umsetzung? Welche?
- Wie ist das Ergebnis zum jetzigen Zeitpunkt?
- Gab es zuvor einen Ist-Wert, mit dem der neue Wert nun abgeglichen werden kann?
- Ist eine Veränderung zu verzeichnen?
- Ist die Zeitplanung sowie die Kosten- beziehungsweise Aufwandsplanung realistisch?

Veränderungen sind zum Positiven wie zum Negativen möglich. Behalten Sie deshalb beide Varianten im Blick und gehen Sie ehrlich damit um. Daten schönzureden schadet nur und bringt das Unternehmen seinem Ziel nicht näher.

Geben Sie die Veränderungen am besten in Prozent an, das sagt in der Regel mehr aus als die absoluten Zahlen.

Nehmen Sie auch auf, ob das Unternehmen sich in der Wahrnehmung der Belegschaft verändert hat. Selbst wenn dies allein subjektiv und nicht mit Zahlen zu belegen ist: Es zeigt die Stimmung, auf die das Projekt Menschlichkeitsbilanz trifft.

Sechster Schritt: Erstellung der Menschlichkeitsbilanz

Der nächste Schritt schließt sich sofort an: Erstellen Sie die Menschlichkeitsbilanz Ihres Unternehmens. Führen Sie hierfür alle Ausgangswerte, Maßnahmen und Ergebnisse zusammen:

- Welche Vision verfolgen wir? Welche Leitwerte sind für uns verbindlich? Wie verwirklichen wir durch unser Geschäftsmodell unser menschliches Ziel?
- Welche Ausgangssituation lag vor? Wie stand es um die Mitarbeiter- und Kundenzufriedenheit und Ähnliches?
- Welche Maßnahmen wurden ergriffen, um etwas konkret zu erreichen? Was haben wir investiert? Welche Hindernisse gab es bei der Umsetzung? Was hat sich bis heute messbar verändert?
- Welche Messdaten stehen noch aus und bis wann ist mit Ergebnissen zu rechnen?

Eine Musterauswertung finden Sie auf www.menschlichkeit-rechnet-sich.de.

Ihre Menschlichkeitsbilanz ist in erster Linie für die interne Kommunikation gedacht. Stellen Sie die Inhalte im Menschlichkeitsteam zusammen und teilen Sie sie dann der Belegschaft mit. Wie zuvor sollten die Ergebnisse bei berechtigten Einwänden modifiziert werden.

Sind alle Einwürfe berücksichtigt, können Sie Teile der Menschlichkeitsbilanz natürlich auch für die Außendarstellung Ihres Unternehmens verwenden: als Profil auf der Website, als Mission Statement, für Ihre Banken und Investoren, für Ihre Kunden, für neue Mitarbeiter, für angehende Bewerber et cetera. Wo und wem immer Sie Ihr Unternehmen vorstellen, die Vision und die Ziele darlegen möchten: Mit der Menschlichkeitsbilanz liegt Ihnen nun ein Profil vor, welches das Unternehmen ganzheitlich beschreibt – ein Bild, das von der gesamten Belegschaft geteilt und unterstützt wird.

Siebter Schritt: Da capo! Kontinuierliches Messen und Anpassen der Maßnahmen

Nach der Menschlichkeitsbilanz ist vor der Menschlichkeitsbilanz. Die Verwirklichung Ihrer Unternehmensvision ist ein Prozess – und dieser ist nicht nach einem oder zwei Jahren einfach abgeschlossen. Stellen Sie deshalb nach der Fertigstellung der Bilanz erneut ein Projektteam zusammen. Es muss nicht vollständig anders besetzt sein, aber mehrere neue Teilnehmer bringen frischen Wind und neue Ideen. Außerdem werden sich die Themenschwerpunkte vermutlich verschoben haben. Tragen Sie dem durch neue Mitglieder Rechnung. Sie stellen damit zusätzlich die Menschlichkeitsbilanz auf eine breitere Basis in Ihrem Unternehmen.

Durchlaufen Sie die Schritte drei bis sechs erneut. Messen Sie die Veränderungen in fest definierten Abständen, um eine Vergleichbarkeit zu gewährleisten.

Sollten Maßnahmen der vorherigen Menschlichkeitsbilanz nicht die Ergebnisse erbracht haben, die Sie erhofft hatten, hinterfragen Sie jene:

- Welche Gründe kann es dafür geben?
- Gab es Hindernisse bei der Umsetzung? Können diese überwunden werden?
- Lag es an der Maßnahme selbst? Kann sie modifiziert werden? Oder sollte man sie vollständig ersetzen?

Prüfen Sie auch, ob sich das Führungsverhalten tatsächlich verändert hat – denn auch jetzt noch gilt: »Der Fisch stinkt vom Kopf her.« Führungskräfte vom Projekt- bis zum Geschäftsleiter haben einen nicht zu unterschätzenden Einfluss auf die Entwicklung eines Unternehmens. Suchen Sie deshalb das offene Gespräch mit Mitarbeitern wie Managern, um den Hemmnissen der Entwicklung auf die Spur zu kommen.

Vielleicht wurde aber auch versucht, ein schon bekanntes Problem durch das immer gleiche Denken zu lösen? Suchen Sie in diesem Fall nach neuen, ungewohnten, überraschenden Wegen.

Vielleicht hat sich aber auch nicht das Erwartete, dafür aber etwas völlig anderes verändert? Auch das kann geschehen. Mit der Menschlichkeitsbilanz wird ein Prozess angestoßen, der auf den unterschiedlichsten Ebenen wirkt. Es ist, als würden Sie gleich mehrere Steine in einen Teich werfen: Die Wellen, die nun entstehen, kreuzen, brechen, verstärken einander – und vielleicht hat einer der Steine auch etwas im Untergrund des Sees geweckt, das bislang verborgen war. Jede Entwicklung ist ein spannender und mitunter unvorhersehbarer Prozess.

Stellen Sie also fest:

- Welche Dinge laufen schon gut und sollten gefestigt werden?
- Wo besteht Entwicklungsbedarf?

- Welche Potenziale ergeben sich daraus?
- Welches Verbesserungspotenzial sehen wir?

Prüfen Sie auch, ob es neue Bereiche und Themen gibt, die in die Bilanz aufgenommen werden sollten. Erhöhen Sie die Reichweite Ihrer Maßnahmen.

Dem Ziel entgegen!

Lassen Sie die Menschlichkeitsbilanz zu einer ganz selbstverständlichen Ergänzung Ihrer weiteren Jahresabschlüsse werden. Entwickeln Sie sie von Jahr zu Jahr weiter. Wenn Sie sie regelmäßig erstellen, werden die Arbeitsschritte, die beim ersten Mal aufwendig und mühselig erscheinen, Ihnen immer leichter fallen und immer schneller erledigt sein. Der Vorteil einer regelmäßig wiederkehrenden Messung: Alle Veränderungen, auch die mit einem sehr langfristigen Zeithorizont, werden sicht- und greifbar. Ein gutes Gefühl! Feiern Sie das mit dem gesamten Unternehmen!

Verfallen Sie dabei aber nicht in eine stumpfe Routine – Sie wissen, so richten Sie sich wieder in einer Komfortzone ein, die Sie und das Unternehmen nach und nach einengt. Hinterfragen Sie deshalb immer mal wieder die Vision des Unternehmens: Ist sie tatsächlich noch aktuell? Haben sich neue Aspekte ergeben, die hinzugenommen werden sollten? Möchten Sie sich von anderen Aspekten lieber verabschieden?

Wie steht es mit den allgemeinverbindlichen Werten? Sollen sie weiterhin Gültigkeit haben?

Beteiligen Sie sich mit dem Unternehmen auch immer wieder an Wettbewerben wie beispielsweise »Great Place to Work«. Dies hat nicht nur eine große Außenwirkung, sondern bringt auch Ihrer Firma einen deutlichen Motivationsschub: Anerkennung ist nicht nur für Individuen, sondern auch für Organisationen wichtig – und ein gewonnener Wettbewerb bestätigt, dass Sie gute Arbeit geleistet haben und auf einem guten Weg sind. Außerdem kommen so neue Impulse ins Unternehmen: Die Wettbewerbe bringen ihre eigenen Schwerpunkte und Fragen mit. Das eröffnet ganz neue Perspektiven.

Vielleicht erscheint Ihnen der Entwicklungsprozess aber auch zäh und ergebnislos? Vielleicht gibt es sogar Rückschläge? In dieser Situation sollten Sie nicht vorschnell die Flinte ins Korn werfen. Jeder Change-Prozess ist langwierig und holperig, immer verläuft er anders als gedacht. Jede Veränderung braucht ihre Zeit, um zu greifen. Menschlichkeit kann man nicht forcieren – sie wächst durch die tägliche Praxis.

Aber das Ergebnis, die Verwirklichung Ihrer Vision, ein menschliches Unternehmen, in dem Anerkennung, Wertschätzung, Offenheit, Ehrlichkeit und Respekt gelebt werden, ist ein so wunderbares Ziel, dass es sehr schade wäre, wenn Sie auf halbem Wege stehen blieben.

Machen Sie weiter! Kommen Sie Ihrer Vision immer näher! Glauben Sie uns: Es lohnt sich!

In die Zukunft hinein!

Unsere Welt wird sich in den nächsten Jahren und Jahrzehnten immer stärker verändern. Der demografische Wandel, die globale Vernetzung, sinkende Gewinnmargen, voranschreitende Digitalisierung – das sind nur einige der Herausforderungen, mit denen es Unternehmen aufnehmen müssen. Was aber meist vergessen wird: Im Zentrum all dieser Entwicklungen steht der Mensch. Allzu oft verlieren wir aus den Augen, dass Unternehmen und Gesellschaften aus Menschen mit Gefühlen und Bedürfnissen bestehen.

Um einen stabilen und erfolgreichen Weg in die Zukunft zu finden, werden Unternehmen umdenken müssen. Der Wirtschaftswissenschaftler und Human-Resources-Experte Jac Fitz-enz kommt nach der Untersuchung von 110 Top-Unternehmen in den USA in seinem Buch *Renditefaktor Personal* zu dem Schluss, dass durchschnittliche Unternehmen Wert auf Prozesse und Kontrollen legen, während leistungsstarke Unternehmen sich an ihren Mitarbeiterinnen und Mitarbeitern orientieren. Leistungsstärke beruht aber nicht allein auf einer finanziellen Basis. Gerade in stürmischen Zeiten, wenn Menschen und Märkte sich verändern, ist die Balance zwischen Stabilität und Flexibilität wichtig.

Unternehmen, die den Menschen in den Mittelpunkt stellen, schaffen die wichtigste Voraussetzung, um diese Balance zu erreichen. Sie verzeichnen vielleicht keine zweistelligen Wachstumsraten, ihre Bilanz mag bescheidener aussehen – aber nur auf den ersten Blick. Denn ihnen gelingt etwas sehr viel Wertvolleres: stabiler Erfolg, tatsächliche Innovationen und wachsende Lebensqualität für ihre Mitarbeiter, für Kunden, für die Gesellschaft, die Umwelt – weil sie schneller, entschlossener, kreativer und kundenfreundlicher auf die Fragen der Zukunft reagieren. Weil sie Sinn und Werte leben. Weil sie ein angstfreies Arbeitsklima schaffen. Weil sie sich auf das wichtigste Vermögen ihres Unternehmens konzentrieren: ihre Mitarbeiterinnen und Mitarbeiter.

Die Fähigkeiten und Eigenschaften aller Kolleginnen und Kollegen, ihre Energie und Leidenschaft, ihr Engagement und ihr Einsatzwille, das ist der größte Schatz. Oder wie Patrick Cowden, Topmanager bei verschiedenen multinationalen Konzernen, so treffend sagt: »Unser gemeinsames Potenzial ist unendlich. Bringen wir es zur Entfaltung.«

Herzlichen Dank!

Wir stehen zwar als Autoren auf dem Umschlag, doch dieses Buch ist das Ergebnis der Arbeit eines wunderbaren Teams von vielen Menschen, die alle ihren Anteil an dessen Gelingen haben. Wir möchten uns an dieser Stelle ganz herzlich bei ihnen bedanken:

Bei unseren Familien, die uns zu jeder Zeit unterstützt und uns den Rücken freigehalten haben. Auch für euer Feedback zu inhaltlichen Fragen! Danke, dass ihr die große Investition an Zeit, die so ein Buchprojekt braucht, mitgetragen habt! Oft genug war unsere gemeinsame Familienzeit betroffen. Unsere Liebe für euch und unsere Wertschätzung können wir gar nicht deutlich und oft genug zeigen. Schön, dass es euch gibt!

Stephan Brockhoff bedankt sich ganz besonders bei seiner Lebensgefährtin Angelika mit ihrer Tochter Verena und deren Partner Dominik.

Klaus Panreck bedankt sich ganz besonders bei seiner Frau Conny und seiner Tochter Aimée.

Bei unseren Teams in unseren Steuerkanzleien. Einige der Dinge, die wir im Buch beschreiben, haben wir zunächst gemeinsam mit euch ausprobiert. Nicht immer hat es so funktioniert, wie wir gehofft hatten, und dennoch habt ihr immer wieder mitgemacht und uns vorangebracht. Danke dafür – und dafür, dass ihr uns in der Umsetzung so gut unterstützt. Wir haben viel von euch gelernt und sind dank euch mit unseren Kanzleien auf einem Weg zu menschlichen Unternehmen.

Bei unserer Lektorin Dr. Kirsten Reimers. Sie haben es glänzend verstanden, aus unserem oftmals etwas ungeordneten und möglicherweise manchmal auch unklaren Input ein wunderbares und lesenswertes Buch zu formen. Mit Ihrem hilfreichen und unterstützenden Feedback haben Sie uns von Anfang an immer auf Kurs gehalten.

Bei unserem Mentor und Freund Hermann Scherer. Du hast uns von der ersten Idee dieses Buches an in unserem Vorhaben bestärkt. Nicht zuletzt wurde in deinem wunderbaren und inspirierenden Seminar »Grenzen überwinden« der Funke für dieses Buch entzündet. Vielen Dank für deine Aufmunterung und Unterstützung sowie für deinen unerschütterlichen Glauben an dieses Projekt. Du warst uns ein wundervoller Begleiter auf diesem Weg.

Bei den Unternehmen, die wir für dieses Buch interviewen durften. Herzlichen Dank für Ihre Bereitschaft, uns Einblicke in Ihre Unternehmen zu gewähren, unsere Fragen zu beantworten und uns so bei unserem Buchprojekt zu unterstützen (in alphabetischer Reihenfolge): Dr. Claudio Felten von der buw Unternehmensgruppe, Elke Hartleif von der VEKA AG, Afra und Robert Holtstiege von der orderbase consulting GmbH, Volker Maiborn und Holger Wolff von der MaibornWolff GmbH und Petra Martin von Bosch Salzgitter.

Beim Campus Verlag und unserer Lektorin Stephanie Walter, dass Sie uns die Möglichkeit geben, unser Buch zu veröffentlichen.

Und bei all den namentlich nicht genannten Mandanten, den Unternehmen und deren Führungskräften wie Mitarbeiterinnen und Mitarbeitern aus den vielen Coachings und Beratungen, die wir gemeinsam machen durften. Herzlichen Dank für Ihr Vertrauen und Ihre Bereitschaft, so offen in diesem so persönlichen Bereich mit uns zu arbeiten.

Literatur

BMWi (Hrsg.): *Wissensbilanz – Made in Germany. Leitfaden 2.0 zur Erstellung einer Wissensbilanz*, Berlin, November 2013; http://www.bmwi.de/BMWi/Redaktion/PDF/W/wissensmanagement-fw2013-teil3,property=pdf,bereich=-bmwi2012,sprache=de,rwb=true.pdf; letzter Zugriff: 14.04.2016

Michael Brächer: »Weltwirtschaft: Deutschland hinkt der Schweiz hinterher«, wiwo.de, 05.06.2012; http://www.wiwo.de/politik/konjunktur/weltwirtschaft-deutschland-hinkt-der-schweiz-hinterher/6697598.html; letzter Zugriff: 14.04.2016

Marcus Buckingham, Donald O. Clifton: *Entdecken Sie Ihre Stärken jetzt. Das Gallup-Prinzip für individuelle Entwicklung und erfolgreiche Führung*, Frankfurt/New York: Campus 2002

Stephen R. Covey: *Die sieben Wege zur Effektivität. Ein Konzept zur Meisterung Ihres beruflichen und privaten Lebens*, 11. Auflage, Frankfurt/New York: Campus 2000

Stephen R. Covey: *Die 3. Alternative. So lösen wir die schwierigsten Probleme des Lebens*, Offenbach: GABAL 2012

Karl-Wilhelm Dahm, Martin Büscher: »Berührungsängste – Die ›Ethik‹ in der Praxis. Erkenntnisse einer Studie – Ethik in mittelständischen Unternehmen«, in: Hanswalter Bohlander, Martin Büscher (Hrsg.): *Werte im Unternehmensalltag erkennen und gestalten*, DNWE Schriftenreihe, Folge 13, München und Mering 2004, S. 89–104

Kerstin Dämon: »Ideen-Management: So sorgen Mitarbeiter für Innovationen«, wiwo.de, 25.08.2015; http://www.wiwo.de/erfolg/management/ideen-management-so-sorgen-mitarbeiter-fuer-innovationen/12232290-all.html; letzter Zugriff: 14.04.2016

dm: Pressemitteilung: »dm – drogerie markt ist bester Arbeitgeber im Einzelhandel«, Karlsruhe 29.01.2014; https://www.dm.de/unternehmen/medien-und-presse/pressemitteilungen/unternehmen/0129-bester-arbeitgeber-c533506.html; letzter Zugriff: 14.04.2016

Jac Fitz-enz: *Renditefaktor Personal. So messen und erhöhen Sie den ROI Ihrer Mitarbeiter*, Frankfurt/New York: Campus 2003

Viktor E. Frankl: *...trotzdem Ja zum Leben sagen. Ein Psychologe erlebt das Konzentrationslager*, München: Kösel 2009

Gallup Deutschland: *Engagement Index Deutschland*, http://www.gallup.de/183104/engagement-index-deutschland.aspx; letzter Zugriff: 14.04.2016

Gallup Deutschland: Pressemitteilung: »Kostenfaktor schlechte Führung«, Berlin, 10.03.2015; http://www.performance-effect.com/wp-content/uploads/2015/05/Gallup_Engagement-Index-2014-Zusammenfassung.pdf; letzter Zugriff: 14.04.2016

Holger Geißler: »BrandIndex: dm belegt Spitzenplatz im Markenmonitor«, Wirtschaftswoche; http://www.wiwo.de/unternehmen/handel/brandindex-dm-belegt-spitzenplatz-im-markenmonitor/7315590.html; letzter Zugriff: 14.04.2016

Michel E. Gerber: *Das Geheimnis erfolgreicher Firmen. Warum die meisten kleinen und mittleren Unternehmen nicht funktionieren und was Sie dagegen tun können*, Gänserndorf: Accord Unternehmensentwicklungsgesellschaft 2000

Anya Kamenetz: »The Writing Assignment That Changes Lives«, npr; http://www.npr.org/sections/ed/2015/07/10/419202925/the-writing-assignment-that-changes-lives; letzter Zugriff: 14.04.2016

Volker Kitz: »Teamarbeit macht faul und unglücklich«, *Spiegel online*, 16.03.2014; http://www.spiegel.de/karriere/berufsleben/volker-kitz-teamarbeit-macht-faul-und-ungluecklich-a-958299.html; letzter Zugriff: 14.04.2016

KPMG: *Konfliktkostenstudie. Die Kosten von Reibungsverlusten in Industrieunternehmen*, 2009; http://www.kpmg.com/de/de/documents/konfliktkostenstudie-2009-kpmg.pdf; letzter Zugriff: 14.04.2016

Andrea Lohmann-Haislah: *Stressreport Deutschland 2012. Psychische Anforderungen, Ressourcen und Befinden*, Dortmund: Bundesanstalt für Arbeitsschutz und Arbeitsmedizin 2012

Bärbel Meschkutat, Martina Stackelbeck, Georg Langenhoff: *Der Mobbing-Report. Eine Repräsentativstudie für die Bundesrepublik Deutschland*, Bremerhaven: Verlag für neue Wissenschaft 2002 (Schriftenreihe der Bundesanstalt für Arbeitsschutz und Arbeitsmedizin: Forschungsbericht, FB 951)

Rochus Mummert: »Konfliktkultur: Fehler des Chefs sind in den meisten Unternehmen noch immer ein Tabuthema«, Pressemittelung vom 26.02.2015; http://www.rochusmummert.com/downloads/news/150226_FINAL_PI_HR-Panel_Tabuthemen.pdf; letzter Zugriff: 14.04.2016

Rochus Mummert: »Umfrage: Jeder fünfte Deutsche bemängelt ›Kultur der Angst‹ am Arbeitsplatz«, Pressemitteilung vom 02.07.2013; http://www.rochusmummert.com/downloads/news/74_1306_pi_rm_hr-panel_klima_der_angst_final.pdf; letzter Zugriff: 14.04.2016

N. N.: »Could six-hour work days really work in Sweden?«, *The Local*, 30.04.2015; http://www.thelocal.se/20140530/could-six-hour-work-days-really-work-in-sweden; letzter Zugriff: 14.04.2016

N. N.: »Düstere Prognose. Deutschland droht enormer Arbeitskräftemangel«, *Süddeutsche Zeitung*, 29.05.2015; http://www.sueddeutsche.de/wirtschaft/duestere-prognose-deutschland-droht-enormer-arbeitskraeftemangel-1.2499007; letzter Zugriff: 14.04.2016

N. N.: »Stress im Arbeitsalltag: Belastung der Mitarbeiter kostet Firmen viel Geld«, handelsblatt.com, 29.01.2013; http://www.handelsblatt.com/unternehmen/beruf-und-buero/buero-special/stress-im-arbeitsalltag-belastung-der-mitarbeiter-kostet-firmen-viel-geld/7703506.html; letzter Zugriff: 14.04.2016

Siegfried Ottmayer u.a.: »Bildungsmanagementprozesse«, in: Christoph Negri (Hrsg.): *Angewandte Psychologie für die Personalentwicklung*, Berlin u.a.: Springer 2010, S. 251–314

Jack J. Phillips, Frank C. Schirmer: *Return on Investment in der Personalentwicklung. Der 5-Stufen-Evaluationsprozess*, Berlin u.a.: Springer 2005

Niels Reise: »Sechs-Stunden-Arbeitstag: ›Ich träume von einer Revolution‹«, *Spiegel online*, 25.04.2014; http://www.spiegel.de/karriere/ausland/schweden-goeteborg-will-sechs-stunden-arbeitstag-einfuehren-a-964791.html; letzter Zugriff: 14.04.2016

Marshall B. Rosenberg: *Gewaltfreie Kommunikation. Aufrichtig und einfühlsam miteinander sprechen. Neue Wege in der Mediation und im Umgang mit Konflikten*, Paderborn: Junfermann 2002

Jürgen Schaefer: *Lob des Irrtums. Warum es ohne Fehler keinen Fortschritt gibt*, München: Bertelsmann 2014

Uwe Schäfer: *Warum »eigentlich«? Schluss mit der Unverbindlichkeit!*, Waldalgesheim: JaRi-Verlag 2014

Friedemann Schulz von Thun: *Miteinander reden*, Bd. 1: *Störungen und Klärungen*, 42. Aufl., Reinbek bei Hamburg: Rowohlt 2005

Friedemann Schulz von Thun: *Miteinander reden*, Bd. 2: *Stile, Werte und Persönlichkeitsentwicklung*, 26. Aufl., Reinbek bei Hamburg: Rowohlt 2006

Friedemann Schulz von Thun: *Miteinander reden*, Bd. 3: *Das »Innere Team« und situationsgerechte Kommunikation*, 14. Aufl., Reinbek bei Hamburg: Rowohlt 2005

Günther H. Schust: *Total Performance Management. Neue Formen der Leistungs- und Potentialnutzung in Führung und Organisation*, Stuttgart: Schäffer-Pöschel 1993

Universität St. Gallen, Heike Bruch, Sandra Kowalevski: *Top Job-Trendstudie 2013: Gesunde Führung*, St. Gallen 2013; http://www.topjob.de/upload/presse/hintergrund/TJ_13_Studie_GesundeFuehrung.pdf; letzter Zugriff: 14.04.2016

Universität St. Gallen & zeag GmbH: *Top Job-Trendstudie 2015: Arbeitgeberattraktivität von innen betrachtet – eine Geschlechter- und Generationenfrage*, St. Gallen 2015; http://www.topjob.de/projekt/trendstudien/index.html; letzter Zugriff: 14.04.2016

Paul Watzlawick: *Anleitung zum Unglücklichsein*, München: Piper 2013

Wuppertaler Kreis e. V., Deutsches Institut für Ideenmanagement, Bundesministerium für Wirtschaft: *Ideenmanagement für mittelständische Unternehmen. Mehr Innovation durch kreative Mitarbeiter*; http://www.wkr-ev.de/ideenmanagement.pdf; letzter Zugriff: 14.04.2016

Register